# 周期表

| 10 | 11 | 12 | 13 | 14 | 15 | 16 | 17 | 18 |
|---|---|---|---|---|---|---|---|---|
| | | | | | | | | 4.003<br>$_2$He<br>ヘリウム<br>$1s^2$ |
| | | | 10.81<br>$_5$B<br>ホウ素<br>$[He]2s^22p^1$ | 12.01<br>$_6$C<br>炭素<br>$[He]2s^22p^2$ | 14.01<br>$_7$N<br>窒素<br>$[He]2s^22p^3$ | 16.00<br>$_8$O<br>酸素<br>$[He]2s^22p^4$ | 19.00<br>$_9$F<br>フッ素<br>$[He]2s^22p^5$ | 20.18<br>$_{10}$Ne<br>ネオン<br>$[He]2s^22p^6$ |
| | | | 26.98<br>$_{13}$Al<br>アルミニウム<br>$[Ne]3s^23p^1$ | 28.09<br>$_{14}$Si<br>ケイ素<br>$[Ne]3s^23p^2$ | 30.97<br>$_{15}$P<br>リン<br>$[Ne]3s^23p^3$ | 32.07<br>$_{16}$S<br>硫黄<br>$[Ne]3s^23p^4$ | 35.45<br>$_{17}$Cl<br>塩素<br>$[Ne]3s^23p^5$ | 39.95<br>$_{18}$Ar<br>アルゴン<br>$[Ne]3s^23p^6$ |
| 58.69<br>$_{28}$Ni<br>ニッケル<br>$[Ar]3d^84s^2$ | 63.55<br>$_{29}$Cu<br>銅<br>$[Ar]3d^{10}4s^1$ | 65.38<br>$_{30}$Zn<br>亜鉛<br>$[Ar]3d^{10}4s^2$ | 69.72<br>$_{31}$Ga<br>ガリウム<br>$[Ar]3d^{10}4s^24p^1$ | 72.63<br>$_{32}$Ge<br>ゲルマニウム<br>$[Ar]3d^{10}4s^24p^2$ | 74.92<br>$_{33}$As<br>ヒ素<br>$[Ar]3d^{10}4s^24p^3$ | 78.96<br>$_{34}$Se<br>セレン<br>$[Ar]3d^{10}4s^24p^4$ | 79.90<br>$_{35}$Br<br>臭素<br>$[Ar]3d^{10}4s^24p^5$ | 83.80<br>$_{36}$Kr<br>クリプトン<br>$[Ar]3d^{10}4s^24p^6$ |
| 106.4<br>$_{46}$Pd<br>パラジウム<br>$[Kr]4d^{10}$ | 107.9<br>$_{47}$Ag<br>銀<br>$[Kr]4d^{10}5s^1$ | 112.4<br>$_{48}$Cd<br>カドミウム<br>$[Kr]4d^{10}5s^2$ | 114.8<br>$_{49}$In<br>インジウム<br>$[Kr]4d^{10}5s^25p^1$ | 118.7<br>$_{50}$Sn<br>スズ<br>$[Kr]4d^{10}5s^25p^2$ | 121.8<br>$_{51}$Sb<br>アンチモン<br>$[Kr]4d^{10}5s^25p^3$ | 127.6<br>$_{52}$Te<br>テルル<br>$[Kr]4d^{10}5s^25p^4$ | 126.9<br>$_{53}$I<br>ヨウ素<br>$[Kr]4d^{10}5s^25p^5$ | 131.3<br>$_{54}$Xe<br>キセノン<br>$[Kr]4d^{10}5s^25p^6$ |
| 195.1<br>$_{78}$Pt<br>白金<br>$[Xe]4f^{14}5d^96s^1$ | 197.0<br>$_{79}$Au<br>金<br>$[Xe]4f^{14}5d^{10}6s^1$ | 200.6<br>$_{80}$Hg<br>水銀<br>$[Xe]4f^{14}5d^{10}6s^2$ | 204.4<br>$_{81}$Tl<br>タリウム<br>$[Xe]4f^{14}5d^{10}6s^26p^1$ | 207.2<br>$_{82}$Pb<br>鉛<br>$[Xe]4f^{14}5d^{10}6s^26p^2$ | 209.0<br>$_{83}$Bi<br>ビスマス<br>$[Xe]4f^{14}5d^{10}6s^26p^3$ | (210)<br>$_{84}$Po<br>ポロニウム<br>$[Xe]4f^{14}5d^{10}6s^26p^4$ | (210)<br>$_{85}$At<br>アスタチン<br>$[Xe]4f^{14}5d^{10}6s^26p^5$ | (222)<br>$_{86}$Rn<br>ラドン<br>$[Xe]4f^{14}5d^{10}6s^26p^6$ |
| (281)<br>$_{110}$Ds<br>ダームスタチウム<br>$[Rn]5f^{14}6d^97s^1$ | (280)<br>$_{111}$Rg<br>レントゲニウム<br>$[Rn]5f^{14}6d^{10}7s^1$ | (285)<br>$_{112}$Cn<br>コペルニシウム<br>$[Rn]5f^{14}6d^{10}7s^2$ | (284)<br>$_{113}$Nh<br>ニホニウム<br>$[Rn]5f^{14}6d^{10}7s^27p^1$ | (289)<br>$_{114}$Fl<br>フレロビウム<br>$[Rn]5f^{14}6d^{10}7s^27p^2$ | (288)<br>$_{115}$Mc<br>モスコビウム | (293)<br>$_{116}$Lv<br>リバモリウム<br>$[Rn]5f^{14}6d^{10}7s^27p^4$ | (293)<br>$_{117}$Ts<br>テネシン | (294)<br>$_{118}$Og<br>オガネソン |
| | | | ホウ素族 | 炭素族 | 窒素族 | 酸素族 | ハロゲン | 希ガス |

| 152.0<br>$_{63}$Eu<br>ユウロピウム<br>$[Xe]4f^76s^2$ | 157.3<br>$_{64}$Gd<br>ガドリニウム<br>$[Xe]4f^75d^16s^2$ | 158.9<br>$_{65}$Tb<br>テルビウム<br>$[Xe]4f^96s^2$ | 162.5<br>$_{66}$Dy<br>ジスプロシウム<br>$[Xe]4f^{10}6s^2$ | 164.9<br>$_{67}$Ho<br>ホルミウム<br>$[Xe]4f^{11}6s^2$ | 167.3<br>$_{68}$Er<br>エルビウム<br>$[Xe]4f^{12}6s^2$ | 168.9<br>$_{69}$Tm<br>ツリウム<br>$[Xe]4f^{13}6s^2$ | 173.1<br>$_{70}$Yb<br>イッテルビウム<br>$[Xe]4f^{14}6s^2$ | 175.0<br>$_{71}$Lu<br>ルテチウム<br>$[Xe]4f^{14}5d^16s^2$ |
|---|---|---|---|---|---|---|---|---|
| (243)<br>$_{95}$Am<br>アメリシウム<br>$[Rn]5f^77s^2$ | (247)<br>$_{96}$Cm<br>キュリウム<br>$[Rn]5f^76d^17s^2$ | (247)<br>$_{97}$Bk<br>バークリウム<br>$[Rn]5f^97s^2$ | (252)<br>$_{98}$Cf<br>カリホルニウム<br>$[Rn]5f^{10}7s^2$ | (252)<br>$_{99}$Es<br>アインスタイニウム<br>$[Rn]5f^{11}7s^2$ | (257)<br>$_{100}$Fm<br>フェルミウム<br>$[Rn]5f^{12}7s^2$ | (258)<br>$_{101}$Md<br>メンデレビウム<br>$[Rn]5f^{13}7s^2$ | (259)<br>$_{102}$No<br>ノーベリウム<br>$[Rn]5f^{14}7s^2$ | (262)<br>$_{103}$Lr<br>ローレンシウム<br>$[Rn]5f^{14}6d^17s^2$ |

# 理工系のための
# 化学入門

井上正之 著

裳華房

# Introduction to Chemistry
## for Physical Sciences and Engineerings

by

Masayuki INOUE

SHOKABO
TOKYO

# まえがき

　本書は高等学校で化学を学習することなく大学に入学した理工系の学生諸君を対象とした，大学基礎化学用の教科書である。しかし，高等学校における化学の修得が必ずしも十分でないと感じている学生諸君や，高等学校の化学からもう一度勉強したいと思っている社会人の方々にも活用していただけると考えている。

　本書は大学における半期15回の授業を想定して，15章編成にしてある。しかし各章あたりの内容が豊富であるので，一章分の内容を90分あるいは100分の授業で全て取り扱うことは難しいかもしれない。このことを想定して，読者が自分で読み進めていけるように，脇注を活用しながらできるだけ丁寧に解説したつもりである。第1章から第3章までは，物質の構成成分である元素と，物質を構成する基本粒子である原子，および原子を構成する陽子，電子，中性子などの粒子について述べた。なお第2章では，物質量（モル）についてもページを割いた。第4章では周期律と周期表について，歴史的な流れに沿って記述した。第5章と第6章では，原子の結合と分子について述べた。ここには原子軌道や分子軌道についても，定性的に記述した。第7章と第8章では基礎的な熱力学，第9章では反応速度について記述した。第10章では酸・塩基および中和を，第11章では酸化還元反応を扱った。第12章では無機化学の内容を「資源」という切り口で扱った。第13章と第14章では，有機化学の基本反応と天然に存在する有機化合物，合成高分子化合物などの身近な有機化合物について述べた。第15章では，第14章までに収めることができなかった内容を扱った。

　各章において必要と思われる定量的な計算を扱ったが，複雑な微分方程式を解くなど，読者の負担が大きくなると思われる数学的な記述は回避した。また各章に「Column」を設けて，話題となりそうなトピックスを紹介した。さらに各章末には演習問題を設けたので，巻末の解答と共に理解を深めるために活用していただきたい。問題のレベルについては，極力高くなりすぎないように配慮したが，必要に応じて「腕だめし」の印をつけた。

　本書の出版にあたり，ご尽力いただいた（株）裳華房編集部の小島敏照氏，および本書の内容へのご指導とご助言とをいただいた伊藤 卓 博士に，心よりの御礼を申し上げる。

2013年10月

井 上 正 之

# 目 次

## 第 1 章　物質を構成する粒子

- 1.1　元素と単体　　1
  - 1.1.1　純物質と混合物　　1
  - 1.1.2　分離と分解　　1
- 1.2　質量に関する化学の基本法則と原子説　　2
  - 1.2.1　質量保存の法則と定比例の法則　　2
  - 1.2.2　ドルトンの原子説　　2
  - 1.2.3　原子量　　3
- 1.3　気体に関する基本法則　　4
  - 1.3.1　気体反応の法則　　4
  - 1.3.2　分子説　　4
- 1.3.3　アボガドロの法則　　4
- 1.4　化学式　　5
  - 1.4.1　元素記号と分子式　　5
  - 1.4.2　イオンとイオン式　　6
  - 1.4.3　組成式　　6
- 1.5　化学反応式　　7
  - 1.5.1　化学反応式のきまり　　7
  - 1.5.2　未定係数法　　8
  - 1.5.3　イオン反応式　　9
- 演習問題　　10

## 第 2 章　原子の構造と物質量

- 2.1　電子の発見　　11
  - 2.1.1　陰極線　　11
  - 2.1.2　電子の発見　　11
- 2.2　原子を構成する粒子　　12
  - 2.2.1　原子モデル　　12
  - 2.2.2　原子の正電荷と陽子　　12
  - 2.2.3　放射線（$\alpha$ 線, $\beta$ 線, $\gamma$ 線）　　12
  - 2.2.4　ラザフォードの実験（原子核の発見）　　13
  - 2.2.5　中性子の発見　　13
- 2.3　原子番号と質量数　　13
  - 2.3.1　特性 X 線と原子番号　　13
  - 2.3.2　質量数と同位体　　14
  - 2.3.3　放射性同位体　　14
- 2.4　原子の相対質量と原子量　　14
  - 2.4.1　原子の相対質量　　14
  - 2.4.2　原子量　　15
- 2.5　分子量と式量　　16
  - 2.5.1　分子量　　16
  - 2.5.2　式量　　16
- 2.6　物質量　　16
  - 2.6.1　アボガドロ数　　16
  - 2.6.2　物質量（mol）とアボガドロ定数　　17
  - 2.6.3　気体分子の物質量　　17
  - 2.6.4　化学反応式と物質量　　18
  - 2.6.5　モル濃度と質量モル濃度　　19
- 演習問題　　20

## 第 3 章　原子の中の電子

- 3.1　小さな粒子の性質　　21
  - 3.1.1　光（電磁波）の性質　　21
  - 3.1.2　物質波　　22
- 3.2　水素原子のモデル　　22
  - 3.2.1　水素の輝線スペクトル　　22
  - 3.2.2　ボーアの原子モデル　　23
- 3.3　原子や単原子イオンの電子配置　　24
  - 3.3.1　原子の電子配置　　24
  - 3.3.2　希ガス型電子配置　　25
  - 3.3.3　単原子イオンの電子配置　　25
- 3.4　イオン化エネルギーと電子親和力　　26
  - 3.4.1　イオン化エネルギー　　26
  - 3.4.2　電子親和力　　27
- 演習問題　　28

## 第4章　元素の周期律と原子軌道

- 4.1 元素の周期律 …………………………29
  - 4.1.1 原子量と元素の性質 …………………29
  - 4.1.2 原子量と元素の周期性 ………………29
  - 4.1.3 メンデレーエフ，マイヤーの周期表 …30
  - 4.1.4 短周期型周期表 ………………………31
- 4.2 原子軌道（オービタル）………………32
  - 4.2.1 不確定性原理 …………………………33
  - 4.2.2 シュレーディンガーの波動方程式 ……33
  - 4.2.3 原子内の電子の軌道 …………………33
  - 4.2.4 原子軌道による電子配置 ……………34
- 4.3 長周期型周期表 ………………………35
  - 4.3.1 元素の性質と価電子数 ………………35
  - 4.3.2 長周期型周期表 ………………………36
  - 4.3.3 元素の性質における周期性の例 ……38
- 演習問題 ……………………………………38

## 第5章　原子と原子の結合

- 5.1 イオン結合 ……………………………39
  - 5.1.1 イオンの生成とイオン結合 …………39
  - 5.1.2 イオン結晶 ……………………………40
- 5.2 共有結合 ………………………………41
  - 5.2.1 共有電子対と共有結合 ………………41
  - 5.2.2 価電子と電子式 ………………………41
  - 5.2.3 構造式 …………………………………42
  - 5.2.4 配位結合 ………………………………42
  - 5.2.5 電気陰性度と結合の極性 ……………43
  - 5.2.6 共有結晶 ………………………………44
- 5.3 金属結合 ………………………………44
  - 5.3.1 自由電子と金属結合 …………………44
  - 5.3.2 金属の結晶 ……………………………45
- 5.4 分子軌道 ………………………………45
  - 5.4.1 分子軌道のなりたち …………………45
  - 5.4.2 σ結合とπ結合 ………………………46
  - 5.4.3 分子軌道と結合の極性，イオン結合性 47
- 演習問題 ……………………………………48

## 第6章　分子の形と分子間の結合

- 6.1 電子対反発則 …………………………49
  - 6.1.1 メタン，アンモニア，水分子の形 …49
  - 6.1.2 電子対反発則によるその他の分子の形の説明 …………………………………50
- 6.2 混成軌道 ………………………………51
  - 6.2.1 $sp^3$混成軌道 …………………………51
  - 6.2.2 $sp^2$混成軌道 …………………………52
  - 6.2.3 $sp$混成軌道 ……………………………53
- 6.2.4 共鳴 ……………………………………53
- 6.3 分子間の結合 …………………………54
  - 6.3.1 分子の極性 ……………………………54
  - 6.3.2 分子間に作用する引力 ………………54
  - 6.3.3 分子結晶 ………………………………55
  - 6.3.4 水素結合 ………………………………55
- 演習問題 ……………………………………57

## 第7章　状態変化と気体の状態方程式

- 7.1 状態変化 ………………………………58
  - 7.1.1 物質の三態と状態変化 ………………58
  - 7.1.2 状態変化と熱 …………………………58
  - 7.1.3 状態図 …………………………………59
- 7.2 気体の法則 ……………………………60
  - 7.2.1 気体の体積と圧力 ……………………60
  - 7.2.2 ボイルの法則 …………………………61
  - 7.2.3 シャルルの法則 ………………………61
  - 7.2.4 ボイル-シャルルの法則 ……………62
- 7.3 気体の状態方程式 ……………………62
  - 7.3.1 理想気体の状態方程式 ………………62
  - 7.3.2 理想気体と実在気体 …………………63

## 第8章 基礎的な熱力学と平衡

- 8.1 内部エネルギーとエンタルピー ……66
  - 8.1.1 仕事と内部エネルギー ……66
  - 8.1.2 エンタルピー ……67
- 8.2 反応熱と熱化学方程式 ……67
  - 8.2.1 反応熱 ……67
  - 8.2.2 熱化学方程式と反応熱 ……68
  - 8.2.3 ヘスの法則（総熱量保存の法則） ……68
- 8.3 エントロピー ……69
  - 8.3.1 エントロピーとは ……69
  - 8.3.2 化学変化や状態変化が自発的に進む方向 ……70
- 8.4 自由エネルギーと平衡 ……70
  - 8.4.1 変化の方向と温度 ……70
  - 8.4.2 自由エネルギー ……71
  - 8.4.3 平衡状態と自由エネルギー変化 ……71
  - 8.4.4 化学ポテンシャル ……72
  - 8.4.5 平衡定数 ……72
  - 8.4.6 不均一系における平衡定数 ……73
  - 8.4.7 平衡の移動 ……74
- 演習問題 ……75

## 第9章 化学反応の速さ

- 9.1 化学反応の速さとは ……76
  - 9.1.1 化学反応の速さの表し方 ……76
  - 9.1.2 反応速度式 ……76
  - 9.1.3 一次反応 ……77
  - 9.1.4 反応の速さと濃度 ……77
- 9.2 化学反応の速さと温度, 活性化エネルギー ……78
  - 9.2.1 温度と反応の速さ ……78
  - 9.2.2 活性化エネルギーと遷移状態理論 ……78
  - 9.2.3 触媒の役割 ……79
- 9.3 多段階反応 ……80
  - 9.3.1 多段階反応と律速段階 ……80
  - 9.3.2 連鎖反応 ……80
  - 9.3.3 可逆反応 ……81
  - 9.3.4 酵素反応と定常状態 ……81
- 演習問題 ……83

## 第10章 酸と塩基

- 10.1 酸と塩基の定義 ……84
  - 10.1.1 アレニウスの定義 ……84
  - 10.1.2 ブレンステッド-ローリーの定義 ……85
  - 10.1.3 ルイスの定義 ……85
- 10.2 酸と塩基の価数と強弱 ……86
  - 10.2.1 酸と塩基の価数 ……86
  - 10.2.2 酸・塩基の強弱 ……86
- 10.3 水素イオン濃度とpH ……87
  - 10.3.1 水のイオン積 ……87
  - 10.3.2 水素イオン指数（pH） ……87
  - 10.3.3 弱酸・弱塩基の電離平衡とpH ……88
- 10.4 中和反応と塩 ……88
  - 10.4.1 中和反応 ……88
  - 10.4.2 塩とその分類 ……89
  - 10.4.3 塩の水溶液の性質 ……89
  - 10.4.4 塩と強酸・強塩基との反応 ……90
- 10.5 中和滴定 ……90
  - 10.5.1 中和反応における量的な関係 ……90
  - 10.5.2 中和滴定 ……91
- 演習問題 ……93

## 第11章 酸化と還元

- 11.1 酸化と還元 ……94
  - 11.1.1 酸化・還元と酸素・水素 ……94

| | |
|---|---|
| 11.1.2 酸化・還元と電子 …………… 94 | 11.3.3 自由エネルギー変化と起電力 ……… 98 |
| 11.1.3 酸 化 数 ………………………… 95 | 11.3.4 イオン化傾向とイオン化列 ……… 99 |
| 11.2 酸化還元反応 …………………………… 95 | 11.3.5 局 部 電 池 ……………………… 100 |
| 11.2.1 酸化剤と還元剤 ………………… 95 | 11.4 電気分解と二次電池 …………………… 100 |
| 11.2.2 酸化還元反応の量的な関係 …… 96 | 11.4.1 電 気 分 解 ……………………… 100 |
| 11.3 電 池 …………………………………… 97 | 11.4.2 電気分解における量的関係 …… 101 |
| 11.3.1 ダニエル電池 ………………… 97 | 11.4.3 二 次 電 池 ……………………… 102 |
| 11.3.2 半電池，起電力，標準電極電位 … 98 | 演習問題 ………………………………… 103 |

## 第12章 資源の利用 ―無機化合物―

| | |
|---|---|
| 12.1 地球上にある元素 ……………………… 104 | 12.2.4 アルミニウムの製錬 …………… 109 |
| 12.1.1 元素の存在 …………………… 104 | 12.3 鉱物資源中の非金属元素の利用 ……… 109 |
| 12.1.2 鉱石・鉱物と鉱床 ……………… 104 | 12.3.1 炭酸ナトリウムの工業的製法 … 109 |
| 12.1.3 鉱物の化学組成 ……………… 105 | 12.3.2 二酸化ケイ素の利用 …………… 110 |
| 12.1.4 ゴールドシュミットの元素分類と HSAB則 ……………………… 106 | 12.3.3 硫黄の利用（硫酸の合成）……… 110 |
| | 12.3.4 カリウム肥料とリン酸肥料 …… 111 |
| 12.2 金属の製錬と精錬 ……………………… 107 | 12.4 空気中に含まれる窒素の利用 ………… 111 |
| 12.2.1 金属のイオン化傾向と製錬 …… 107 | 12.4.1 アンモニアの工業的な合成法 … 111 |
| 12.2.2 銅の製錬と電解精錬 …………… 108 | 12.4.2 硝酸の合成 ……………………… 112 |
| 12.2.3 鉄 の 製 錬 ……………………… 109 | 演習問題 ………………………………… 113 |

## 第13章 有機化合物の反応

| | |
|---|---|
| 13.1 有機化合物と命名法 …………………… 114 | 13.2.2 求核付加反応 …………………… 120 |
| 13.1.1 有機化合物と分類 ……………… 114 | 13.3 有機化合物の基本反応2 置換反応 … 120 |
| 13.1.2 有機化合物の表記法 …………… 114 | 13.3.1 ラジカル置換反応 ……………… 120 |
| 13.1.3 資源としての有機化合物 ……… 115 | 13.3.2 求核置換反応 …………………… 121 |
| 13.1.4 炭化水素の命名法 ……………… 116 | 13.3.3 芳香族求電子置換反応 ………… 121 |
| 13.1.5 官能基をもつ化合物の命名法 … 118 | 13.4 有機化合物の基本反応3 脱離反応 … 123 |
| 13.2 有機化合物の基本反応1 付加反応 … 119 | 13.5 有機化合物の基本反応4 転位反応 … 124 |
| 13.2.1 求電子付加反応 ………………… 119 | 演習問題 ………………………………… 125 |

## 第14章 身のまわりにある有機化合物

| | |
|---|---|
| 14.1 有機化合物の異性体 …………………… 127 | 14.3.1 ア ミ ノ 酸 ……………………… 128 |
| 14.1.1 構造異性体 …………………… 127 | 14.3.2 タンパク質 ……………………… 129 |
| 14.1.2 立体異性体 …………………… 127 | 14.4 糖 類 …………………………………… 131 |
| 14.2 高分子化合物 …………………………… 128 | 14.4.1 単糖と二糖 ……………………… 131 |
| 14.2.1 高分子化合物とは ……………… 128 | 14.4.2 多 糖 ……………………………… 132 |
| 14.2.2 高分子化合物のできかた ……… 128 | 14.5 核 酸 …………………………………… 133 |
| 14.3 アミノ酸とタンパク質 ………………… 128 | 14.6 油脂とセッケン ………………………… 134 |

14.7 合成高分子化合物 ················ 134
　14.7.1 合成繊維 ···················· 134
　14.7.2 合成樹脂と合成ゴム ·········· 135
演習問題 ································ 137

## 第15章 補　足

15.1 希薄溶液の性質 ···················· 138
　15.1.1 飽和蒸気圧 ···················· 138
　15.1.2 蒸気圧降下，ヘンリーの法則 ···· 138
　15.1.3 沸点上昇 ······················ 139
　15.1.4 凝固点降下 ···················· 140
　15.1.5 浸透圧 ························ 140
　15.1.6 電解質溶液の場合 ·············· 141
15.2 結合エネルギー（解離エネルギー）······ 142
　15.2.1 結合エネルギーとは ············ 142
　15.2.2 結合エネルギーと反応熱
　　　　（エンタルピー変化）············ 142
15.3 医薬品の化学 ······················ 142
　15.3.1 医薬品と薬理作用 ·············· 142
　15.3.2 医薬品の作用機構 ·············· 142
　15.3.3 化学療法 ······················ 144
　15.3.4 医薬品の飲み方 ················ 145
演習問題 ································ 146

演習問題解答 ···················· 148
索　引 ·························· 162

## Column　コラム

ドルトンの考えた記号 ···················· 3
基本法則が発見された頃のヨーロッパ ······ 7
同位体の存在比と食品の表示偽装 ·········· 15
ド・ブロイの業績 ························ 27
測定によって生じる不確定さ ·············· 34
金属結合と分子軌道 ······················ 47
特殊な物質「水」 ························ 56
水の蒸発熱 ······························ 59
飽和食塩水による溶解平衡 ················ 74
放射性同位体 $^{14}$C を利用した年代の測定 ·· 78
緩衝溶液 ································ 91
ボルタ電池 ······························ 99
アルミニウムの再利用 ···················· 110
ベンゼンの水素化熱 ······················ 123
生分解性プラスチック ···················· 136
コロイド溶液 ···························· 146

# 第1章

# 物質を構成する粒子

　化学は物質を扱う学問である。われわれの身のまわりには様々な物質がある。それらはすべて，**原子**，**分子**あるいは**イオン**という小さな粒子が集まってできている。この章では，身のまわりにある物質の分類と元素の概念を学習した後，近代科学の歴史の中で見出された化学の基本法則，原子論，分子説について学習する。また原子や分子の表記法である化学式と，化学反応を表現する化学反応式のつくり方についても学習する。

## 1.1 元素と単体

### 1.1.1 純物質と混合物

　われわれの身のまわりには様々な物質があるが，その多くは**混合物**と呼ばれるものである。たとえば食塩水は，塩化ナトリウムという物質と水という物質の混合物である*1。これに対して，混合物を構成する成分となる物質（たとえば塩化ナトリウムや水など）は，**純物質**と呼ばれる。一般に純物質は一定の融点や沸点をもつが，混合物の融点や沸点は混合する割合によって異なる*2。

### 1.1.2 分離と分解

　食塩水を加熱すると，水が蒸発して水蒸気となり，塩化ナトリウムが残る。また水蒸気を冷やすと液体に戻り，水が得られる。このような操作を**蒸留**という*3。このとき塩化ナトリウムと水は化学変化をせず，他の純物質に変わることはない。このように混合物は，化学変化を伴わない操作によって純物質に**分離**することができる*4。

　純物質である水に少量の水酸化ナトリウムを溶かし，直流*5の電流を流すと，水だけが**分解**（電気分解）されて，水素と酸素が発生する。しかし水素と酸素は，これ以上簡単な物質に分解することができない。水のように，分解できる純物質を**化合物**，水素や酸素のように，それ以上分解できない物質を**単体**と呼ぶ*6。単体は1種類の成分からできており，この成分を**元素**という。塩化ナトリウムは，強熱すれば融解して液体になる。この液体を電気分解すると，単体であるナトリウムと塩素とが生じる。以上の関係を**図1.1**にまとめる*7。

*1 一般に水溶液は，水とそれに溶けている物質の混合物である。

*2 食塩水の沸点は，その濃度によらず常に水の沸点（100℃）より高い。

*3 原油を蒸留することで，ガソリンや軽油，重油などが得られている。
*4 混合物の分離法には，**ろ過**，**昇華**，**抽出**などもある。
*5 電池から取り出される電流のように常に一方向（正極から負極）に向かって流れる電流のこと。
*6 化合物である酸化銀を試験管中で加熱すると，単体の酸素と銀とに分解する。このような分解は**熱分解**と呼ばれる。
*7 水素と酸素とを反応させると水が得られる。このような単体どうしの化学反応を**化合**という。水は，水素と酸素の化合物である。また塩化ナトリウムは，塩素とナトリウムの化合物である。

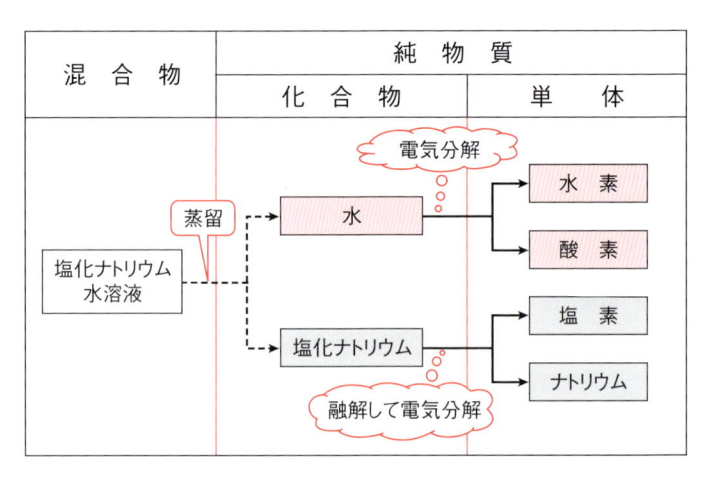

図1.1 混合物，純物質，化合物，単体の例
塩化ナトリウム水溶液から，水を回収することなく固体の塩化ナトリウムを取り出す操作は，「蒸発乾固」と呼ばれる。

## 1.2 質量に関する化学の基本法則と原子説

### 1.2.1 質量保存の法則と定比例の法則

物質の量を測る尺度には，体積や質量などがある。しかし体積は，温度などの条件によって変化する。このような条件による変化を最も受けにくい尺度は，質量である。18世紀になって，天秤が広く用いられるようになると，化学反応における質量の変化に関する法則が見出されるようになった。まず最初に発見されたのが**質量保存の法則**[*8]である。これは「化学反応の前後で，物質全体の質量は変化しない」という法則である。続いて**定比例の法則**[*9]が見出された。これは「同じ化合物中の成分元素の質量比は常に一定である」という法則である。たとえば，水を電気分解すると水素と酸素が質量比 1:8 で得られる。この比は，どこから採取された水でも同じである。

\*8 フランスのラボアジェによって，1774年に発見されたとされる。

\*9 フランスのプルーストによって，1799年に発見されたとされる。

図1.2 ドルトンの肖像画

\*10 「元素」は，酸素や水素のような物質を構成する基本成分を表す総称である。水素と酸素を成分元素とする水という化合物は，水素原子と酸素原子とからできている。このように「原子」は，実在する粒子を表す総称である。

### 1.2.2 ドルトンの原子説

これらの法則は，イギリスのドルトン（**図1.2**）が考えていた「原子」という概念を使うと，うまく説明することができた。今日，彼の考えをまとめて**原子説**と呼んでいる。原子説の基本的な原則は，以下の二つである。

- 物質は原子という，それ以上分割できない粒子からできている。
- 同じ元素の原子[*10]は，質量や性質が同じであり，異なる元素の原子どうしでは，質量や性質が異なる。

さらに「化学反応の過程で，原子は消滅したり，新たに生じたりせず，他の元素の原子に変化することもない」と考えれば，質量保存の法則や

定比例の法則を説明することができる。原子説の考え方が画期的であったところは，物質が原子という不連続な粒子からできているという点にある。

「原子」という分割できないものから物質ができているという概念を最初に提案したのは，古代ギリシアのデモクリトスである。二つの原子説を区別するために，デモクリトスのものを古代原子説，ドルトンのものを近代原子説と呼ぶことがある。なおドルトンの原子説は，1808年に出版された著書『化学哲学の新体系』で詳細に論じられている。

### 1.2.3 原子量

ドルトンは，原子の質量に興味をもっていた。しかし，当時は原子の質量を直接測定することはできなかった[*11]。そこでドルトンは，それまでに得られていた実験値から，原子の質量比を割り出そうとした。たとえば，銅が酸素と化合して酸化銅(Ⅱ)となる場合は，酸素と銅が質量比1：4で結合する[*12]。もしも酸素原子と銅原子とが1：1の個数比で結びつくとすれば，化合における質量比1：4は，酸素原子と銅原子の質量比に等しくなる。このように，種々の実験値を組み合わせることによって，原子の質量比を求めることができる[*13]。ドルトンは比の基準を最も軽い原子である水素原子の質量として，原子1個の質量が水素原子1個の何倍になるかという相対質量を求めた。これは今日の**原子量**に相当する概念である。ドルトンの"原子量"には今日のものと異なる値が多かったが，原子価（p.42 参照）の概念の確立によって補正されていった。また原子量の基準となる原子は，水素原子から酸素原子を経て，現在では炭素原子[*14]になっている。

[*11] 現在では，質量分析器という装置によって，この測定が行えるようになっている。

[*12] これはおよその値である。

[*13] そのためには，化合における原子の個数比がわからなければならない。最初ドルトンは，この個数比が1：1のような簡単な整数比になると仮定した。

[*14] 現在では，質量数（p.14 参照）12の炭素原子の質量をちょうど12とする，という基準が用いられている。

#### Column　ドルトンの考えた記号

ドルトンは，物質が原子や原子が結合した粒子からできていると考え，これらを表す記号を考案した。右図はその例である。たとえば1は水素，3は炭素，4は酸素，15は銅，17は銀，19は金の原子を表している。21の粒子では酸素原子と水素原子とが1個ずつ結びついている。ドルトンは，水の構成粒子をこのように考えていた。また25と28の粒子は，共に炭素原子と酸素原子とからできており，前者が一酸化炭素，後者が二酸化炭素の構成粒子を表している。その当時には，現在のような原子の結合における諸法則が知られていなかった。

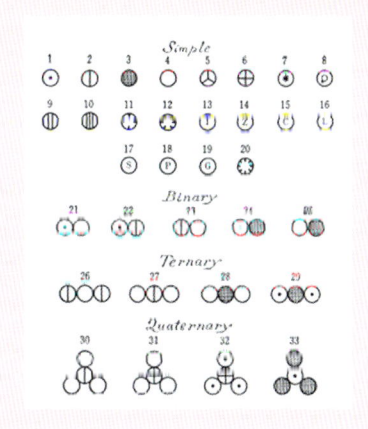

## 1.3 気体に関する基本法則

### 1.3.1 気体反応の法則

フランスの**ゲーリュサック**は，気体どうしの反応における体積の変化を調べ，**気体反応の法則**を見出した。これは，「気体どうしの反応では，反応および生成する気体の体積の間に，同温同圧で簡単な整数比が成り立つ」という法則である[*15]。たとえば，塩素と水素の混合気体に光をあてて反応させると，塩化水素が生成する。このときの体積比は水素：塩素：塩化水素 = 1：1：2 となる。

*15 気体の体積は，温度と圧力によって変化する。

### 1.3.2 分子説

ゲーリュサックは，気体反応の法則で"簡単な整数比"が成り立つことに原子の関与を考え，気体を構成する粒子1個が空間中で占める体積はすべて等しいと考えた。またドルトン以来，単体の気体を構成する粒子は原子であると考えられていた。これらの説に従って水素と塩素から塩化水素ができる反応を考えると，この反応における体積比が水素：塩素：塩化水素 = 1：1：2 となるためには，3種類の気体を構成する粒子の個数比も 1：1：2 となる必要がある。しかし図1.3(A)のように水素や塩素の構成粒子が原子であるならば，塩化水素の構成粒子を2個にするためには原子を分割しなければならなくなり，原子説に矛盾する。イタリアの**アボガドロ**（図1.4）は，この矛盾を解消するためには気体の構成粒子が，たとえば図1.3(B)のように，複数個の原子が結合しているものと考えればよいと提案した[*16]。これは今日，**アボガドロの分子説**と呼ばれている[*17]。

図1.4 アボガドロの肖像画

*16 1811年に発表された論文で，この考えが提案されている。
*17 実際に水素と塩素の構成粒子（分子）は，それぞれの原子2個が結合したものである。

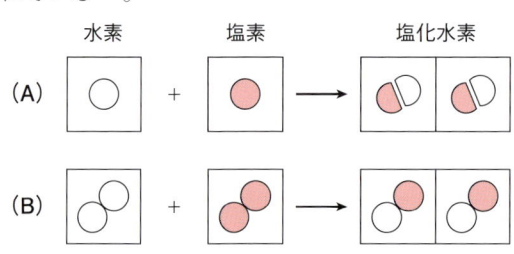

図1.3 水素と塩素の反応を説明するモデル
□は粒子1個が空間中に占める体積を表している。

### 1.3.3 アボガドロの法則

ゲーリュサックは，気体の構成粒子1個が空間中に占める体積がすべて等しいと考えたが，アボガドロは分子説と同じ論文において「（同温，同圧で）同体積を占める気体に含まれる構成粒子の数はすべて等しい」という仮説を提唱した。これは今日，**アボガドロの法則**と呼ばれている。

表1.1に，単体の気体を構成する原子の原子量と，0℃，1013 hPa*18 における各気体の密度（1 L あたりの質量）を示す。この表のデータから，原子1個あたりの質量の比である原子量と，気体の密度の比（気体1 L あたりの質量の比）とが，きわめて近いことがわかる。このことは，各気体1 L あたりに含まれる原子の数が同じであることを示している。今日，これらの気体の構成粒子は，2個の原子が結合した分子であることがわかっている。したがって表1.1のデータは，同温・同圧の気体1 L あたりに含まれる各気体の分子の数が同じであることを示している。

表1.1 気体（単体）の体積と原子量

| 気体 | 原子量 | 密度 [g/L]† | 密度の比†† |
|---|---|---|---|
| 水素 | 1.0 | 0.0899 | 1 |
| 窒素 | 14.0 | 1.251 | 13.9 |
| 酸素 | 16.0 | 1.429 | 15.9 |
| 塩素 | 35.5 | 3.214 | 35.8 |

† 0℃，1013 hPa における密度
†† 水素の密度が基準

*18 0℃，1013 hPa を**気体の標準状態**という。

## 1.4 化学式

### 1.4.1 元素記号と分子式

現代では，原子を表すために**元素記号**が用いられる。元素記号は，アルファベットの大文字や，それに小文字を書き添えたものである（表1.2）。

水の構成元素は水素と酸素であるが，水を構成する最小の単位となっている粒子は水分子（図1.5）である。水分子では，水素原子2個と酸素原子1個が結びついているので，これを元素記号を用いて $H_2O$ と表す。このような分子を表記する式を**分子式**という。また，水のように分子を構成粒子とする物質そのものを表すために分子式が用いられることもある。化合物ばかりでなく単体でも，分子を構成粒子とするものは分子式を用いて表される。たとえば，空気中に含まれる酸素は $O_2$，同じく酸素の単体であるオゾンは $O_3$ と表される。これは，それぞれの構成粒子である酸素分子とオゾン分子を意味している（図1.5）。酸素分子のように2個の原子からできている分子を二原子分子，オゾン分子のように3個の原子からできている分子を三原子分子と呼ぶ。食品に含まれるグルコース（ブドウ糖）の分子式は $C_6H_{12}O_6$ と表される。自然界には，このように多数の原子からできている分子が多い。このような分子は，多原子分子と総称される。逆に空気中に含まれる気体であるアルゴンは分子をつくらず，原子状態で存在する。このようなものは単原子分子と呼ばれる。また炭素の単体の1つであるダイヤモンドでは，多数の炭素原子が立体的に結合している（図1.6）。この場合の構成粒子は原子と考えられるので，ダイヤモンドは炭素の元素記号を用いて C と表される。金属の単体の場合も，構成粒子は原子と考えられるので，たとえば鉄は Fe，金は Au と表される。

表1.2 元素記号の例

| 元素名 | 元素記号 |
|---|---|
| 水素 | H |
| 酸素 | O |
| 炭素 | C |
| 窒素 | N |
| ナトリウム | Na |
| マグネシウム | Mg |
| ケイ素 | Si |
| リン | P |
| 塩素 | Cl |
| 鉄 | Fe |
| 銅 | Cu |
| 銀 | Ag |
| 金 | Au |

水分子

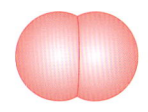

酸素分子

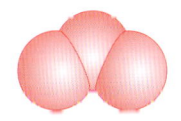

オゾン分子

図1.5 分子の例

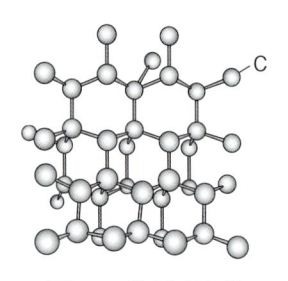

図 1.6 ダイヤモンド

＊19 これらのイオンは，もともと塩化ナトリウムを構成していたものである。

### 1.4.2 イオンとイオン式

純水に電圧をかけても電流は流れないが，塩化ナトリウム水溶液に電圧をかけると電流が流れる。これは，塩化ナトリウム水溶液中に正または負の電荷をもつ粒子が存在するためである。このような粒子を**イオン**という。塩化ナトリウム水溶液中には，陽イオン（正の電荷をもつイオン）であるナトリウムイオン $Na^+$ と，陰イオン（負の電荷をもつ）である塩化物イオン $Cl^-$ とが含まれる[＊19]。$Na^+$ や $Cl^-$ のような，イオンを表す式を**イオン式**という。イオン式の右上に表記される＋や－の記号は，イオンのもつ電荷の大きさと符号を表している。たとえば，マグネシウムイオン $Mg^{2+}$ はナトリウムイオンの 2 倍の正電荷をもっており，酸化物イオン $O^{2-}$ は塩化物イオンの 2 倍の負電荷をもっている。これらの電荷の絶対値を**イオンの価数**という。$Na^+$ は 1 価の陽イオン，$Mg^{2+}$ は 2 価の陽イオン，$Cl^-$ は 1 価の陰イオン，$O^{2-}$ は 2 価の陰イオンに分類される。イオンには，ナトリウムイオン $Na^+$ や塩化物イオン $Cl^-$ のように，単一の原子からイオンになったもの（単原子イオン）の他に，水酸化物イオン $OH^-$ のように，複数の原子の集団（原子団）から生じたイオンもある（多原子イオン）。主なイオンの名称とイオン式の例を**表 1.3**に示す。

表 1.3 イオンの名称とイオン式（左側が陽イオン，右側が陰イオン）

| 価 数 | 名 称 | 化学式 | 価 数 | 名 称 | 化学式 |
|---|---|---|---|---|---|
| 1 価 | 水素イオン | $H^+$ | 1 価 | フッ化物イオン | $F^-$ |
| | カリウムイオン | $K^+$ | | 臭化物イオン | $Br^-$ |
| | 銀(I)イオン | $Ag^+$ | | ヨウ化物イオン | $I^-$ |
| | アンモニウムイオン | $NH_4^+$ | | 硝酸イオン | $NO_3^-$ |
| 2 価 | 亜鉛イオン | $Zn^{2+}$ | 2 価 | 硫化物イオン | $S^{2-}$ |
| | 銅(II)イオン | $Cu^{2+}$ | | 硫酸イオン | $SO_4^{2-}$ |
| 3 価 | アルミニウムイオン | $Al^{3+}$ | 3 価 | リン酸イオン | $PO_4^{3-}$ |

陽イオンの名称における（I）や（II）は，イオンの価数を表す。たとえば，銅のイオンには銅(I)イオン $Cu^+$ と銅(II)イオン $Cu^{2+}$ とがあるので，価数をローマ数字で表して（ ）で括り区別する。

### 1.4.3 組成式

塩化ナトリウムの結晶では，ナトリウムイオンと塩化物イオンとが**図 1.7**のように交互に結合しており，両者は 1：1 の個数比で含まれる。しかしこの物質には，水分子のような明確な分子は存在していない。このような物質を表す場合は，陽イオンと陰イオンの数の比を最も簡単な整数比で表したものを用いる。塩化ナトリウムには $Na^+$ と $Cl^-$ が 1：1 の比で含まれるので，これを NaCl と表す。このとき一般に，陽イオンを先に表記する。このような式は**組成式**と呼ばれる。たとえば，マグネシウムイオン $Mg^{2+}$ と塩化物イオンとからなる化合物である塩化マグネ

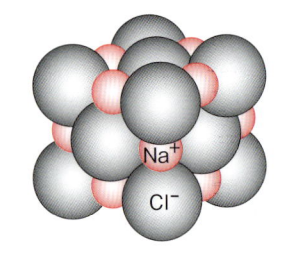

図 1.7 塩化ナトリウムの結晶モデル

シウムの組成式は $MgCl_2$ である。

イオンを構成粒子とする化合物では、陽イオンのもつ正電荷の総量と、陰イオンのもつ負電荷の総量の絶対値が等しくなる。たとえば、鉄(Ⅲ)イオン $Fe^{3+}$ と酸化物イオン $O^{2-}$ とからなる酸化鉄(Ⅲ)の組成式は $Fe_2O_3$ となる[*20]。また複数の多原子イオンを含む化合物の組成式では、多原子イオンを( )で括ってその数を示す。たとえば、カルシウムイオン $Ca^{2+}$ と水酸化物イオン $OH^-$ とからなる水酸化カルシウムの組成式は $Ca(OH)_2$ と表される。

分子式、組成式、イオン式などを総称して**化学式**という。

[*20] この場合、正電荷の総数 $= (+3) \times 2 = +6$、負電荷の総数 $= (-2) \times 3 = -6$ となる。

## 1.5 化学反応式

### 1.5.1 化学反応式のきまり

化学反応において、反応する前の物質を**反応物**、反応した後にできる物質を**生成物**という。化学反応では、原子の組み替えがおこっており、これを表すために**化学反応式**が用いられる。化学反応式は以下の規則に基づいてつくられる。

1) 反応物の化学式を左辺、生成物の化学式を右辺に書き、両辺を変化の方向を表す矢印（⟶）で結ぶ。
2) 両辺の各原子の数が等しくなるように、化学式に係数をつける。係数は、互いに共通因数をもたない自然数にする。ただし係数が1の場合には、これを省略する。
3) 反応の前後で変化しない触媒（p.79参照）や溶媒（p.138参照）などは式の中に含めない。

石油などに含まれるエタン $C_2H_6$ を完全燃焼させると、二酸化炭素 $CO_2$ と水 $H_2O$ が生成する。この反応における反応物はエタンと酸素 $O_2$

---

**Column　基本法則が発見された頃のヨーロッパ**

化学の基本法則は、18世紀末から19世紀初頭のフランスやイタリアで発見されている。フランスでは1789年にフランス革命が始まり、やがてナポレオンが台頭してイタリアを初めとするヨーロッパ全土を席巻する。そのナポレオンが、ワーテルローの戦いで敗れて歴史の表舞台から消え去ったのが1815年である。このような激動の時代の中で、多くの科学者が処刑された。たとえば質量保存の法則を見出したラボアジェは、徴税人であったということで、ギロチンで処刑されている。

『民衆を率いる自由の女神』（ドラクロワ画）

であり，生成物は二酸化炭素と水である。この反応の化学反応式は，以下の①～⑤のようにしてつくることができる。

① 左辺に $C_2H_6$ と $O_2$，右辺に $CO_2$ と $H_2O$ の化学式を書き，それぞれの間に＋を記した上で，両辺を ⟶ で結ぶ。

$$C_2H_6 + O_2 \longrightarrow CO_2 + H_2O \quad *21$$

② 最も複雑な化学式の係数を，とりあえず1とする。この場合は $C_2H_6$ がよい。これによって左辺の炭素原子の数が2になるので，右辺の炭素原子の数も2にするために，$CO_2$ の係数を2にする。

$$(1)\,C_2H_6 + O_2 \longrightarrow 2\,CO_2 + H_2O \quad *22$$

③ また左辺の水素原子の数も6になるので，$H_2O$ の係数を3にする。

$$(1)\,C_2H_6 + O_2 \longrightarrow 2\,CO_2 + 3\,H_2O$$

④ これで右辺の化学式すべてに係数がついたことになる。この時点で右辺の酸素原子の数が $2 \times 2 + 3 \times 1 = 7$ となっているので，左辺の酸素原子の数も7にするために，$O_2$ の係数を7/2にする。

$$(1)\,C_2H_6 + 7/2\,O_2 \longrightarrow 2\,CO_2 + 3\,H_2O$$

⑤ しかし化学反応式の係数は，自然数である必要がある。そこで全係数を2倍して自然数にする。

$$2\,C_2H_6 + 7\,O_2 \longrightarrow 4\,CO_2 + 6\,H_2O$$

### 1.5.2 未定係数法

前項のような化学反応式の係数のつけ方を，目視法と呼ぶことがある。しかし複雑な化学反応式では，目視法では係数がつけられないことが多い。このような場合は，係数を未知数とした連立方程式をつくり，これを解いて係数を求める方法(未定係数法)を用いると便利である。

銅 Cu を硝酸 $HNO_3$ のうすい水溶液(希硝酸)中に入れて加熱すると，一酸化窒素 NO を発生しながら溶け，硝酸銅(Ⅱ)*23 $Cu(NO_3)_2$ と水が生じる。この反応の化学反応式の係数を，未定係数法でつけてみよう。

① 左辺に Cu と $HNO_3$，右辺に $Cu(NO_3)_2$，NO と $H_2O$ を書き，＋と ⟶ とを書く。

$$Cu + HNO_3 \longrightarrow Cu(NO_3)_2 + NO + H_2O$$

② 各化学式に，未知係数 $a \sim e$ をつける。

$$a\,Cu + b\,HNO_3 \longrightarrow c\,Cu(NO_3)_2 + d\,NO + e\,H_2O$$

③ 両辺の各原子の数が等しくなるように，連立方程式をつくる。

Cu　$a = c$　　　　H　$b = 2e$
N　$b = 2c + d$　　O　$3b = 6c + d + e$

④ この連立方程式では，未知数5個に対して「＝」が4個しかない。このような場合は解が得られず，未知数間の比しか求められない。

---

*21 係数がすべて1であるとすると，炭素原子の数(左辺2，右辺1)，酸素原子の数(左辺2，右辺3)，水素原子の数(左辺6，右辺2)がすべて等しくない。よって，係数をつける必要がある。

*22 係数1は最終的に省略するが，説明のために途中の段階では( )内に記す。

*23 ( )内のローマ数字は，この物質に銅(Ⅱ)イオンが含まれることを表している。

しかし化学反応式の係数は，係数間の比がわかればつけられる。そこで，ある未知数を1と定めて，他の未知数を求めてみる。たとえば $a = 1$ として解くと，$b = 8/3$，$c = 1$，$d = 2/3$，$e = 4/3$ となる。

⑤ ④で求められた係数をすべて3倍して自然数にすると，化学反応式が完成する。

$$3\,Cu + 8\,HNO_3 \longrightarrow 3\,Cu(NO_3)_2 + 2\,NO + 4\,H_2O$$

### 1.5.3 イオン反応式

アルミニウム Al を硫酸 $H_2SO_4$ の水溶液中に入れると，水素 $H_2$ を発生しながらアルミニウムイオン $Al^{3+}$ となって溶ける（図 1.8）。硫酸は水溶液中で水素イオン $H^+$ と硫酸イオン $SO_4^{2-}$ とに分かれているが，硫酸イオンはこの反応に関与しない。このような反応は，反応するイオンと物質のみを用いた**イオン反応式**を用いて表すことがある。この場合のイオン反応式をつくってみよう。

① まず左辺に Al と $H^+$，右辺に $Al^{3+}$ と $H_2$ を書き，＋と→とを書く。

$$Al + H^+ \longrightarrow Al^{3+} + H_2$$

② 原子の数だけを等しくするのであれば，$H^+$ の係数を2とすればよいが，イオン反応式では両辺の電荷も一致させる必要がある[*24]。そこで，先に電荷をあわせるために，$H^+$ の係数を3とする。

$$Al + 3\,H^+ \longrightarrow Al^{3+} + H_2$$

③ H 原子の数を等しくするように，$H_2$ に係数 3/2 をつける。

$$Al + 3\,H^+ \longrightarrow Al^{3+} + 3/2\,H_2$$

④ ③で求められた係数をすべて2倍して自然数にすると，イオン反応式が完成する。

$$2\,Al + 6\,H^+ \longrightarrow 2\,Al^{3+} + 3\,H_2$$

図 1.8 アルミニウムと硫酸水溶液の反応

[*24] ①の反応式では，$H^+$ の係数を2とすると，左辺の電荷が ＋2，右辺の電荷が ＋3 となって，両者は一致しない。

## 演習問題

**1.1** 次の文中の空欄に，適切な語句を記せ．

海水には2種類以上の物質が含まれている．このようなものは（ ア ）と呼ばれ，種々の手段によって分離することができる．たとえば，海水を加熱すると水蒸気が発生し，これを冷却すると水が得られる．このような分離法は（ イ ）と呼ばれる．分離によって得られた単一の物質は（ ウ ）と呼ばれる．水に少量の水酸化ナトリウムを溶かして直流の電流を通じると，水素と酸素とが得られる．この操作は電気（ エ ）と呼ばれる．水素と酸素は1種類の成分からできており，これ以上簡単な物質にすることができない．このような物質は（ オ ）と呼ばれ，（ オ ）を構成する成分を（ カ ）という．

**1.2** 次の物質を，純物質と混合物とに分類せよ．
（ア）海水　（イ）空気　（ウ）エタノール　（エ）塩酸　（オ）黄銅（銅と亜鉛の合金）

**1.3** 次の文が表す基本法則の名称と，その提唱者の名前を答えよ．
(1) 化合物中の成分元素の質量比は一定である．
(2) 化学反応の前後で，物質全体の質量は変化しない．
(3) 2種類の元素 A, B からなる化合物が2種類以上あるとき，A の一定質量と化合する B の質量は，化合物間で簡単な整数比となる．
(4) 気体どうしの反応では，反応および生成する気体の体積の間に，同温同圧で簡単な整数比が成り立つ．
(5) 同温，同圧で同体積を占める気体に含まれる構成粒子の数はすべて等しい．

**1.4** 次のイオンの組み合わせでできる化合物の組成式を記せ．
(1) $Mg^{2+}$ と $SO_4^{2-}$　(2) $Mg^{2+}$ と $F^-$　(3) $Ca^{2+}$ と $NO_3^-$　(4) $Al^{3+}$ と $SO_4^{2-}$

**1.5** 次の化学反応式とイオン反応式に係数をつけよ．
(1) $CH_4 + O_2 \longrightarrow CO_2 + H_2O$
(2) $C_6H_{12}O_6 + O_2 \longrightarrow CO_2 + H_2O$
(3) $SO_2 + H_2S \longrightarrow S + H_2O$
(4) $Cu + HNO_3 \longrightarrow Cu(NO_3)_2 + NO_2 + H_2O$
(5) $Ag^+ + Cu \longrightarrow Ag + Cu^{2+}$

**1.6** 次の文中の下線をつけた「酸素」は，単体を表すものか，元素名を表すものか．
(1) 水中に住む多くの生物は，水中の<u>酸素</u>による呼吸を行っている．
(2) 地殻中には，ケイ素よりも<u>酸素</u>の方が多く含まれている．
(3) 二酸化炭素に含まれる炭素と<u>酸素</u>の質量比は，常に一定である．

# 第 2 章

# 原子の構造と物質量

　第1章で学習したように，ドルトンによって提唱された原子は，「それ以上分割できない」粒子であった。しかしその後，電子，陽子や中性子など，原子を構成する微粒子が発見され，原子には内部構造があることが明らかにされた。この章では，原子を構成するこれらの粒子について学習する。さらに原子，分子，イオンの数を扱う物質量について学習する。

## 2.1 電子の発見

### 2.1.1 陰極線

　19世紀の終り頃，ガラス細工と真空をつくり出す技術とが進展し，真空にしたガラス管中の放電現象が盛んに研究されるようになった。図2.1は，この実験に使われた装置（ガイスラー管）の原理図である。ガラス管の内部にあらかじめ金属の電極を入れておき，真空ポンプで内部の空気を排気して放電する。当初は真空にする技術が十分ではなく，発光現象（グロー）が観察された。1875年にイギリスのクルックスは，クルックス管（図2.2）を用いて高真空を実現した。これを用いて放電を行うと，内部の真空度が高くなると陽極の背後のガラス管が緑色に光る現象が観察された。さらに，ガラス管内部に十字形の金属板を入れておくと，その影が観察された。この現象は陰極から何らかの放射線が出ていることを示しており，この放射線はドイツのゴールドシュタインによって**陰極線**と名付けられた。

### 2.1.2 電子の発見

　イギリスのトムソンは陰極線の性質を詳しく調べ，陰極線が電場や磁場によって曲げられることから（図2.3），陰極線の正体は負の電荷をもつ粒子の流れであることを突き止めた。また，陰極線の正体である粒子のもつ電荷と粒子の質量の比を求めた。やがてこの粒子は，当時知られていた最小の質量をもつ粒子である水素原子よりもさらに小さい質量をもつことがわかり，**電子**と呼ばれるようになった。さらにトムソンは，陰極線の正体である粒子のもつ「電荷と粒子の質量の比（比電荷）」を求めた。その後，求められた電子の質量は水素原子の1/1837であること，

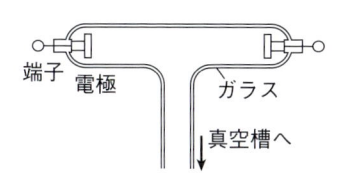

**図2.1　ガイスラー管**
1855年にドイツのガイスラーによって作製された。

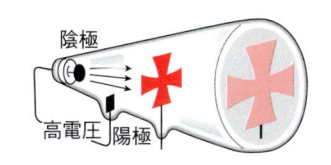

**図2.2　クルックス管による実験の例**

陰極線に垂直に高電圧を加える。

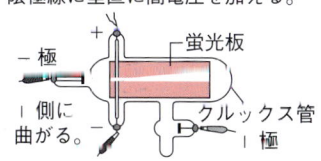

陰極線は磁界から力を受けて曲がる。

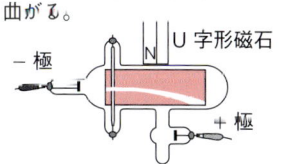

**図2.3　陰極線の性質**

電子のもつ電荷（電気素量）は負電荷の最小単位であることがわかった。

## 2.2 原子を構成する粒子

### 2.2.1 原子モデル

1902年に，磨いた金属板の表面に光をあてると電子が飛び出す現象（光電効果）が確認され，電子は原子の構成要素ではないかと考えられるようになった。負電荷をもつ電子が原子を構成する要素であれば，電気的に中性な粒子である原子には，正電荷をもつ構成要素も存在しなければならない。この時点でトムソンは，「ブドウパンモデル」と呼ばれる原子モデルを考えていた[*1]。これは，電子はブドウパンの干しブドウのように原子内に散りばめられており，パン生地に相当する部分が正電荷をもつ要素である，というモデルである（図2.4）。この頃日本の長岡は，「土星モデル」と呼ばれる原子モデルを考えていた。これは土星とその周囲にある輪の関係のように，原子の中心に正電荷が集中して，周囲を電子がまわっていると考えるモデルである（図2.5）。

### 2.2.2 原子の正電荷と陽子

中央に孔の空いた金属板を陰極に用いて陰極線の実験を行うと，陽極から，陰極線と反対側に向かって正の電荷をもつ放射線が出ることが発見された[*2]。やがて，この陽極線は正の電荷をもつ粒子の流れであり，ガラス管内部に微量に残っている気体の種類によって異なる質量をもち，その質量は原子程度であることがわかった。こうして，原子における正電荷をもつ構成要素が粒子である可能性が高くなっていった。イギリスのラザフォードは，正電荷にも電子と同じような単位粒子があると考え，後にこれを**陽子**と名付けた[*3]。

### 2.2.3 放射線（α線，β線，γ線）

フランスのベクレルは蛍光をもつウラン化合物に興味をもち，その性質を調べるうちに，ウラン化合物が写真フィルムを感光させる放射線を出すことに気づいた。やがてラザフォードによって，この放射線は3種類あることが突き止められた。1つめの放射線は，正の電荷をもつ粒子[*4]の流れで**α線**と命名された。2つめの放射線は，陰極線と同様の性質をもつことから電子の流れであるとわかり，**β線**と命名された。3つめの放射線の解明はやや遅れたが，当時発見されていたX線（2.3.1項参照）と同様，大きなエネルギーをもつ電磁波であることがわかり，**γ線**と命名された。

---

[*1] これは和名で，英語ではplum pudding model という。

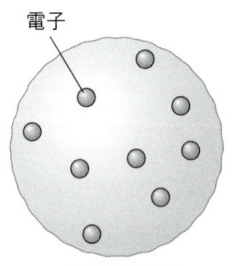

図2.4 ブドウパンモデル

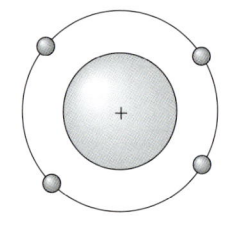

図2.5 土星モデル

[*2] トムソンは，これを陽極線と名付けた。

[*3] ラザフォードは，この単位粒子が水素の原子核（2.2.4項参照）であることを，1930年に突き止めた。

[*4] α線の粒子は，後にラザフォードによって，陽子の2倍の電荷と4倍の質量をもつことが解明され，ヘリウムの原子核であることが突き止められた。

### 2.2.4 ラザフォードの実験（原子核の発見）

ラザフォードらは、α線を原子の内部構造を解明するための「粒子銃」として用い、図2.6のような装置で、薄い金属箔（金箔など）にα線を照射し、α線の進路がどのように変化するかを調べた[*5]。α線の進路は、α線が衝突すると蛍光を発する性質があるスクリンSと、それを観察する望遠鏡Mとを回転させながら調べることができる。この実験の結果は以下のようなものであった。

- α線の大部分は金属箔を通り抜ける。
- ごくわずかなα線が後方に散乱される。

これらの結果から、ラザフォードは以下の結論に至った。

① 原子の中心には、原子全体の質量とほぼ等しい質量をもつ点電荷が存在する。
② その点電荷は正の電荷をもち、その直径は原子全体の一万分の一程度である。

ラザフォードが見出した原子の中心にあるこの点電荷は、後に **原子核** と呼ばれるようになった。

### 2.2.5 中性子の発見

さらにラザフォードは、原子核の質量を説明するために、「原子核中に存在する電荷をもたない（電気的に中性な）粒子」の存在を予言した。彼の予言した粒子は、弟子のチャドウィックによって、当時各地で行われていたα線を軽い原子に当てて飛び出してくる放射線の性質を調べる実験の結果と、チャドウィック自身の行った実験の結果を根拠に、その存在が実証された（1932年）。この粒子の質量は水素の原子核（陽子）にほぼ等しいことがわかり、**中性子** と呼ばれるようになった。こうして、原子を構成する主な粒子である電子、陽子、中性子がすべて発見された（表2.1）。

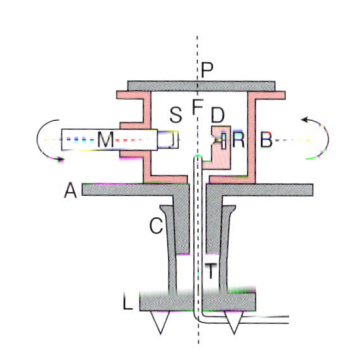

**図2.6　ラザフォードらの使った実験装置**

Rから発生したα線は、窓Dを通って金属箔にあたる。R：α線源（鉛の支持台に埋め込み固定）、F：金属箔（固定）、S：スクリン（ZnS）、M：望遠鏡（回転）、B：容器（回転）

[*5] 1908〜1913年にかけて、ラザフォードのアイディアのもとで実際に実験を行ったのは、助手であったガイガーとマースデンであった。

**表2.1　原子を構成する主な粒子**

| 粒子 | 質量比 | 電荷[†] |
|---|---|---|
| 電子 | 1/1837 | $-e$ |
| 陽子 | 1 | $+e$ |
| 中性子 | 約1 | 0 |

[†] $-e$ は電気素量と呼ばれ、$-1.602 \times 10^{-19}$ クーロン（記号C）である。

## 2.3　原子番号と質量数

### 2.3.1　特性X線と原子番号

ドイツのレントゲンは、陰極線を扱う実験中に、陰極線がガラスに衝突するとき、透過作用、写真感光作用などの性質をもつ未知の放射線が現れることを発見し、これを **X線** と名付けた。やがて対陰極という電極をガラス管内に入れ、これに陰極線をあててX線を発生させる方法が確立した[*6]。対陰極から放射されるX線には、対陰極の元素に特有の波長をもつ **特性X線** が含まれることがわかった。この特性X線の波長は原子核のもつ正電荷の大きさ、すなわち陽子の数によって決まること

[*6] 後にX線が波に特有の「回折」という現象を示すことがラウエによって見出され、X線が電磁波であることが判明した。

14　第 2 章　原子の構造と物質量

が，イギリスのモズリーによって見出された。このことは，元素（原子の種類）を決定する要因は原子核における陽子の数であることを示していた。この陽子の数を**原子番号**という[*7]。

*7　それまでは，元素に特有の数値は原子量しか知られていなかった。たとえば原子番号が発見される以前の元素の周期表（p. 30参照）では，原子量の順に元素を並べていた。

### 2.3.2　質量数と同位体

ラザフォードは，原子の質量のほとんどが原子核に集中していることを示した（2.2.4 項参照）。原子核を構成する主要な粒子[*8]である陽子と中性子の質量はほぼ等しい（表 2.1）ので，原子核内に含まれる陽子数と中性子数とを単純に加えた数値によって，原子の質量を比較することができる。この数値を**質量数**という。

*8　陽子と中性子を総称して**核子**という。

原子番号が同じでも，質量数が異なる（すなわち中性子数が異なる）原子が存在する。これを**同位体**（アイソトープ）という[*9]。同位体どうしは同一元素の原子であるが，その性質がわずかに異なる。したがって，原子番号と質量数とによって一つの原子種[*10]が確定することになる。これを**核種**という。

*9　元素によっては，自然界に同位体が存在しないものがある。実際，Be, F, Al, P など 20 種類の元素がこれにあたる。

*10　この場合の「原子種」は「元素」と同義ではない。

たとえば水素原子には，質量数が 1 の核種（軽水素と呼ばれることがあり，99.985 % 存在する），質量数が 2 の核種（重水素と呼ばれることがあり，0.015 % 存在する），質量数が 3 の核種（三重水素と呼ばれることがあり，極微量存在する）の 3 種類の同位体がある。これらの元素記号はいずれも H であるが，区別する場合には元素記号の左上に質量数を記して，それぞれ $^1H$, $^2H$, $^3H$ と表す。上記のように，自然界の同位体の存在量を原子数の百分率で表したものを**存在比**という。

### 2.3.3　放射性同位体

同位体には放射線を出す性質（**放射能**）をもつものがあり，**放射性同位体**（ラジオアイソトープ）と呼ばれる。一般に放射性同位体の原子核は不安定で，放射線を放出して他の元素の原子核に変化する。この現象を，**壊変**または**崩壊**という。

たとえば，弱い放射線を出す放射性同位体を体内に入れて放射線を追跡すると，その元素の体内での動き方がわかる。この原理は，医療における画像診断に利用できる。一方で過剰の放射線は，細胞の遺伝子を傷つけ，ガンを引き起こすなどの深刻な被害を与える。したがって，放射性同位体の取り扱いには細心の注意を払わなければならない（図 2.7）。

**図 2.7　放射線管理区域のマーク**
研究施設や病院などにあるこのマークのついた部屋では放射線が扱われており，立ち入りが制限されている。

## 2.4　原子の相対質量と原子量

### 2.4.1　原子の相対質量

各元素に含まれる同位体の存在比と正確な質量は，質量分析器という

装置によって測定することができる。しかし，たとえば $^1H$ の質量は $1.6735 \times 10^{-24}\,\mathrm{g}$ であり，値が小さくて扱いにくい。そこである基準を設定し，それに基づく原子（核種）の質量比を扱うことが多い。現在この基準となっているのが，$^{12}C$ の質量である。すなわち $^{12}C$ の質量 $(1.9926 \times 10^{-23}\,\mathrm{g})$ の 12 分の 1[*11]を比の基準とし，各原子の質量が，その何倍になるかを考える。これを原子の**相対質量**という。

[*11] この値 $1.6605 \times 10^{-24}\,\mathrm{g}$ を原子質量単位 (a.u) という。

### 2.4.2 原子量

第 1 章で述べたように，原子説を提唱したドルトンは，原子の質量比である原子量の概念を導入した[*12]。当時は原子の内部構造に関する知識がなく，同一元素の原子でありながら質量が異なる原子が存在する事実，すなわち同位体の存在は全く知られていなかった。原子量の値は，一元素に対して一つ決められるものである。しかし同位体が存在する場合，同一元素の原子でも，質量が異なるものが存在する。このような場合の原子量は，どのように考えればよいのであろうか。

ある元素の同位体の存在比は，自然界では概ね一定である。たとえば自然界における塩素原子の主な同位体には $^{35}Cl$ と $^{37}Cl$ が存在し，その存在比は 75.77 % と 24.23 % である。自然界で塩素原子を集めると，この割合で $^{35}Cl$ と $^{37}Cl$ が含まれる。また，各塩素原子の相対質量を小数第 2 位まで求めると 34.97 と 36.97 となる。したがって，自然界における塩素原子の相対質量の平均は以下のように求められる。こうして得られた 35.45 を塩素の原子量とする[*13]。

[*12] ドルトンが考えた原子量の基準は，水素原子の質量であった（p.3 参照）。

[*13] すなわち原子量とは，存在比に基づく同位体の相対質量の平均値と考えてよい。なお本文中の計算では，塩素の各同位体の存在比と相対質量の値を四捨五入して有効数字 4 桁にして用いたため，35.45 でなく 35.46 という計算結果を得ている。

$$34.97 \times \frac{75.77}{100} + 36.97 \times \frac{24.23}{100} = 35.46$$

---

**Column　同位体の存在比と食品の表示偽装**

自然界における同位体の存在比は，概ね一定である。しかし分析の技術が発展し，詳細な同位体の存在比が測定できるようになると，ごくわずかな同位体の存在比の違いから，種々の情報が得られることが明らかになってきた。この情報を利用すれば，市販の食品の表示偽装を明らかにできる。

炭素の主な同位体には $^{12}C$ と $^{13}C$ があるが，生物が取り入れた炭素の化合物がその体内で変化していく際には，体内に残留する両者の存在比が生物の種類によってわずかに異なる。たとえば，トウモロコシやサトウキビでは，ハチミツに比べて $^{13}C$ の割合がやや多くなる。したがって「100 % ハチミツ」という表示で市販されているハチミツが，実際には 100 % ではなく，砂糖やコーンスターチを原料とする水アメを混ぜていたものであるか否かは，$^{13}C$ と $^{12}C$ の存在比を測定すれば明らかになる。また雨水に含まれる水素原子では，内陸に降る雨水ほど $^2H$ の割合が少なくなる。したがって $^2H$ の存在比を調べれば，ある農作物が内陸産のものか沿岸産のものかが明らかになる。

表 2.2 原子量の概数

| 元素名 | 原子量 |
|---|---|
| 水　素 | 1.008 |
| 酸　素 | 16.00 |
| 炭　素 | 12.01 |
| 窒　素 | 14.01 |
| ナトリウム | 22.99 |
| マグネシウム | 24.31 |
| ケイ素 | 28.09 |
| リ　ン | 30.97 |
| 塩　素 | 35.45 |
| 鉄 | 55.85 |
| 銅 | 63.55 |
| 銀 | 107.9 |
| 金 | 197.0 |

有効数字 4 桁で表記した。

*14　C×1+O×2 による計算である。

*15　Mg×1+Cl×2 による計算である。

*16　C×1+O×3 による計算である。

*17　この比較は，ダイヤモンドを構成する原子 1 個の（平均）質量がすべて等しいことを根拠にしている。日常生活においても，米などの穀類の価格は，1 kg や 100 g のような一定質量あたりで定められている。

フッ素のように自然界に同位体が存在しない元素の原子量は，原子の相対質量に等しい。主な元素の原子量（概数）を **表 2.2** に示す（他の元素については表紙見返しの周期表参照）。

## 2.5　分子量と式量

### 2.5.1　分子量

原子量と同様に考えると，分子量とは分子 1 個の相対質量を意味することになるが，複数の元素の原子を含む分子の場合，各元素の同位体の組み合わせと存在比をすべて考えるのは煩雑である。そこで，分子式に基づいて原子量の和を求めた値を**分子量**とする。たとえば二酸化炭素 $CO_2$ の分子量は，炭素の原子量が 12.01，酸素の原子量が 16.00 であるから，以下のように求められる。

$$12.01 \times 1 + 16.00 \times 2 = 44.01 \quad \text{*14}$$

### 2.5.2　式　量

第 1 章で述べたように，塩化ナトリウム NaCl のようにイオンを構成粒子とする化合物には分子が存在しない。このような場合，分子式の代わりに組成式を用いる（p. 6 参照）。このような物質では上記のような分子量を考えることはできないが，代わりに組成式に基づいて原子量の和を求めた値を用いる。この値は**式量**と呼ばれる。たとえば塩化マグネシウム $MgCl_2$ の式量は，マグネシウムの原子量が 24.31，塩素の原子量が 35.45 であるから，以下のように求められる。

$$24.31 \times 1 + 35.45 \times 2 = 95.21 \quad \text{*15}$$

式量は，イオンに対しても用いられる。たとえば炭酸イオン $CO_3^{2-}$ の式量は，炭素の原子量が 12.01，酸素の原子量が 16.00 であるから，以下のように求められる。

$$12.01 \times 1 + 16.00 \times 3 = 60.01 \quad \text{*16}$$

## 2.6　物　質　量

### 2.6.1　アボガドロ数

ダイヤモンドは炭素原子からできているが，1 g のダイヤモンドは何個の炭素原子からできているのであろうか。原子はきわめて小さいので，その数を直接数えることはできない。しかし 2 g のダイヤモンドに含まれる炭素原子の数は，1 g のダイヤモンドに含まれる炭素原子の数の 2 倍になることはわかる*17。このように直接数えることが困難な粒子の数を，質量によって比較することはできる。

先述のように，原子量の基準に用いられている原子は $^{12}C$ である。い

ま，ちょうど 12 g の $^{12}$C を集めたときの原子数を $N$ とする。このとき，1 個あたりの $^{12}$C 質量は $12/N$ g となる。塩素の原子量は 35.45 であり，先述のように，この値は（自然界における）Cl 原子 1 個の相対質量の平均値を表している。この場合の Cl 原子 1 個あたりの平均質量は，以下の式のようになる。

$$\frac{12}{N} \times \frac{35.45}{12} = \frac{35.45}{N}$$

したがって塩素原子を $N$ 個集めると，その質量は 35.45 g となる。このように同一元素の原子を $N$ 個集めたときの質量は，その元素の原子量に単位 g をつけたものになる。$N$ の値は，同位体の存在比を精密に制御したケイ素の結晶を作製し，これを分析することで求めることができる。またプランク定数 $h$（p.22 参照）を物理学的に精密に測定し，その値からも求めることができる。現在，これらの方法によって $N$ の値が $6.02214076 \times 10^{23}$ と定められている。

### 2.6.2 物質量（mol）とアボガドロ定数

前項のように，$N = 6.02214076 \times 10^{23}$ という値を用いると，原子の数を質量に置き換えて求めることができる。そこで $6.02214076 \times 10^{23}$ 個の粒子（原子，分子，イオンなど）の集団に特別な意味をもたせ，これを **1 モル**（**記号 mol**）という。また $6.02214076 \times 10^{23}$ に単位 "/mol" をつけ，これを**アボガドロ定数**と呼ぶ[*18]。

原子の場合と同様に，ある分子を 1 mol 集めたときの質量は，その分子量に単位 g をつけたものになる。たとえば，グルコース（ブドウ糖）の分子式は $C_6H_{12}O_6$ であり，その分子量を小数第 1 位まで求めると 180.0 である。したがって，180.0 g のグルコースには，1.000 mol の分子が含まれる[*19]。

先述のように，塩化ナトリウム NaCl のようにイオンからできている物質では，分子式や分子量の代わりに組成式や式量が用いられる。塩化ナトリウムの式量を小数第 1 位まで求めると，58.5 である。すなわち，58.5 g の塩化ナトリウムには，ナトリウムイオン $Na^+$ と塩化物イオン $Cl^-$ が，それぞれ 1.00 mol ずつ含まれる[*20]。

原子量，分子量，式量に単位 g/mol をつけたものは，**モル質量**と呼ばれることがある。

### 2.6.3 気体分子の物質量

気体は拡散しやすいので，質量を測定することが困難である。そこで気体分子の数を知るためには，質量の代わりに体積を測定することが多

[*18] アボガドロにちなんだ名称であるが，ドイツ語圏では，この数値を最初に測定したロシュミットにちなんでロシュミット数と呼ぶことがある。

[*19] 180.0 の有効数字は 4 桁であるから，物質量を有効数字 4 桁で表記した。

[*20] 58.5 の有効数字は 3 桁であるから，物質量を有効数字 3 桁で表記した。

*21 この圧力は，大気圧（1 atm, 760 mmHg）に相当する。

*22 厳密にはこの値は，気体の種類によって，わずかに異なっている。

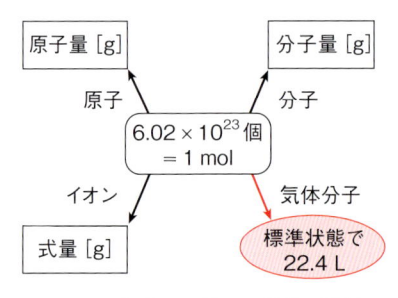

い。前章で述べたように，同温，同圧の気体は同体積中に同数の分子を含む（アボガドロの法則：p. 4）。まず温度を 0 ℃，圧力を $1.013 \times 10^5$ Pa*21 に定めて，これを**気体の標準状態**と呼ぶ。これを使うとアボガドロの法則は，「標準状態の気体分子 1 mol が占める体積は，気体の種類によらず等しい」と言い換えることができる。この体積は 22.4 L であることが知られている*22。さらに単位を L から L/mol に換えた 22.4 L/mol を，気体の**モル体積**と呼ぶ。たとえば，標準状態で 11.2 L を占める酸素に含まれる酸素分子 $O_2$ の数は 0.500 mol であり，標準状態で 33.6 L を占める窒素に含まれる窒素分子 $N_2$ の数は 1.50 mol となる。物質量と質量，気体体積の関係を図 2.8 にまとめる。

**図 2.8** 物質量と質量，体積の関係

### 2.6.4 化学反応式と物質量

化学反応式の係数は，反応にかかわる粒子の数を表している。たとえば次の化学反応式では，CO 分子，$O_2$ 分子と $CO_2$ 分子が 2：1：2 の個数比で反応・生成することが表されている。

$$2\,CO + O_2 \longrightarrow 2\,CO_2$$

これを物質量で考えると，2 mol の一酸化炭素と 1 mol の酸素とが反応して，2 mol の二酸化炭素が生成することになる。

次に質量の関係を考える。一酸化炭素の分子量は 28.0，酸素の分子量は 32.0，二酸化炭素の分子量は 44.0 であるから，$2 \times 28.0 = 56.0$ g の一酸化炭素と $1 \times 32.0 = 32.0$ g の酸素とが反応すると，$2 \times 44.0 = 88.0$ g の二酸化炭素が生成することになる。このとき一酸化炭素の質量 56.0 g と酸素の質量 32.0 g を加えると二酸化炭素の質量 88.0 g に等しい（質量保存の法則：p. 2）。

この場合には反応物と生成物がすべて気体であるから，標準状態における体積の関係を考えることもできる。すなわち，標準状態で $2 \times 22.4 = 44.8$ L の一酸化炭素と $1 \times 22.4 = 22.4$ L の酸素が反応して，$2 \times 22.4 = 44.8$ L の二酸化炭素が生成することになる。このときの各気体

表 2.3 化学反応における量的な関係

| 化学反応式 | 2 CO | + | $O_2$ | → | 2 $CO_2$ |
|---|---|---|---|---|---|
| 分子数の比 | 2 | : | 1 | : | 2 |
| 物 質 量 | 2 mol | | 1 mol | | 2 mol |
| 質　　量 | $2 \times 28.0 = 56.0$ g | | $1 \times 32.0 = 32.0$ g | | $2 \times 44.0 = 88.0$ g |
| 体積（標準状態） | $2 \times 22.4 = 44.8$ L | | $1 \times 22.4 = 22.4$ L | | $2 \times 22.4 = 44.8$ L |
| 体積比（同温・同圧） | 2 | : | 1 | : | 2 |

の体積比は $CO : O_2 : CO_2 = 2 : 1 : 2$ であり，簡単な整数比になっている（気体反応の法則：p.4）。以上の関係を**表 2.3** にまとめる。

### 2.6.5 モル濃度と質量モル濃度

化学実験では，物質を溶液の状態で扱うことが多いので，溶液中に含まれる溶質の物質量をあらかじめ知っておく必要がある。このような場合には，溶液 1 L あたりに溶けている溶質の物質量を濃度として用いることが多い。この濃度は**モル濃度**（単位：mol/L）と呼ばれる。たとえば，0.100 mol/L のグルコース水溶液では，水溶液 1 L あたりに 0.100 mol のグルコースが溶けているので，この水溶液 100 mL には，0.0100 mol のグルコースが溶けていることになる。

モル濃度のわかった水溶液を調製するためには，**メスフラスコ**という器具が用いられる。たとえば，**図 2.9** に示す 100 mL 用メスフラスコを用いてモル濃度が 0.100 mol/L のグルコース水溶液を調製する場合，以下の手順によって行われる。

1) グルコース 18.0 g（0.100 mol）を天秤を用いて正確に測りとる。
2) 50 mL ビーカー中で，18.0 g のグルコースを，なるべく少量の水に溶かす。
3) 得られた水溶液を，100 mL 用メスフラスコ中に移す。50 mL ビーカーは少量の水で数回洗浄し，洗液をすべてメスフラスコ中に入れる。
4) メスフラスコの標線まで水を加えた後，栓をしてよく振り混ぜ，均一な水溶液にする。

物質量を用いる溶液の濃度には，**質量モル濃度**（単位：mol/kg）もある。これは，溶媒 1 kg あたりに溶けている溶質の物質量を表す。たとえば，0.100 mol/kg のグルコース水溶液では，1 kg の水に 0.100 mol のグルコースが溶けている[*23]。

図 2.9 100 mL 用メスフラスコ
標線まで水溶液を入れると，体積が 100 mL になる。

[*23] 希薄な水溶液では，モル濃度の値と質量モル濃度の値が，ほぼ等しくなる。

## 演習問題

**2.1** 次の各事項と最も関連の深い人物名を，下のア）～オ）から1つずつ選べ。
  (1) 陰極線と電子の発見　(2) 土星型原子モデル　(3) 原子核の発見
  (4) 中性子の発見　　　　(5) 特性X線と原子番号
  　ア）チャドウィック　イ）長岡　ウ）トムソン　エ）ラザフォード　オ）モズリー

**2.2** 次の各問いに答えよ。
  (1) $^{12}C$原子1個の質量は$1.993 \times 10^{-23}$g，$^{35}Cl$原子1個の質量は$5.808 \times 10^{-23}$gである。$^{12}C$原子を基準（12）とする$^{35}Cl$原子の相対質量を，小数第2位まで求めよ。
  (2) 天然における塩素原子には$^{35}Cl$と$^{37}Cl$とがある。$^{35}Cl$原子の存在比は75.77％であり，$^{37}Cl$原子の相対質量は36.97，存在比は24.23％である。塩素の原子量を小数第2位まで求めよ。

**2.3** 下の各問いに答えよ。ただし原子量とアボガドロ定数$N_A$は，次の数値を用いよ。
  　H 1.0, C 12.0, O 16.0, $N_A = 6.02 \times 10^{23}$/mol
  (1) メタノール（分子式$CH_4O$）の分子量を求めよ。
  (2) 1.60 gのメタノールに含まれるメタノール分子は何molか。
  (3) 1.60 gのメタノールに含まれる水素原子の数は何個か。

**2.4** アルミニウムと鉄を塩酸中に入れると両方とも水素$H_2$を発生しながら溶け，それぞれ塩化アルミニウム$AlCl_3$と塩化鉄(Ⅱ)$FeCl_2$が生じる。以下の各問に答えよ。ただし原子量は，次の値を用いよ。
  Al 27.0, Fe 55.9
  (1) アルミニウムと鉄が塩酸に溶ける反応を，それぞれについて化学反応式で表せ。
  (2) アルミニウムと鉄の混合物1.099 gがある。この混合物を塩酸に入れるとすべて反応して溶け，標準状態で1.120 Lの水素が発生した。この混合物中のアルミニウムと鉄は，それぞれ何gであったか。（腕だめし）

**2.5** メタン$CH_4$とエタン$C_2H_6$の完全燃焼の化学反応式は，それぞれ次式で表される。
  　$CH_4 + 2O_2 \longrightarrow CO_2 + 2H_2O$　　$2C_2H_6 + 7O_2 \longrightarrow 4CO_2 + 6H_2O$
  ただし原子量は，次の数値を用いよ。H 1.0, C 12.0, O 16.0
  (1) 標準状態で5.6 Lを占めるメタンとエタンを完全燃焼させるとき，二酸化炭素と水は，それぞれ何gずつ生成するか。
  　　メタンとエタンをある割合で混合した混合気体がある。この混合気体に十分な量の酸素を加えて完全燃焼させたところ，標準状態で1.12 Lを占める二酸化炭素と1.62 gの水が生成した。
  (2) 混合気体中のメタンとエタンの物質量は，それぞれ何molであったか。
  (3) この燃焼に必要な酸素の体積は，標準状態で何Lか。

**2.6** 下の各問いに答えよ。ただし原子量は，次の数値を用いよ。
  　H 1.0, C 12.0, N 14.0, O 16.0
  (1) 尿素（分子式$CH_4N_2O$）12.0 gを，50.0 gの水に溶かした。この水溶液の質量パーセント濃度を求めよ。
  (2) (1)の水溶液の質量モル濃度を求めよ。
  (3) (1)の水溶液をすべて250 mL用のメスフラスコ中に移し，標線まで水を加えてよく振り混ぜ，均一な水溶液とした。この水溶液のモル濃度を求めよ。

# 第3章

# 原子の中の電子

　第2章で述べたように，19世紀の終り頃，電子などの原子を構成する小さな粒子が発見された。このような小さな粒子の運動を扱うには，それまでの物理学と異なる新しい体系の物理学（量子力学）が必要になった。本章では，主にボーアの考案した原子のモデルと，原子内の電子配置について述べる。

## 3.1　小さな粒子の性質

### 3.1.1　光（電磁波）の性質

　本章の主役は電子であるが，電子の性質が解明されるに至る歴史的な展開の都合上，まず光の性質から話を始める。

　今日，光は電磁波と呼ばれる波の一種であることが解明されている。光には，確かに波としての性質がある。たとえば，水面の波が2つのすき間（二重スリット）を通過するとき，通過した波が円形に広がりながら重なり合い，強め合う部分と弱め合う部分とができる（図3.1）。これを波の干渉という。また，きわめて小さな二重スリットのある板にレーザー光をあてると，板をはさんで光源と反対側に置いたスクリーンに，図3.2のような模様が現れる。これはスリットを通過した光の干渉によるものであり，光の波動性を示している。

　一方で，光には粒子としての性質もある。ニュートンは，光が直進すること，障害物にあたったときに明瞭な影ができることなどの現象から，光は高速で運動する粒子であると考えた。19世紀の終り頃，金属の表面に光をあてると電子が飛び出す現象（光電効果）が発見された。この現象には以下のような特徴がある。

1) 電子は光があたった瞬間に飛び出す。
2) 飛び出す電子のエネルギーは，光の波長が短いほど大きい。
3) ある波長よりも長い波長の光をあてても，電子は飛び出さない。
4) 電子が飛び出す波長の光をあてる場合，光を強くする（明るくする）と多数の電子が飛び出すが，電子のエネルギーは光の強さには依存しない。

　1905年にアインシュタインは，この現象を説明するために「光は波動

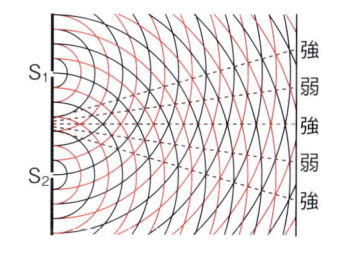

**図3.1　水面波の干渉**

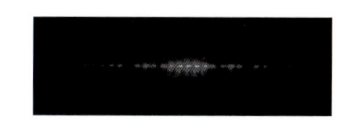

**図3.2　光の干渉**
（写真提供：慶應義塾大学自然科学研究教育センター）

であると同時に，振動数に比例する（すなわち波長に反比例する）エネルギーをもつ粒子（光量子）である*1」とする**光量子論**を提唱した。金属表面に光量子が衝突するので，電子は衝突の瞬間に飛び出す。しかし電子は金属原子の原子核からの引力を受けているので，一定以上のエネルギー（仕事関数）をもつ光量子が衝突しなければ飛び出さない*2。光の強さは，衝突する光量子の数に対応する。以上のように考えれば，上記の1）〜4）はうまく説明できる。

さらに1923年には，コンプトンによって以下のような現象（**コンプトン効果**）が確かめられた。波長の短い紫外線やX線をグラファイト（黒鉛）にあてると，グラファイト内の電子がはじき飛ばされて波長が長くなった（エネルギーが小さくなった）紫外線やX線が散乱される。これはビリヤードの玉が衝突した場合に起こる現象と似ており，紫外線やX線などの電磁波が粒子性をもつと考えることで理解できる。

こうして光が波動性と粒子性をあわせもつことが確かめられた。

### 3.1.2 物 質 波

ド・ブロイは1923〜1924年に，光の波動性と粒子性を電子のような粒子にも適用できるのではないかと考えた。これを**物質波**という。ド・ブロイの説によると，運動量$p$をもつ粒子は$\lambda = h/p$という波長の波動の性質をもつ*3。

1925年にデビッソンとジャーマーが発見したニッケルの結晶を用いる電子線の回折現象によって，当時すでに粒子の性質をもつことが確認されていた電子に，波動性があることが実証された。

こうして，電子のような小さな粒子が，粒子性と波動性をあわせもつことが確かめられた。

## 3.2 水素原子のモデル

### 3.2.1 水素の輝線スペクトル

密閉したガラス管中に水素を入れて放電すると，発光する。この光をプリズムで分光すると，可視光線の波長領域に4本の輝線が観察される（図3.3）。この輝線スペクトルの波長$\lambda$は656.28 nm，486.13 nm，434.05 nm，410.17 nmである。バルマーは1885年に，これらの波長の間に一定の規則性を見出した*4。この業績にちなんで，この4本の輝線スペクトルはバルマー系列と呼ばれている。

その後，同様のスペクトルが遠紫外光，赤外光，遠赤外光の領域に発見され，それぞれライマン系列，パッシェン系列，ブラケット系列と名付けられた。これらの波長の間にも，バルマー系列と同様な規則性が発

---

*1 光のエネルギーを$E$，波長を$\lambda$，振動数を$\nu$，光速を$c$とすると，次の関係が成り立つ。
$$E = h\nu = hc/\lambda$$
（$h$はプランク定数と呼ばれる定数，$c$は光速）
なお，光のエネルギーが$E = h\nu$と表されることを最初に提唱したのはプランクである。

*2 飛び出す電子のエネルギーを$E_e$，仕事関数を$W$とすると，次の関係が成り立つ。
$$h\nu = W + E_e$$

*3 ド・ブロイは，アインシュタインの特殊相対性理論における$E = mc^2$という式と，光のエネルギーを表す$E = h\nu = hc/\lambda$という式が同時に成立すると仮定した。$mc^2 = hc/\lambda$から$c$を消去すると$mc = h/\lambda$となる。ここで光速$c$を粒子の速度$v$に置き換えると左辺の$mv$は運動量$p$になるので，$\lambda = h/p$という関係が導かれる。

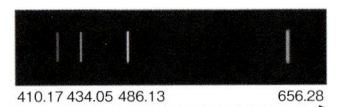

図3.3 水素の輝線スペクトル（410.17 434.05 486.13 656.28 波長/nm）

*4 この規則性は以下の式で表される。これをバルマーの公式という。
$$\frac{1}{\lambda} = R\left(\frac{1}{2^2} - \frac{1}{n^2}\right)$$
（$R$はリュードベリ定数と呼ばれる定数である。）

見され，次式 3.1 のようにまとめられた。この式は，リュードベリの公式と呼ばれている[*5]。

$$\frac{1}{\lambda} = R\left(\frac{1}{n_1^2} - \frac{1}{n_2^2}\right) \tag{3.1}$$

### 3.2.2 ボーアの原子モデル

密閉したガラス管中に水素を入れて放電するとき，水素分子が原子状態になって発光している。すなわち，不連続な水素の輝線スペクトルは，水素原子における電子の運動の不連続な様子を反映していると考えられる。これを元に，水素原子における電子の運動を表すモデルを考案したのがボーアであった。

水素原子に含まれる電子は 1 個であり，これが原子核（陽子）の正電荷からクーロン力（p.39 参照）を受けながら，地球が太陽の周囲を公転するように，電子が原子核のまわりを円運動すると考えられた。しかし，原子核のような正電荷のまわりを，負電荷をもつ電子が一定の軌道を保って運動しようとすると，電子からエネルギー（電磁波）が放出されて，やがて電子が陽子に衝突してしまうことが電磁気学の法則から導かれた。ボーアはこの問題点を解決するために，電子の角運動量 $m_e v r$（$m_e$：電子の質量，$v$：電子の速度，$r$：原子核の中心と電子との距離，すなわち軌道半径）が次式 3.2 の関係を満たす必要があると考えた。これを**ボーアの量子条件**という[*6]。

$$m_e v r = \left(\frac{h}{2\pi}\right) \times n \quad (h：プランク定数，n は自然数) \tag{3.2}$$

式 3.2 を変形すると，$2\pi r = (h/m_e v) \times n = (h/p) \times n$（$p$ は電子の運動量）となる。ここでド・ブロイの説によって電子を波動（電子波）であるとすると，その波長 $\lambda$ は $\lambda = h/p$ であるから，$2\pi r = \lambda \times n$ となる。これは図 3.4 のように軌道円周の長さが電子波の自然数倍になっていること，すなわち電子波が定常波となって減衰せず，電子が一定の運動を続けることを意味している。

電子のもつ電荷を $-e$ とすると，水素原子の原子核（陽子）のもつ電荷は $+e$ である。電子を粒子と考えると，円運動をする電子が原子核から受ける静電気的引力（クーロン力）は $(1/4\pi\varepsilon_0) \times e^2/r^2$ であり[*7]，また電子が受ける遠心力は $m_e v^2/r$ である。この 2 つの力は互いに等しい。この関係と式 3.2 から，次式 3.3 が導かれる。

$$r = \frac{\varepsilon_0 h^2}{\pi e^2 m_e} \times n^2 = a_0 \times n^2 \tag{3.3}$$

この式は，原子内の電子が不連続な軌道上を運動していることを表し

[*5] $n_1$, $n_2$ は自然数で，$n_2 > n_1$。リュードベリの公式において $n_1 = 1$ の場合がライマン系列，$n_1 = 2$ の場合がバルマー系列，$n_1 = 3$ の場合がパッシェン系列，$n_1 = 4$ の場合がブラケット系列である。

[*6] 式 3.2 は，角運動量が連続ではなく，飛び飛びの値をとることを表している。このような不連続性を「量子化されている」という。

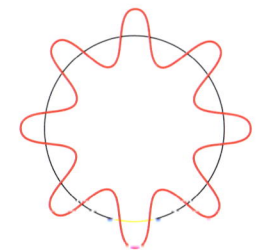

**図 3.4** 電子の定常波

[*7] $\varepsilon_0$ は真空中の誘電率である。

ている[*8]。$n$ は**主量子数**と呼ばれ，$n = 1$ の状態を**基底状態**という。この軌道は**電子殻**と呼ばれ，$n = 1$ の軌道は **K 殻**，$n = 2$ の軌道は **L 殻**，$n = 3$ の軌道は **M 殻**，$n = 4$ の軌道は **N 殻**と呼ばれる。また $a_0$ は $n = 1$ の場合の軌道半径，すなわち基底状態における水素原子の半径を表しており，**ボーア半径**と呼ばれる[*9]（図 3.5）。

一方，電子のもつエネルギー $E_n$ は運動エネルギー $T = m_e v^2/2$ と原子核の電場におけるポテンシャルエネルギー $V = -(1/4\pi e_0) \times e^2/r$ との和になる。これを計算すると，次式 3.4 が導かれる。

$$E_n = T + V = -\frac{m_e e^4}{8\varepsilon_0^2 h^2} \times \frac{1}{n^2} \tag{3.4}$$

ここでもう一度，水素の輝線スペクトルについて考えてみる。光のエネルギー $E$ は $E = h\nu = h \times (c/\lambda)$ と表される[*10]。したがって，式 3.1 の左辺 $1/\lambda$ は輝線スペクトルの光がもつエネルギーに比例する。また式 3.4 から，式 3.1 における右辺の $1/n_1^2 - 1/n_2^2$ は，主量子数 $n_1$ の電子殻にある電子のエネルギーと，主量子数 $n_2$ の電子殻にある電子のエネルギーの差に比例する。放電の際に加えられるエネルギーによって，水素原子の電子は，基底状態 ($n = 1$) から，主量子数が大きくエネルギーの高い軌道 ($n = n_2$ など) に移動する。この電子が，主量子数が小さくエネルギーが低い軌道 ($n = n_1$) に移動すると，エネルギーの差に相当する波長をもつ光が放出される。この光が輝線スペクトルとして観察される（図 3.6）。

ボーアの原子モデルは，水素原子のように原子核のまわりにある電子が 1 個である原子やイオンにおける電子の挙動についてはうまく説明できたが，電子が 2 個以上になると，厳密には適用できなかった。しかしこれを契機に，今日，量子力学と呼ばれる新しい物理学が急速に発展することになる[*11]。

## 3.3 原子や単原子イオンの電子配置

### 3.3.1 原子の電子配置

水素原子以外の原子における電子の様子をおおまかに表す場合にも，ボーアモデルが適用される。K 殻（主量子数 1），L 殻（主量子数 2）などの電子殻に入ることができる電子の最大数は決まっており，その数は主量子数を $n$ で表すと $2n^2$ である。たとえば，K 殻には $2 \times 1^2 = 2$ 個，L 殻には $2 \times 2^2 = 8$ 個，M 殻には $2 \times 3^2 = 18$ 個までの電子を収容することができる[*12]。原子番号が 1～18 までの原子では，原子核に近く，エネルギーの低い電子殻から順に電子を収容していく。この様子を**電子配置**という。原子番号 1～18 の原子の電子配置を図 3.7 に示す[*13]。

---

[*8] すなわち，電子の軌道半径は量子化されている。

[*9] 実際に $e_0 = 8.8542 \times 10^{-12}$ C/N m，$h = 6.6261 \times 10^{-34}$ J s，$m = 9.1094 \times 10^{-31}$ kg，$e = 1.6022 \times 10^{-19}$ C を代入すると，$a_0 = 5.292 \times 10^{-11}$ m = 0.05292 nm となる。

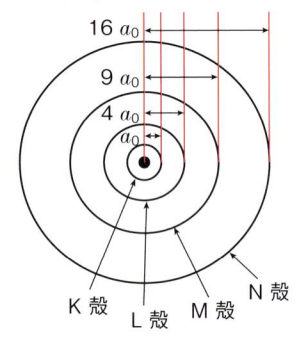

図 3.5 電子殻

[*10] $\nu$ は光の振動数である（3.1.1 項参照）。

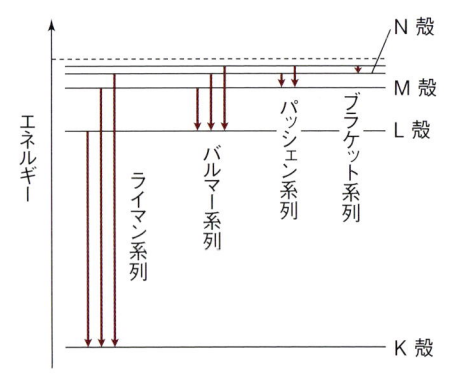

図 3.6 水素の輝線スペクトルと電子殻

[*11] ボーアの業績までを，前期量子論という。

[*12] 電子殻に最大収容数まで電子が入ったとき，**閉殻構造**になっているという。

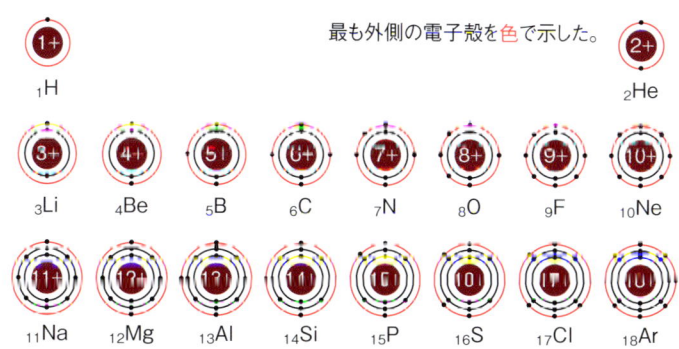

図3.7 原子番号1〜18の原子の電子配置

*13 たとえば原子番号11のナトリウムの原子では、K殻に2個、L殻に8個、M殻に1個の電子がある。これを便宜的に "K2, L8, M1" と表すことがある。

### 3.3.2 希ガス型電子配置

原子番号2のヘリウムHe, 10のネオンNe, 18のアルゴンAr, 36のクリプトンKr, 54のキセノンXe, 86のラドンRnは**希ガス**（貴ガス）と呼ばれる。これらの単体は、空気中に微量含まれる気体である。空気中に含まれる他の気体が分子を形成するのに対して、希ガスの単体は原子の状態で存在する[*14]。これは希ガス原子の電子配置が、分子やイオンになるよりもエネルギー的に安定であることを示している。

ヘリウム原子の電子配置はK2であるが、ネオン原子の電子配置はK2, L8, アルゴン原子の電子配置はK2, L8, M8というように、ネオンより原子番号が大きい希ガスの原子では、最も外側の電子殻（これを**最外殻**という）の電子数が8になっている。この安定な電子配置を**希ガス型電子配置**と呼ぶ[*15]。

*14 たとえば酸素の単体は$O_2$, 窒素の単体は$N_2$という分子の状態で空気中に存在する。

*15 広い意味で、希ガス型電子配置を閉殻構造に含めることがある。

### 3.3.3 単原子イオンの電子配置

原子番号11のナトリウム原子の電子配置はK2, L8, M1である。もしもM殻の電子1個がなければ、原子番号10のネオン原子と同じ希ガス型電子配置（K2, L8）となり、エネルギー的に安定な電子配置となることができる。したがってナトリウム原子には、M殻の電子1個を放出して、1価の陽イオンであるナトリウムイオン$Na^+$になりやすい性質がある（図3.8）。同様に、原子番号12のマグネシウム原子（電子配置：K2, L8, M2）は2価の陽イオンであるマグネシウムイオン$Mg^{2+}$に、

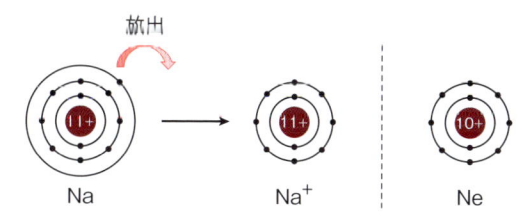

図3.8 ナトリウムイオンの生成と電子配置

原子番号 13 のアルミニウム原子（電子配置：K2, L8, M3）は 3 価の陽イオンであるアルミニウムイオン $Al^{3+}$ になりやすい[*16]。

一方，原子番号 17 の塩素原子の電子配置は K2, L8, M7 である。もしも M 殻に電子を 1 個受け入れることができれば，原子番号 18 のアルゴン原子と同じ希ガス型電子配置 (K2, L8, M8) となり，エネルギー的に安定な電子配置となることができる。したがって塩素原子には，M 殻に電子 1 個を受け入れて 1 価の陰イオンである塩化物イオン $Cl^-$ になりやすい性質がある（図 3.9）。同様に原子番号 16 の硫黄原子（電子配置：K2, L8, M6）は，2 価の陰イオンである硫化物イオン $S^{2-}$ になりやすい[*17]。

[*16] $Mg^{2+}$ と $Al^{3+}$ も，$Na^+$ と同じくネオン原子と同じ電子配置をとる。

[*17] $S^{2-}$ も，$Cl^-$ と同じくアルゴン原子と同じ電子配置をとる。

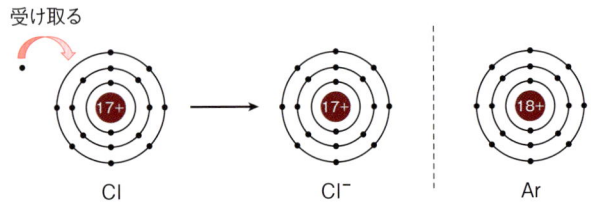

**図 3.9** 塩化物イオンの生成と電子配置

一方，原子番号 14 のケイ素原子の電子配置は，K2, L8, M4 である。ケイ素原子から希ガス型の電子配置になろうとすると，電子 4 個を放出してネオン原子と同じ電子配置になるか，電子 4 個を受け取ってアルゴン原子と同じ電子配置にならなければならないが，どちらも簡単には実現できない。したがってケイ素原子は，通常は単原子イオンにならない。

## 3.4 イオン化エネルギーと電子親和力

### 3.4.1 イオン化エネルギー

原子にある大きさ以上のエネルギーを加えると，電子が放出されて 1 価の陽イオンになる。このときに必要なエネルギーの最小値を**第 1 イオン化エネルギー**という[*18]。同様に，1 価の陽イオンにエネルギーを加えて 2 価の陽イオンにするために必要なエネルギーの最小値を第 2 イオン化エネルギーという。以下同様に，第 3 イオン化エネルギー，第 4 イオン化エネルギーなどが定義される。

イオン化エネルギーは通常，第 1 イオン化エネルギーが最も小さく，以下，第 2 イオン化エネルギー，第 3 イオン化エネルギーの順に大きくなっていく。図 3.10 に示したナトリウムとマグネシウムのイオン化エネルギーによると，ナトリウムの場合は第 1 イオン化エネルギーと第 2 イオン化エネルギーとの間に大きな差があり，マグネシウムの場合は第 2 イオン化エネルギーと第 3 イオン化エネルギーとの間に大きな差がある。これはナトリウムの場合は $Na^+$ が，マグネシウムの場合は $Mg^{2+}$ が

[*18] 第 1 イオン化エネルギーを，単にイオン化エネルギーともいう。イオン化エネルギーは通常は原子 1 mol あたりの値を表示するので，単位は kJ/mol である。

3.4 イオン化エネルギーと電子親和力　27

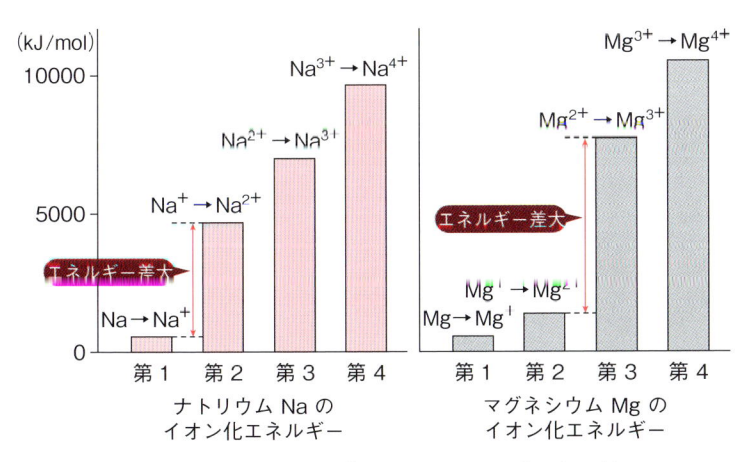

図3.10 ナトリウムとマグネシウムのイオン化エネルギー

エネルギー的に安定であることを示している[*19]。

### 3.4.2 電子親和力

　原子が電子を受け取り，陰イオンになるときにはエネルギーが放出される。このエネルギーを**電子親和力**という。たとえば，フッ素原子Fに電子を受け取らせるとフッ化物イオン$F^-$となり，エネルギーが放出される（図3.11）。

　一方，フッ化物イオンにエネルギー（328 kJ/mol）を加えると，電子を放出してフッ素原子になる（図3.12）。このエネルギーの値は，フッ素原子の電子親和力と等しくなる。このように電子親和力は，1価の陰イオンの「イオン化エネルギー」に相当する[*20]。したがって，電子親和力が大きい場合は，生成する陰イオンがエネルギー的に安定であるということになる。

[*19] これらのイオンは，いずれもネオン原子と同じ希ガス型電子配置をとっている。

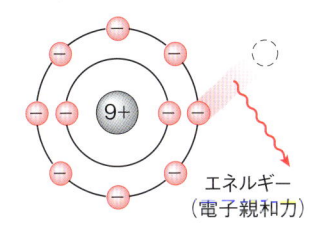

図3.11 フッ素の電子親和力

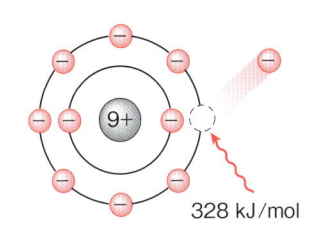

図3.12 フッ化物イオンの「イオン化エネルギー」

[*20] 実際に電子親和力は，この方法で測定される。

---

**Column　ド・ブロイの業績**

　ド・ブロイは「物質波の発見」の業績によって，1929年にノーベル物理学賞を受賞している。彼はフランスの貴族であるブロイ家の出身で，はじめはソルボンヌ大学で歴史学を専攻していた。しかし第一次世界大戦中に物理学に興味を抱き，1924年にソルボンヌ大学に博士論文を提出した。物質波の理論は，この博士論文の中に記述されている。彼の博士論文の内容は，ソルボンヌ大学の教官たちが評価に困るほど斬新なものであり，危うく却下されそうになった。しかしその後，この物質波の理論に基づいてシュレーディンガーの波動方程式（p.33参照）がつくられ，今日に至る量子力学の学問体系が確立されたのである。

## 演習問題

**3.1** 次の用語を簡潔に説明せよ。
(1) 光電効果　(2) 光量子説　(3) コンプトン効果　(4) バルマー系列

**3.2** ド・ブロイは，アインシュタインの特殊相対性理論における $E = mc^2$ という式と，光のエネルギーを表す $E = h\nu = hc/\lambda$ という式が同時に成立すると仮定した。この仮定から出発して，光速 $c$ で運動する質量 $m$ の粒子の運動量 $p$ と，物質波の波長 $\lambda$ との関係を表す式を導け。なお，$h$ はプランク定数である。

**3.3** ボーアは水素原子のモデルとして，原子核（$+e$ の電荷をもつ）のまわりを，電子（$-e$ の電荷をもつ）が半径 $r$ の円軌道を描きながら速さ $v$ で円運動しているものを考えた。また，電子の角運動量 $m_e v r$ について，<u>$m_e v r = (h/2\pi) \times n$</u>（$h$：プランク定数，$n$ は自然数）の関係があると考えた。以下の各問いに答えよ。

(1) 下線部の関係は何と呼ばれるか。
(2) 電子が波長 $\lambda$ の波の性質をもつとき，物質波の式 $\lambda = h/p$（$p$ は電子の運動量）を使って次の関係式を導け。$2\pi r = (h/p) \times n$
(3) 電子が原子核から受けるクーロン力 $(1/4\pi\varepsilon_0) \times e^2/r^2$（$\varepsilon_0$ は真空中の誘電率）と遠心力 $m_e v^2/r$ とは等しい。(2) で導いた式とこの関係を使って次の式を導け。（腕だめし）

$$r = \frac{\varepsilon_0 h^2}{\pi e^2 m_e} \times n^2$$

**3.4** 次の原子の電子配置を例にならって示せ。
例：$_6$C　K2, L4
(1) $_3$Li　(2) $_8$O　(3) $_{11}$Na　(4) $_{15}$P

**3.5** 次のイオンの電子配置を問題 3.4 の例にならって示せ。また，各イオンの電子配置はどの希ガス原子の電子配置と同じであるか。希ガスの元素記号を示せ。
(1) $_3$Li$^+$　(2) $_9$F$^-$　(3) $_{12}$Mg$^{2+}$　(4) $_{16}$S$^{2-}$

**3.6** 次の現象の理由を説明せよ。
(1) マグネシウム原子の第 2 イオン化エネルギーと第 1 イオン化エネルギーの差は，第 3 イオン化エネルギーと第 2 イオン化エネルギーの差より小さい。
(2) 硫黄原子の電子親和力は，塩素原子の電子親和力よりも小さい。（腕だめし）

# 第4章

# 元素の周期律と原子軌道

　第3章では，主に高等学校で学習する原子モデルについて述べた。本章では，**元素の周期律と周期表**の発見について述べた後，今日使われている**長周期型周期表**の構造を説明するために必要な，電子の「オービタル（軌道）」について述べる。

## 4.1 元素の周期律

### 4.1.1 原子量と元素の性質

　第1章で述べたように，原子の質量比である原子量の概念を最初に導入したのはドルトンである（p.2参照）。しかしドルトンの求めた原子量の値は，今日のものと比べると不正確であった。その後，1800年代初頭からのベルセリウスによる精密な実験の結果，1827年には，かなり正確な原子量の表が作成された[*1]。

　1830年までに発見されていた元素の数は50種類以上であった。発見されていた元素には様々な性質があるが，それは無秩序なもののように思われていた。1817年にデーベライナーは，その頃までに発見されていた元素のうち，化学的な性質が似たものを集めると三つの組になること，三つの元素の原子量を小さい順に並べると中央にある元素の原子量は他の二つの原子量の平均値に近くなること，を見出した[*2]。このときデーベライナーが見出した元素の組み合わせは，「フッ素，臭素，ヨウ素」と「カルシウム，ストロンチウム，バリウム」および「硫黄，セレン，テルル」であった。この組み合わせの数があまりにも少ないので，当時の化学者たちは，これを偶然の一致と考えた。

### 4.1.2 原子量と元素の周期性

　ニューランズは1864年に，元素を原子量の順に並べると，8番目ごとに似た性質の元素が現れるという説を唱えた[*3]。**表4.1**は，ニューランズが1865年に，これに続く論文で発表した表である。ニューランズはこれを**オクターブの法則**と名付けた[*4]。しかしこの表における横の列には，性質の似ていない元素も含まれた。これはニューランズが，原子

[*1] この当時の原子量は，すべて測定実験から算出されたものであった。

[*2] これを「**三つ組元素**」という。デーベライナーの考えは，元素の性質と原子量とを結びつけたものとして意義が深い。

[*3] この2年前にドゥ・シャンクルトワも，元素を原子量の順に並べ，これを円筒状のグラフに示した。

[*4] 8番目ごとに同じ性質の元素が現れることを，音階になぞらえた命名である。日本語では「音階律」とも呼ばれる。

表 4.1　オクターブの法則[†]

| No. | | No. | | No. | | No. | | No. | | No. | | No. | | No. | |
|---|---|---|---|---|---|---|---|---|---|---|---|---|---|---|---|
| H | 1 | F | 8 | Cl | 15 | Co & Ni | 22 | Br | 29 | Pb | 36 | I | 42 | Pt & Ir | 50 |
| Li | 2 | Na | 9 | K | 16 | Cu | 23 | Rb | 30 | Ag | 37 | Cs | 44 | Ti | 53 |
| G | 3 | Mg | 10 | Ca | 17 | Zn | 25 | Sr | 31 | Cd | 38 | Ba & V | 45 | Pb | 54 |
| Bo | 4 | Al | 11 | Cr | 19 | Y | 24 | Ce & La | 33 | U | 40 | Ta | 46 | Th | 56 |
| C | 5 | Si | 12 | Ti | 18 | In | 26 | Zr | 32 | Sn | 39 | W | 47 | Hg | 52 |
| N | 6 | P | 13 | Mn | 20 | As | 27 | Di & Mo | 34 | Sb | 41 | Nb | 48 | Bi | 55 |
| O | 7 | S | 14 | Fe | 21 | Se | 28 | Ro & Ru | 35 | Te | 43 | Au | 49 | Os | 51 |

[†] 元素記号の一部が今日のものと異なっている。

量の順にこだわったためである。このため当時の化学者たちは，これも偶然の産物であると認識した。

なおオドリングも元素の性質と原子量の関係に着目し，1864 年に原子量を使った表（元素分類系）を作成している。

### 4.1.3　メンデレーエフ，マイヤーの周期表

このように 1860 年代中盤までに，原子量と元素の性質という観点から元素の性質の周期性に関する種々の発見が行われていた。1869 年に，ロシアのメンデレーエフは，元素を原子量の順に並べながら，性質の似た元素が横に並ぶように配列した**元素の周期表**（表 4.2）を作成した[*5]。さらにメンデレーエフは，1871 年に性質の似た元素が縦に並ぶように配列した周期表（表 4.3）を作成した。これは，1870 年にマイヤーによって作成された周期表（表 4.4）とよく似ているが，両者は互いの情報を知ることなく，独立に周期表を作成した。これらの周期表には，性質の似た元素を縦または横に並べるために，ヨウ素とテルルの順番を原子量の順にこだわることなく入れ替えた点[*6]，未発見元素の存在を想定した空欄を設けた点，などに共通の特徴がある。

表 4.3 と表 4.4 の周期表を比べると，メンデレーエフが作成した表 4.3 の周期表には，未発見元素の空欄部分に「− = 44：上から 4 列目 Gruppe III」，「− = 68：上から 5 列目 Gruppe III」，「− = 72：上から 5 列目 Gruppe IV」のように，原子量が記入されている点に特徴がある。これはメンデレーエフが未発見元素のための空欄を設けただけでなく，その性質を予言したものである。メンデレーエフは，たとえば「− = 44」の元素にエカホウ素，「− = 68」の元素にエカアルミニウム，「− = 72」の元素にエカケイ素という仮名をつけ，周期表の上下や左右の元素の性質をもとに，これらの原子量ばかりでなく，単体や化合物の性質をも予言した。程なく，エカホウ素に相当するガリウム，

*5　ここまで述べてきたように，元素を原子量の順に並べると，性質の似た元素が周期的に現れる。これを**元素の周期律**という。メンデレーエフとマイヤーは，周期表の作成によって，この法則を総括したことになる。なお現在では，元素は原子番号順に並べられる（4.1.4 項参照）。

*6　この工夫は，ニューランズが 1864 年に作成した「元素分類系」でも行われている。またオドリングも，1864 年に作成した「元素分類系」で同様の工夫を行っている。なお，表 4.2 〜表 4.4 における元素記号 J は，ヨウ素 I を表す。

表 4.2　メンデレーエフが最初に作成した元素の周期表

```
                    Ti = 50    Zr = 90    ? = 180.
                    V = 51     Nb = 94    Ta = 182.
                    Cr = 52    Mo = 96    W = 186.
                    Mn = 55    Rh = 104,4 Pt = 197,t.
                    Fe = 56    Rn = 104,4 Ir = 198.
                    Ni = Co = 59  Pl = 106,6 O = 199.
         H = 1      Cu = 63,4  Ag = 108   Hg = 200.
         Be = 9,4  Mg = 24    Zn = 65,2  Cd = 112
         B = 11    Al = 27,i  ? = 68     Ur = 116   Au = 197?
         C = 12    Si = 28    ? = 70     Sn = 118
         N = 14    P = 31     As = 75    Sb = 122   Bi = 210?
         O = 16    S = 32     Se = 79,4  Te = 128?
         F = 19    Cl = 35,6  Br = 80    I = 127
Li = 7   Na = 23   K = 39     Rb = 85,4  Cs = 133   Tl = 204.
                    Ca = 40    Sr = 87,6  Ba = 137   Pb = 207.
                    ? = 45     Ce = 92
                    ?Er = 56   La = 94
                    ?Yt = 60   Di = 95
                    ?In = 75,6 Th = 118?
```

## 4.1 元素の周期律

表 4.3 メンデレーエフが 1871 年に作成した元素の周期表

| Reihen | Gruppe I R²O† | Gruppe II RO | Gruppe III R²O³ | Gruppe IV RH⁴ RO² | Gruppe V RH³ R²O⁵ | Gruppe VI RH² RO³ | Gruppe VII RH R²O³ | Gruppe VIII RO⁴ |
|---|---|---|---|---|---|---|---|---|
| 1 | H = 1 | | | | | | | |
| 2 | Li = 7 | Be = 9,4 | B = 11 | C = 12 | N = 14 | O = 16 | F = 19 | |
| 3 | Na = 23 | Mg = 24 | Al = 27,3 | Si = 28 | P = 31 | S = 32 | Cl = 35,5 | |
| 4 | K = 39 | Ca = 40 | — = 44 | Ti = 48 | V = 51 | Cr = 52 | Mn = 55 | Fe = 56, Co = 59, Ni = 59, Cu = 63 |
| 5 | (Cu = 63) | Zn = 65 | — = 68 | — = 72 | As = 75 | Se = 78 | Br = 80 | |
| 6 | Rb = 85 | Sr = 87 | ?Yt = 88 | Zr = 90 | Nb = 94 | Mo = 96 | — = 100 | Ru = 104, Rh = 104, Pd = 106, Ag = 108 |
| 7 | (Ag = 108) | Cd = 112 | In = 113 | Sn = 118 | Sb = 122 | Te = 125 | J = 127 | |
| 8 | Cs = 133 | Ba = 137 | ?Di = 138 | ?Ce = 140 | — | — | — | — — — |
| 9 | (—) | — | — | — | — | — | — | |
| 10 | — | — | ?Er = 178 | ?La = 180 | Ta = 182 | W = 184 | — | Os = 195, Ir = 197, Pt = 198, Au = 199 |
| 11 | (Au = 108) | Hg = 200 | Tl = 204 | Pb = 207 | Bi = 208 | — | — | |
| 12 | — | — | — | Th = 231 | — | = 240 | — | — — — |

† 化学式 R²O³ などは，今日では $R_2O_3$ のように表される．

表 4.4 マイヤーが 1870 年に作成した元素の周期表

| I | II | III | IV | V | VI | VII | VIII | IX |
|---|---|---|---|---|---|---|---|---|
| | B = 11.0 | Al = 27.3 | | | | ?In = 113.4 | — | Tl = 202.7 |
| | C = 11.97 | Si = 28 | | | | Sn = 117.8 | | Pb = 206.4 |
| | N = 14.01 | P = 30.9 | Ti = 48 | | Zr = 89.7 | Sb = 122.1 | | Bi = 207.5 |
| | O = 15.96 | S = 31.98 | V = 51.2 | As = 74.9 | Nb = 93.7 | Te = 128? | Ta = 182.2 | — |
| — | F = 19.1 | Cl = 35.38 | Cr = 52.4 | Se = 78 | Mo = 95.6 | J = 126.5 | W = 183.5 | — |
| | | | Mn = 54.8 | Br = 79.75 | Ru = 103.5 | | Os = 198.6? | |
| | | | Fe = 55.9 | | Rh = 104.1 | | Ir = 196.7 | |
| | | | Co = Ni = 58.6 | | Pd = 106.2 | | Pt = 196.7 | |
| Li = 7.01 | Na = 22.99 | K = 39.04 | Cu = 63.3 | Rb = 85.2 | Ag = 107.66 | Cs = 132.7 | Au = 196.2 | — |
| ?Be = 9.3 | Mg = 23.9 | Ca = 39.9 | Zn = 64.9 | Sr = 87.0 | Cd = 111.6 | Ba = 136.8 | Hg = 199.8 | — |

エカアルミニウムに相当するスカンジウム，エカケイ素に相当するゲルマニウムが発見されてみると，これらの元素の性質とメンデレーエフの予言がよく一致していた[*7]．これによって，周期表の学術的な価値が評価された[*8]．またこれ以後，未発見元素の存在が広く認識されるようになり，新元素の発見が相次ぐようになった．

### 4.1.4 短周期型周期表

上記のように，メンデレーエフの周期表が作成された時代には，元素を原子量の順に並べていた．これはその当時，ある原子がどの元素のも

[*7] メンデレーエフは，これらの他にも未発見元素の性質の予言を行ったが，それらは必ずしも的中したものばかりではなかった．

[*8] メンデレーエフとマイヤーによる「元素の周期表」の評価が確立したことによって，デーベライナーやニューランズらの業績も評価されるようになった．

表4.5 短周期型周期表

| 族＼周期 | I A | I B | II A | II B | III A | III B | IV A | IV B | V A | V B | VI A | VI B | VII A | VII B | VIII | | | 0 |
|---|---|---|---|---|---|---|---|---|---|---|---|---|---|---|---|---|---|---|
| 1 | $_1$H | | | | | | | | | | | | | | | | | $_2$He |
| 2 | $_3$Li | | $_4$Be | | $_5$B | | $_6$C | | $_7$N | | $_8$O | | $_9$F | | | | | $_{10}$Ne |
| 3 | $_{11}$Na | | $_{12}$Mg | | $_{13}$Al | | $_{14}$Si | | $_{15}$P | | $_{16}$S | | $_{17}$Cl | | | | | $_{18}$Ar |
| 4 | $_{19}$K | $_{29}$Cu | $_{20}$Ca | $_{30}$Zn | $_{21}$Sc | $_{31}$Ga | $_{22}$Ti | $_{32}$Ge | $_{23}$V | $_{33}$As | $_{24}$Cr | $_{34}$Se | $_{25}$Mn | $_{35}$Br | $_{26}$Fe | $_{27}$Co | $_{28}$Ni | $_{36}$Kr |
| 5 | $_{37}$Rb | $_{47}$Ag | $_{38}$Sr | $_{48}$Cd | $_{39}$Y | $_{49}$In | $_{40}$Zr | $_{50}$Sn | $_{41}$Nb | $_{51}$Sb | $_{42}$Mo | $_{52}$Te | $_{43}$Tc | $_{53}$I | $_{44}$Ru | $_{45}$Rh | $_{46}$Pd | $_{54}$Xe |
| 6 | $_{55}$Cs | $_{79}$Au | $_{56}$Ba | $_{80}$Hg | $_{57}$La | $_{81}$Tl | $_{72}$Hf | $_{82}$Pb | $_{73}$Ta | $_{83}$Bi | $_{74}$W | $_{84}$Po | $_{75}$Re | $_{85}$At | $_{76}$Os | $_{77}$Ir | $_{78}$Pt | $_{86}$Rn |
| 7 | $_{87}$Fr | $_{111}$Rg | $_{88}$Ra | | $_{89}$Ac | | $_{104}$Rf | | $_{105}$Db | | $_{106}$Sg | | $_{107}$Bh | | $_{108}$Hs | $_{109}$Mt | $_{110}$Ds | |

| | | | | | | | | | | | | | |
|---|---|---|---|---|---|---|---|---|---|---|---|---|---|
| ランタニド | $_{58}$Ce | $_{59}$Pr | $_{60}$Nd | $_{61}$Pm | $_{62}$Sm | $_{63}$Eu | $_{64}$Gd | $_{65}$Tb | $_{66}$Dy | $_{67}$Ho | $_{68}$Er | $_{69}$Tm | $_{70}$Yb | $_{71}$Lu |
| アクチニド | $_{90}$Th | $_{91}$Pa | $_{92}$U | $_{93}$Np | $_{94}$Pu | $_{95}$Am | $_{96}$Cm | $_{97}$Bk | $_{98}$Cf | $_{99}$Es | $_{100}$Fm | $_{101}$Md | $_{102}$No | $_{103}$Lr |

*9 周期表の縦の列を「族」，横の列を「周期」という。

*10 表4.3におけるメンデレーエフの周期表には，族番号の直下に酸化物または水素化合物の化学式が付されている。これは，メンデレーエフが「イオンの価数」をもって元素の性質の基準としたことを示唆している。なお Rg は放射性元素であり寿命が短いので，イオンの価数などの化学的な性質は確認されていない。なお，表4.3における化学式の表示は，当時使われていた表示法である。

のかを識別する指標として，原子量が使われていたことを意味している。しかし1900年代になってモズリーにより，元素を識別する指標が原子核の正電荷すなわち原子番号であることが示された。これ以後，周期表における元素の配列が，原子番号の順になった。

その後，新たに発見されたヘリウム，ネオン，アルゴンなどの希ガスを加え，メンデレーエフの周期表を原型とした**短周期型周期表**（**表4.5**）が使われるようになった。短周期型周期表では，I～VIIIのローマ数字が付されている縦の列に，それぞれAとBの亜族*9が存在する。たとえばIA族には，第1周期から第7周期に，それぞれH, Li, Na, K, Rb, Cs, Fr があり，IB族には第4周期から第7周期に，それぞれCu, Ag, Au, Rg がある。これらの11元素には，たとえば共通に1価の陽イオンになるという性質がある*10。しかし一方で，Cu, Ag, Au の単体はきわめて酸化されにくいが，Li, Na, K, Rb, Cs, Fr の単体はきわめて酸化されやすいなど，IA族の元素とIB族の元素では性質が大きく異なっている点も多く見られる。またVIII族には，第4周期から第7周期に3個ずつの元素があり，さらに新たに発見された希ガスには，IXではなく0という族番号を割り当てている。このように，短周期型周期表の構造上の特徴を眺めると，8という数字への強いこだわりが見られる。これは，作成の過程においてオクターブの法則の影響があったためと推察されている。このように短周期型の周期表は，歴史的な経緯と元素の化学的な性質とを念頭に置いてつくられたものであった。

## 4.2 原子軌道（オービタル）

### 4.2.1 不確定性原理

1927年にハイゼンベルグは，「粒子の運動量と位置を同時に，かつ正確に測定することはできない」という**不確定性原理**を提唱した。微小な粒子の位置を直接見ることはできないので，γ線のような波長の短い（エネルギーが大きい）電磁波を当てて，その反射あるいは散乱をもとに，粒子の位置を測定する必要がある。このとき電磁波の波長に応じて，測定される粒子の位置には一定の不確定さ $\Delta x$ ができる。また電磁波があたった瞬間に，そのエネルギーによって粒子の運動量は $\Delta p$ だけ変化するので，粒子の運動量を正確に知ることはできない。すなわち運動量にも不確定さが生じる[*11]。一方，$\Delta p$ を小さくするために波長が長い電磁波を用いると，散乱された電磁波の位置が特定しにくくなり，$\Delta x$ が大きくなる[*12]。

第3章において，電子のような微小な粒子には，粒子としての性質と波動としての性質があることを述べた。ド・ブロイの物質波の理論によると，運動量をもつ粒子には波の性質が現れる（p.22 参照）。一般に，波はその位置を確定させることはできない。すなわち，位置の不確定さがあるということは，運動量をもつ粒子に波の性質があることに対応している。

### 4.2.2 シュレーディンガーの波動方程式

前項で述べたように，運動している微小な粒子の位置を「確定」させることはできない。しかし，空間内のある位置に粒子が存在する「確率」ならば示すことができる。この存在確率を表す関数を**波動関数**といい，$\Psi(x,y,z)$ という記号で表す[*13]。

1926年にシュレーディンガーは，波動関数に関するシュレーディンガーの波動方程式を提唱した。それは以下のような式である。

$$\left[-\frac{h^2}{8\pi^2 m}\left(\frac{\partial^2}{\partial x^2}+\frac{\partial^2}{\partial y^2}+\frac{\partial^2}{\partial z^2}\right)+V(x,y,z)\right]\Psi(x,y,z)=E\Psi(x,y,z)$$

ここで $m$ は粒子の質量，$V(x,y,z)$ はポテンシャル関数（空間内のある点における位置エネルギーを表す），$h$ はプランク定数である。また $E$ は固有値と呼ばれ，粒子のもつエネルギーを表す[*14]。

### 4.2.3 原子内の電子の軌道

原子核の周囲を運動する電子について，シュレーディンガーの波動方程式の解となる波動関数を求めた結果[*15]，電子の存在確率を表す「波

[*11] 位置の不確定さ $\Delta x$ と運動量の不確定さ $\Delta p$ の積は，プランク定数 $h$（$=6.626\times10^{-34}$ J·sec）の $4\pi$ 分の 1 以上である。
$$\Delta x \times \Delta p \geq h/4\pi$$

[*12] 微小な粒子については，エネルギーと時間との間に，同様な不確定性原理がある。エネルギーの不確定さ $\Delta E$ と時間の不確定さ $\Delta t$ との間に，以下の関係が成り立つ。
$$\Delta E \times \Delta t \geq h/4\pi$$

[*13] 正確には $|\Psi(x,y,z)|^2$ が粒子の存在確率を表している。

[*14] この方程式の解を求めることは本書の目的外であるから，他の書籍に譲る。なお，$\partial$ は「偏微分」という演算を表す記号で，たとえば $\partial^2/\partial x^2$ は「$y$ と $z$ を定数と見なした上で，$x$ について 2 回微分する」という演算を意味する。

[*15] 波動方程式の解が数学的に厳密に求まるのは，水素原子のように，電子を1個だけもつ原子や陽イオンの場合だけである。

の形と，電子のもつエネルギーとが明らかになった。それは第3章で述べた電子殻によるボーアモデル（p.23参照）より複雑なものである。

ボーアモデルにおける量子数は，電子殻を表す主量子数 $n$ だけであったが，実際はこれに方位量子数 $l$ と磁気量子数 $m$ とが加わる（表4.6）[*16]。K殻（$n=1$）は，1s軌道と呼ばれる，原子核を中心とする球対称の形をした波に相当する。このような立体的な波を**原子軌道（オービタル）**と呼ぶ[*17]。L殻（$n=2$）は，球対称の2s軌道と，$x$，$y$，$z$ 軸に沿って広がる3個の亜鈴形の2p軌道からなる。M殻（$n=3$）は，3s軌道，3個の3p軌道および5個の3d軌道からなる。N殻（$n=4$）は，4s軌道，3個の4p軌道，5個の4d軌道，さらに7個の4f軌道からなる。それぞれの電子殻におけるs軌道，p軌道，d軌道，f軌道は，空間的に同じ対称性をもつ。s軌道，p軌道，d軌道，f軌道の形（電子の存在確率が最も高い面の概形）を図4.1に示す。

[*16] さらに，電子が自転する方向を表すスピン量子数（＋1/2と－1/2）がある。

[*17] 軌道内の電子は粒子ではなく，雲のように拡がっている。これを**電子雲**と呼ぶことがある。

表4.6　量子数と軌道の名称

| $n$ | $l$ | $m$ | 名称 |
|---|---|---|---|
| 1 | 0 | 0 | 1s |
| 2 | 0 | 0 | 2s |
| 2 | 1 | −1 | 2p |
| 2 | 1 | 0 | 2p |
| 2 | 1 | 1 | 2p |
| 3 | 0 | 0 | 3s |
| 3 | 1 | −1 | 3p |
| 3 | 1 | 0 | 3p |
| 3 | 1 | 1 | 3p |
| 3 | 2 | −2 | 3d |
| 3 | 2 | −1 | 3d |
| 3 | 2 | 0 | 3d |
| 3 | 2 | 1 | 3d |
| 3 | 2 | 2 | 3d |
| 4 | 0 | 0 | 4s |
| 4 | 1 | −1 | 4p |
| 4 | 1 | 0 | 4p |
| 4 | 1 | 1 | 4p |
| 4 | 2 | −2 | 4d |
| 4 | 2 | −1 | 4d |
| 4 | 2 | 0 | 4d |
| 4 | 2 | 1 | 4d |
| 4 | 2 | 2 | 4d |
| 4 | 3 | −3 | 4f |
| 4 | 3 | −2 | 4f |
| 4 | 3 | −1 | 4f |
| 4 | 3 | 0 | 4f |
| 4 | 3 | 1 | 4f |
| 4 | 3 | 2 | 4f |
| 4 | 3 | 3 | 4f |

### 4.2.4　原子軌道による電子配置

図4.2は，各原子軌道における電子のエネルギーの様子（エネルギー準位）を表したものである。エネルギー準位の低い方から原子軌道を並

---

**Column　測定によって生じる不確定さ**

不確定性原理は，「測定」という行為の本質的な限界を述べているものである。一般にある測定を行おうとすると，測定しようとする対象に何らかの影響を与える。たとえば，実験室に置いてある棒状温度計を使って，1 cm³の水の温度を測るとしよう。測定前の水の温度が室温よりも低いとき，室内に置いてある棒状の温度計を差し入れると，温度計と水の間で熱の移動がおこり，測定される水温は測定前よりも高くなるであろう。このとき測定された水温には，測定という行為による「不確定さ」があることになる。しかし水の体積が1 m³もあれば，温度計との熱交換による水温の変化は無視できるほど小さくなり，ほぼ正確な「水温」を知ることができるであろう。このように，測定しようとする対象が小さなものになると，測定による不確定さの影響を無視できなくなる。

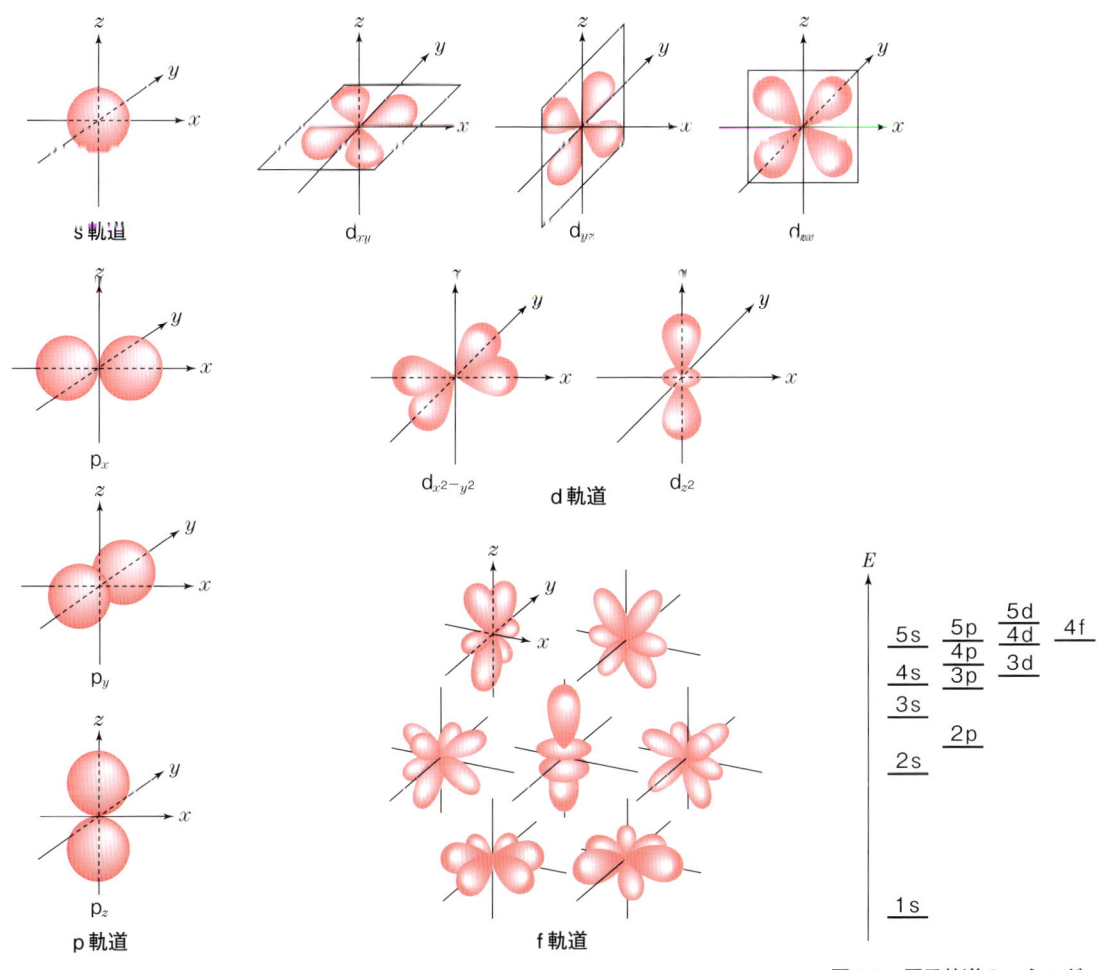

**図 4.1 原子軌道の概形**

**図 4.2 原子軌道のエネルギー準位**

べると，1s < 2s < 2p < 3s < 3p < 4s < 3d < 4p < 5s < 4d < 5p < 6s < 4f < 5d < 6p < … の順になる。電子はエネルギー準位の低い軌道から順に，2個ずつ対をつくって，原子番号の数だけ充填されていく。電子には自転（スピン）があり，1つの軌道に電子が2個充填されるときは，自転の向きが逆になるように対をつくる[*18]。しかし，p 軌道，d 軌道，f 軌道のように，エネルギー準位が等しい軌道が複数個ある場合には，まず各軌道に1個ずつ電子が充填され，一通り電子が充填された後に逆向きのスピンをもつ電子が対をつくって入る[*19]。いくつかの原子の電子配置を**図 4.3** に示す[*20]。なお電子配置の表記法には，たとえば $^3$Li を $1s^2, 2s^1$ のように表す方法もある。

## 4.3 長周期型周期表

### 4.3.1 元素の性質と価電子数

原子内の電子のうち，最も外側の電子殻（最外殻）にあって，原子ど

[*18] 電子は主量子数，方位量子数，磁気量子数，スピン量子数で定められる状態に1個しか入らない。これを**パウリの排他律**という。

[*19] このルールを**フント則**という。

[*20] 電子は基本的に内側の電子殻の軌道から充填されるが，上記のエネルギー準位の下線をつけた部分のような逆転があるので，内側の電子殻に空いた軌道を残したまま外側の電子殻の軌道に入る場合がある。

|  | K殻 | L殻 |  | M殻 |  |  | N殻 |  |  |
|---|---|---|---|---|---|---|---|---|---|
|  | 1s | 2s | 2p | 3s | 3p | 3d | 4s | 4p | … |
| ₃Li | ↑↓ | ↑ | … |  |  |  |  |  |  |
| ₆C | ↑↓ | ↑↓ | ↑ ↑ | … |  |  |  |  |  |
| ₈O | ↑↓ | ↑↓ | ↑↓ ↑ ↑ | … |  |  |  |  |  |
| ₁₅P | ↑↓ | ↑↓ | ↑↓ ↑↓ ↑↓ | ↑↓ | ↑ ↑ ↑ |  |  |  | … |
| ₁₉K | ↑↓ | ↑↓ | ↑↓ ↑↓ ↑↓ | ↑↓ | ↑↓ ↑↓ ↑↓ |  | ↑ |  | … |
| ₂₁Sc | ↑↓ | ↑↓ | ↑↓ ↑↓ ↑↓ | ↑↓ | ↑↓ ↑↓ ↑↓ | ↑ | ↑↓ |  | … |
| ₃₁Ga | ↑↓ | ↑↓ | ↑↓ ↑↓ ↑↓ | ↑↓ | ↑↓ ↑↓ ↑↓ | ↑↓ ↑↓ ↑↓ ↑↓ ↑↓ | ↑↓ | ↑ | … |

**図4.3 原子の電子配置の例**
矢印の向き（↑と↓）は，電子のスピンの向きを表す。

うしの結合に関与する電子を**価電子**という。前節で述べた原子の電子配置の解明によって，元素の性質が原子の価電子数によって決まることが明らかとなった。たとえば，短周期型周期表における縦並びの元素群[*21]であるF, Cl, Br, Iの価電子数は，いずれも7である。また，同じく短周期型周期表における縦並びの元素群であるLi, Na, K, Rb, Cs, Frの価電子数は，いずれも1である。

*21 これを**同族元素**という。

### 4.3.2 長周期型周期表

原子の電子配置に基づいて作成されたのが，今日，一般的に目にするようになった**長周期型周期表**[*22]である。長周期型周期表と，各原子の最外殻（一部，内側の電子殻を含む）の電子配置を**表4.7**に示す。

周期表の1族，2族および12〜18族元素は，同族元素の性質がよく似ており，**典型元素**と呼ばれる[*23]。特にその中で，Hを除く1族元素は**アルカリ金属**，BeとMgを除く2族元素は**アルカリ土類金属**，17族

*22 以下，これを「周期表」と記す。

*23 周期表の形から考えると，12族元素は遷移元素と思われそうであるが，元素の性質を優先して，典型元素に分類されることが多い。

**表4.7 長周期型周期表と原子の電子配置**

| | 1 | 2 | 3 | 4 | 5 | 6 | 7 | 8 | 9 | 10 | 11 | 12 | 13 | 14 | 15 | 16 | 17 | 18 |
|---|---|---|---|---|---|---|---|---|---|---|---|---|---|---|---|---|---|---|
| 1 | 1H $1s^1$ | | | | | | | | | | | | | | | | | 2He $1s^2$ |
| 2 | 3Li $2s^1$ | 4Be $2s^2$ | | | 最外殻の電子配置 | | | | | | | | 5B $2p^1$ | 6C $2p^2$ | 7N $2p^3$ | 8O $2p^4$ | 9F $2p^5$ | 10Ne $2p^6$ |
| 3 | 11Na $3s^1$ | 12Mg $3s^2$ | | | | | | | | | | | 13Al $3p^1$ | 14Si $3p^2$ | 15P $3p^3$ | 16S $3p^4$ | 17Cl $3p^5$ | 18Ar $3p^6$ |
| 4 | 19K $4s^1$ | 20Ca $4s^2$ | 21Sc $4s^23d^1$ | 22Ti $4s^23d^2$ | 23V $4s^23d^3$ | 24Cr $4s^13d^5$ | 25Mn $4s^23d^5$ | 26Fe $4s^23d^6$ | 27Co $4s^23d^7$ | 28Ni $4s^23d^8$ | 29Cu $4s^13d^{10}$ | 30Zn $4s^23d^{10}$ | 31Ga $4p^1$ | 32Ge $4p^2$ | 33As $4p^3$ | 34Se $4p^4$ | 35Br $4p^5$ | 36Kr $4p^6$ |
| 5 | 37Rb $5s^1$ | 38Sr $5s^2$ | 39Y $5s^24d^1$ | 40Zr $5s^24d^2$ | 41Nb $5s^14d^4$ | 42Mo $5s^14d^5$ | 43Tc $5s^24d^5$ | 44Ru $5s^14d^7$ | 45Rh $5s^14d^8$ | 46Pd $4d^{10}$ | 47Ag $5s^14d^{10}$ | 48Cd $5s^24d^{10}$ | 49In $5p^1$ | 50Sn $5p^2$ | 51Sb $5p^3$ | 52Te $5p^4$ | 53I $5p^5$ | 54Xe $5p^6$ |
| 6 | 55Cs $6s^1$ | 56Ba $6s^2$ | 57〜71 ランタノイド元素 | 72Hf $6s^25d^2$ | 73Ta $6s^25d^3$ | 74W $6s^25d^4$ | 75Re $6s^25d^5$ | 76Os $6s^25d^6$ | 77Ir $6s^25d^7$ | 78Pt $6s^15d^9$ | 79Au $6s^15d^{10}$ | 80Hg $6s^25d^{10}$ | 81Tl $6p^1$ | 82Pb $6p^2$ | 83Bi $6p^3$ | 84Po $6p^4$ | 85At $6p^5$ | 86Rn $6p^6$ |
| 7 | 87Fr $7s^1$ | 88Ra $7s^2$ | 89〜103 アクチノイド元素 | 104Rf | 105Db | 106Sg | 107Bh | 108Hs | 109Mt | 110Ds | 111Rg | 112Cn | 113Nh | 114Fl | 115Mc | 116Lv | 117Ts | 118Og |

| ランタノイド | 57La $6s^25d^1$ | 58Ce $5d^14f^1$ $6s^2$ | 59Pr $5d^04f^3$ $6s^2$ | 60Nd $5d^04f^4$ $6s^2$ | 61Pm $5d^04f^5$ $6s^2$ | 62Sm $5d^04f^6$ $6s^2$ | 63Eu $5d^04f^7$ $6s^2$ | 64Gd $5d^14f^7$ $6s^2$ | 65Tb $5d^04f^9$ $6s^2$ | 66Dy $5d^04f^{10}$ $6s^2$ | 67Ho $5d^04f^{11}$ $6s^2$ | 68Er $5d^04f^{12}$ $6s^2$ | 69Tm $5d^04f^{13}$ $6s^2$ | 70Yb $5d^04f^{14}$ $6s^2$ | 71Lu $5d^14f^{14}$ $6s^2$ |
|---|---|---|---|---|---|---|---|---|---|---|---|---|---|---|---|
| アクチノイド | 89Ac $7s^26d^1$ | 90Th $6d^25f^0$ $7s^2$ | 91Pa $6d^15f^2$ $7s^2$ | 92U $6d^15f^3$ $7s^2$ | 93Np $6d^15f^4$ $7s^2$ | 94Pu $6d^05f^6$ $7s^2$ | 95Am $6d^05f^7$ $7s^2$ | 96Cm $6d^15f^7$ $7s^2$ | 97Bk $6d^05f^9$ $7s^2$ | 98Cf $6d^05f^{10}$ $7s^2$ | 99Es $6d^05f^{11}$ $7s^2$ | 100Fm $6d^05f^{12}$ $7s^2$ | 101Md $6d^05f^{13}$ $7s^2$ | 102No $6d^05f^{14}$ $7s^2$ | 103Lr $6d^15f^{14}$ $7s^2$ |

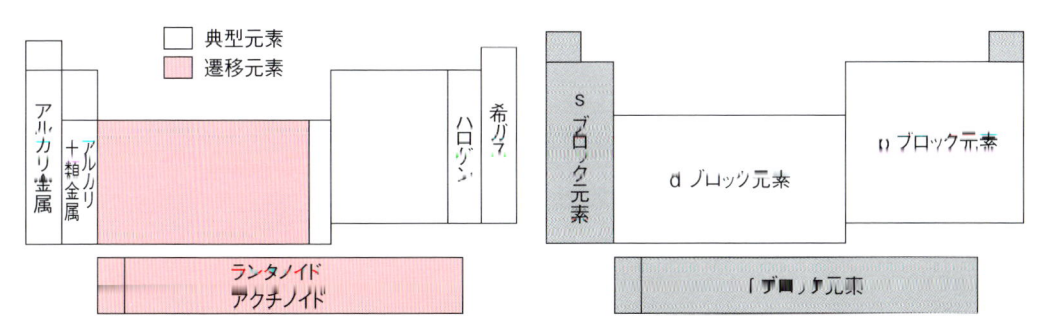

図4.4 周期表における元素の分類

元素は**ハロゲン**，18族元素は**希ガス**と呼ばれる。また3〜11族元素は**遷移元素**（**遷移金属元素**）と呼ばれ，隣どうしの元素の性質に類似が見られる。周期表の欄外に記される原子番号57〜71の元素は**ランタノイド**，原子番号89〜103の元素は**アクチノイド**と呼ばれる[*24]。

周期表の1族，2族元素の性質は最外殻のs軌道の電子に起因するので，これらは**sブロック元素**と呼ばれる。また，13〜18族元素の性質は最外殻のp軌道の電子に起因するので，これらは**pブロック元素**と呼ばれる。

同様に3〜12族元素は**dブロック元素**と，周期表の欄外に記されている元素群は**fブロック元素**と呼ばれる（図4.4）。

[*24] 原子番号57のランタンLaと89のアクチニウムは，本来ならば周期表の中に記されるべき元素であるが，慣例的に欄外に置かれる。ランタノイドの性質はランタンに，アクチノイドの性質はアクチニウムに，きわめてよく似ている。「〜オイド」は「〜に似ているもの」を表す語尾である。

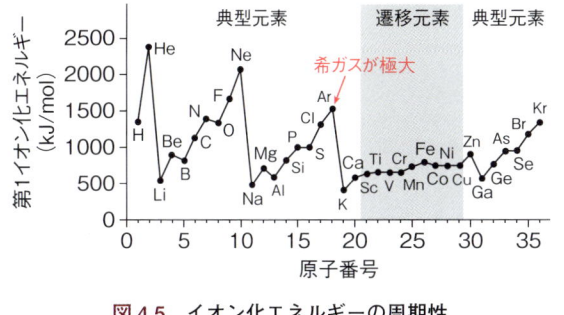

図4.5 イオン化エネルギーの周期性

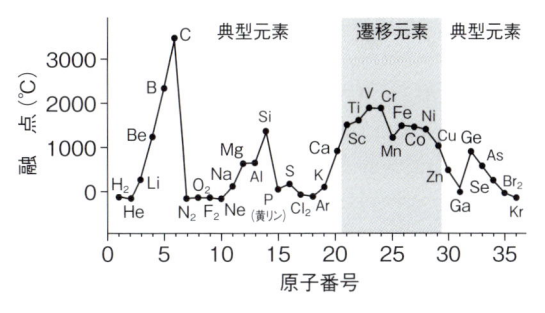

図4.6 単体の融点の周期性

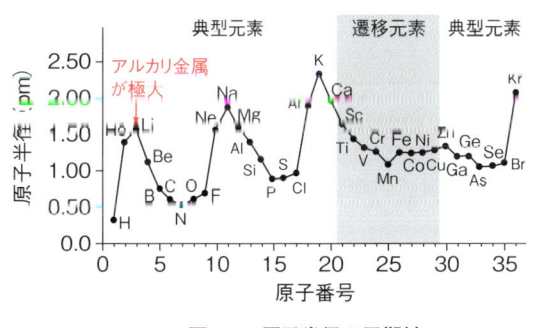

図4.7 原子半径の周期性

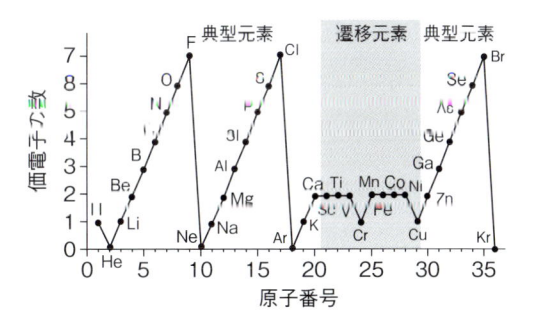

図4.8 原子番号と価電子数

### 4.3.3 元素の性質における周期性の例

最後になったが，元素を原子番号の順（原子番号 1 ～ 36）に並べたときに現れる周期的な性質の例を紹介する。図 4.5 は原子番号と原子の第1イオン化エネルギーの関係，図 4.6 は原子番号と単体の融点の関係，図 4.7 は原子番号と原子の半径の関係である。また，図 4.8 は周期性の原因となる価電子数の変化である。

## 演習問題

**4.1** 次の文の空欄（ ア ）～（ オ ）に適当な人物名または語句を入れ，後の各問いに答えよ。

近代原子説を提唱した（ ア ）は，原子の質量比である原子量も求めた。当初は不正確であった原子量の値は，ベルセリウスによる精密な実験の結果，かなり正確に求められた。デーベライナーは，その頃までに発見されていた元素のうち，化学的な性質が似たものを集めると三つの組になるという①（ イ ）の概念を提唱した。また（ ウ ）は元素を原子量の順に並べ，その性質に関する②オクターブの法則を提唱した。

元素の周期表を作成したのは，ロシアの（ エ ）とドイツの（ オ ）である。③この周期表においては，元素を原子量の順に並べた上で，性質の似た元素が縦に並ぶように配列されている。このとき作成された周期表は，後の短周期型周期表の原型となった。

(1) 下線部①において，元素の性質と原子量との関係が示された。その内容を簡潔に記せ。
(2) 下線部②の法則の内容を簡潔に記せ。
(3) 下線部③の周期表では，性質の似た元素を縦に並べるように配列することを優先するために，共通の工夫を行っている。その工夫とは何か。2 点述べよ。

**4.2** 次の原子の電子配置を，例にならって記せ。

例：$_{14}$Si　　$(1s)^2 (2s)^2 (2p)^6 (3s)^2 (3p)^2$

(1) $_3$Li　(2) $_9$F　(3) $_{11}$Na　(4) $_{17}$Cl　(5) $_{20}$Ca　(6) $_{25}$Mn

**4.3** 次の用語を簡潔に説明せよ。

(1) 不確定性原理（運動量と位置，エネルギーと時間のそれぞれについて）
(2) 波動関数
(3) パウリの排他律
(4) フント則

**4.4** 次のような長周期型周期表の概形を描き，(1) ～ (8) の元素群が存在する位置を，それぞれについて示せ。

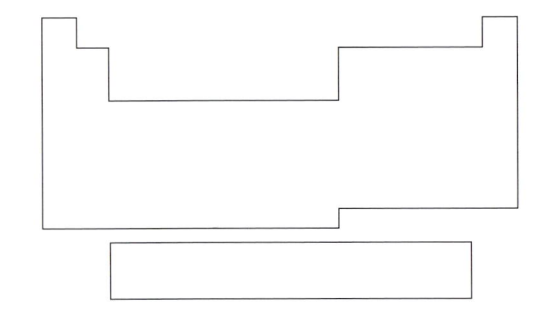

(1) 典型元素
(2) アルカリ金属元素
(3) アルカリ土類金属元素
(4) ハロゲン
(5) 希ガス
(6) s ブロック元素
(7) p ブロック元素
(8) d ブロック元素

# 第 5 章

# 原子と原子の結合

　第3章と第4章では，物質を構成する基本粒子である原子における電子配置について述べた。われわれの身のまわりにある物質のほとんどは，原子どうしが結合したものである。本章では，原子どうしの結合である**イオン結合**，**共有結合**および**配位結合**について述べる。また金属原子間に生じる**金属結合**について述べる。さらに原子軌道の観点から，これらの結合についての説明を行う。

## 5.1 イオン結合

### 5.1.1 イオンの生成とイオン結合

　原子と原子が結合するのは，結合が生じることによってエネルギー的に安定化するというメリットがあるためである。

　ナトリウム原子 Na の電子配置は K2, L8, M1[*1] である。M 殻の電子1個が失われて1価の陽イオンであるナトリウムイオン $Na^+$ になることができれば，その電子配置は希ガスであるネオン Ne の電子配置と同じになり，エネルギー的に安定化する（p.25 参照）。また，塩素原子の電子配置は K2, L8, M7[*2] である。M 殻に電子を1個受け入れて，1価の陰イオンである塩化物イオン $Cl^-$ になることができれば，その電子配置は希ガスであるアルゴン Ar の電子配置と同じになり，エネルギー的に安定化する（p.26 参照）。そこで，ナトリウム原子と塩素原子とが接近すれば，ナトリウム原子の M 殻の電子1個が塩素原子の M 殻に移動して，ナトリウムイオンと塩化物イオンとになる。生じた両イオンは，**静電気的引力**（クーロン力）によって引き合い結合する。このように，陽イオンと陰イオンとの間にできる静電気的引力による結合を**イオン結合**という（図 5.1）。

[*1] 原子軌道を使って細かく考えると $(1s)^2(2s)^2(2p)^6(3s)^1$ である。一般に原子が陽イオンになる場合には，外側にある（主量子数と方位量子数が大きい）軌道の電子から失われていく。

[*2] 原子軌道を使って細かく考えると $(1s)^2(2s)^2(2p)^6(3s)^2(3p)^5$ である。一般に原子が陰イオンになる場合には，電子を受け入れることができる最もエネルギーの低い軌道に電子が入る。

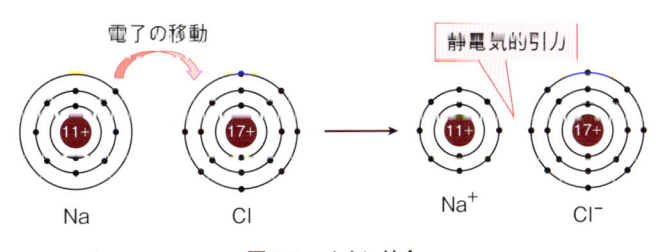

図 5.1　イオン結合

電子を失って陽イオンになりやすい原子は，陽性が大きい金属元素の原子であり，電子を受け入れて陰イオンになりやすい原子は，陰性が大きい非金属元素の原子である。したがってイオン結合は，陽性が大きい金属元素の原子と，陰性が大きい非金属元素の原子との間に生じやすい。

### 5.1.2 イオン結晶

イオン結合によって多数のナトリウムイオンと塩化物イオンが集まって，塩化ナトリウム NaCl の結晶になる（図 5.2）。塩化ナトリウムのように，多数の陽イオンと陰イオンとが静電気的引力で交互に結合してできている結晶を**イオン結晶**という。

静電気的な引力はあらゆる方向にはたらくので，塩化ナトリウムの結晶では，それぞれのナトリウムイオンあるいは塩化物イオンは，隣接する塩化物イオン 6 個あるいはナトリウムイオン 6 個と，同じ強さで結合している。イオン結晶は一般に硬いが，ある方向に衝撃を加えるとイオンの位置がずれ，陽イオンどうし，陰イオンどうしの反発によって割れる。この現象を**劈開**という。図 5.3 は，塩化ナトリウムの結晶における劈開のモデルである。

イオン結晶では，できるだけ多数の陽イオンと陰イオンとが接するように並ぶが，陽イオンどうし，陰イオンどうしは互いに反発するので接しない。このとき陽イオンと陰イオンとの半径の比によって，陽イオンと陰イオンの並び方にいくつかのタイプができる。たとえば，同じ価数の陽イオンと陰イオンとを含むイオン結晶における陽イオンと陰イオンの並び方には，塩化ナトリウム型，塩化セシウム（CsCl）型，閃亜鉛鉱（ZnS）型などがある（図 5.4）。

図 5.2 塩化ナトリウムの結晶モデル

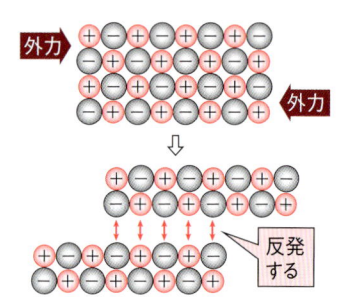

図 5.3 塩化ナトリウムの結晶の劈開

塩化ナトリウム型　塩化セシウム型　閃亜鉛鉱型

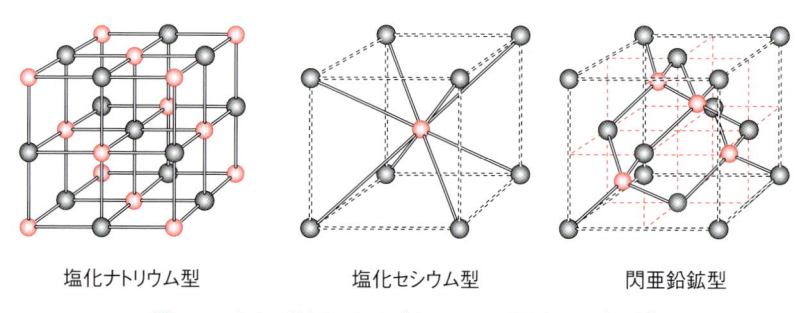

図 5.4 イオン結晶のタイプとイオンの配列のモデル*3

*3 ○は陽イオン，●は陰イオンの位置を表している。図 5.4 は，結晶を構成する最も小さい単位構造を表している。これを**単位格子**という。イオン結合を表す線を実線，単位格子を表す線を破線で示す。

*4 これを**クーロンの法則**という（p.23 参照）。

一般に，正の電荷をもつ粒子と負の電荷をもつ粒子との間にはたらく静電気的引力は，イオンの価数の積に比例し，イオン中心間の距離の二乗に反比例する*4。したがって，イオン結晶のタイプが同じであれば，イオン半径が小さく，価数が大きい陽イオンと陰イオンが結合したもの

表 5.1 塩化ナトリウム型結晶の融点の比較

| イオン結晶 | | 融点(℃) | 両イオンの価数 | 陽イオンの半径 (nm) | 陰イオンの半径 (nm) |
|---|---|---|---|---|---|
| フッ化ナトリウム | NaF | 993 | 1 | 0.116 | 0.119 |
| 塩化ナトリウム | NaCl | 801 | 1 | 0.116 | 0.167 |
| 臭化ナトリウム | NaBr | 755 | 1 | 0.116 | 0.182 |
| 酸化マグネシウム | MgO | 2826 | 2 | 0.086 | 0.126 |
| 酸化カルシウム | CaO | 2572 | 2 | 0.114 | 0.126 |
| 酸化ストロンチウム | SrO | 2430 | 2 | 0.132 | 0.126 |

ほど，イオン結合が強くなる．一般に，結晶における粒子の結合の強さは，結晶の融点を比較するとわかる（**表 5.1**）．

## 5.2 共有結合

### 5.2.1 共有電子対と共有結合

非金属元素の原子どうしが結合する場合は，前節に述べたような電子のやり取りが難しい*5．たとえば 2 個の水素原子が結合する場合には，**図 5.5** のように互いの K 殻（1 s 軌道）を重ねて電子の対を形成し，これを共有して水素分子 $H_2$ となる．このとき各水素原子は，K 殻に形式的に 2 個の電子をもつことになり，希ガスであるヘリウムと似た電子配置*6 となってエネルギー的に安定化する．こうしてできる電子対を**共有電子対**といい，共有電子対によってできる原子間の結合を**共有結合**という．電子は自転しているので，周囲に磁場を形成する*7．電子が対を形成する場合には，互いの自転の方向が逆向きになるように対を形成するので（p.35 参照），この磁場が打ち消される．結合前の水素原子の電子は対を形成していない．このような電子は**不対電子**と呼ばれる．一般に，原子間に共有結合ができる場合には，それぞれの原子がもつ不対電子どうしが共有される．

*5 非金属元素の原子は陰性が大きいので，電子を放出しにくいためである．

*6 ヘリウム原子の電子配置は K2 または $1s^2$ と表される．

*7 電荷をもつ粒子が自転すると，周囲に磁場が形成される．

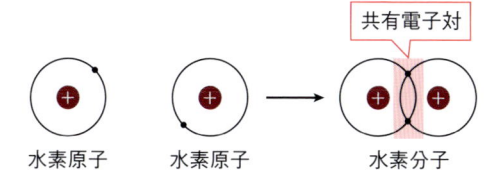

図 5.5 水素原子間の共有結合

### 5.2.2 価電子と電子式

一般に，原子どうしが結合する場合には，各原子のもつ電子のうち，最も外側の電子殻（最外殻）にある価電子が結合に関与する．たとえば炭素原子の電子配置は K2, L4（または $1s^2 2s^2 2p^2$）と表されるので，最外殻は L 殻（2 s 軌道と 2 p 軌道とからなる）であり，価電子の数は 4 である．

*8 「ルイスの点電子式」ともいう。

H・ ・B̈・ ・C̈・
・N̈・ ・Ö・ ・F̈・
Na・ ・Mg・

図 5.6 原子の電子式の例

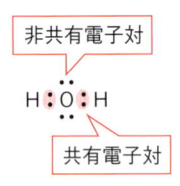

H:Ö:H
非共有電子対
共有電子対

図 5.7 水分子の電子式

*9 「オクタ」は「8」を表す。ナトリウムイオンや塩化物イオンの電子配置も，オクテット則を満たしている。

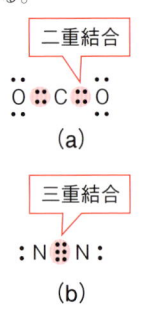

Ö::C::Ö
二重結合
(a)

:N⋮⋮N:
三重結合
(b)

図 5.8 二酸化炭素分子と窒素分子の電子式

*10 構造式において，1つの原子からのびる価標の数を**価数**という。一般に価数は，結合前の原子における不対電子の数である。価数と同じ意味で，原子価という用語が用いられることもある。

原子の最外殻電子の様子を表すために，**電子式**が用いられることがある*8。電子式は，元素記号に最外殻電子を点（•）で書き添えたものである。電子式では，元素記号の上下，左右の4カ所に電子を記す。このとき，最外殻電子の数が4以下であれば電子を1個ずつ，5以上であれば一部を対にして配置する（図 5.6）。

電子式を見ると，各原子の価電子や不対電子の数がわかる。たとえば酸素原子の価電子の数は6，不対電子の数は2である。水素原子の不対電子の数は1であるから，1個の酸素原子が水素原子と共有結合して分子を形成する場合には，2個の水素原子と結合すればよいことがわかる。これが水分子 $H_2O$ である。水分子の電子式は，図 5.7 のように表される。水分子の電子式には，水素原子との共有結合に関与していない電子対が2組ある。このような電子対を**非共有電子対**という。水分子には，2組の共有電子対と2組の非共有電子対とがある。このとき，酸素原子のL殻には形式的に8個の電子が存在し，希ガスであるネオンに似た電子配置となっている。このように，L殻およびL殻より外側の電子殻にある価電子を使う場合，最外殻電子の数が8個になった場合に安定な希ガス型の電子配置となる。このような法則を**オクテット則**という*9。

1個の炭素原子と2個の酸素原子が共有結合する場合には，図 5.8 (a) のように，各原子間にそれぞれ2組の共有電子対による結合が生じて二酸化炭素分子 $CO_2$ となる。このような結合を**二重結合**という。また2個の窒素原子が共有結合する場合には，図 5.8 (b) のように，3組の共有電子対による結合が生じて窒素分子 $N_2$ となる。このような結合を**三重結合**という。これらに対して，アンモニア分子における窒素原子と水素原子の間の結合のように，1組の共有電子対による結合を**単結合**という。

### 5.2.3 構造式

分子における原子の結合の様子を表すために，構造式がよく用いられる。構造式は，電子式における1組の共有電子対を**価標**と呼ばれる線（−）で表し，非共有電子対を省略したものである*10。したがって水素分子の構造式は H−H，水分子の構造式は H−O−H，二酸化炭素分子の構造式は O=C=O，窒素分子の構造式は N≡N と表される。構造式は必ずしも分子の形を表すものではない。

### 5.2.4 配位結合

水素原子の電子配置は K1（$(1s)^1$）である。水素と原子番号が最も近い希ガスはヘリウムであり，その電子配置は K2（$(1s)^2$）である。した

がって，水素原子が結合する場合には，K殻（1s軌道）の電子数を2にするように挙動する。たとえば図5.5の水素分子や図5.7の水分子では，水素原子が共有結合することによって，K殻（1s軌道）の電子数が形式的に2になっている。この他にも，水素原子がK殻（1s軌道）に電子を1個受け入れて，1価の陰イオンである水素化物イオン $H^-$ となる場合がある*11。

他の方法として，水素原子が電子を失って水素イオン $H^+$ となり*12，他の分子の非共有電子対を，そのK殻に受け入れて結合する場合がある。たとえば水素イオンが水分子と結合する場合には，図5.9のように結合してオキソニウムイオン（ヒドロニウムイオン）$H_3O^+$ が生じる*13。このとき生じる結合は，原子間に電子対をもつという点では共有結合といえるが，片方の原子（この場合には酸素原子）が一方的に電子対を提供するという点で，ここまでに述べた共有結合とは異なるので，**配位結合**と呼ばれる。オキソニウムイオンのもつ3個のO−H結合における結合の強さや長さは，全く同じである。

*11 水素化物イオンは，金属水素化物である水素化ナトリウム NaH や水素化カルシウム $CaH_2$ などに含まれる。

*12 質量数1の水素原子から生じる $H^+$ は，原子核である陽子（プロトン）そのものである。

*13 一般に，酸素原子上に正電荷をもつイオンをオキソニウムイオンと呼ぶが，この名称は慣例的に $H_3O^+$ の名称としても使われる。厳密にはヒドロニウムイオンが正しい。

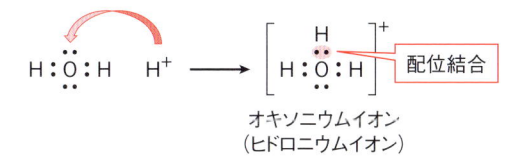

**図 5.9 オキソニウムイオンにおける配位結合*14**

*14 電子式でイオンを表す場合には，電子式全体を [ ] でくくり，右上に電荷を記す。

銅（Ⅱ）イオン $Cu^{2+}$ のような遷移金属元素の陽イオンは，水分子やアンモニア分子のような非共有電子対をもつ分子，あるいは塩化物イオンのような非共有電子対をもつ陰イオンと配位結合をつくり，新しいイオンとなる。このようなイオンは**錯イオン***15 と呼ばれる（p.85 参照）。

*15 たとえば銅（Ⅱ）イオンは，4個のアンモニア分子と結合し，化学式 $[Cu(NH_3)_4]^{2+}$ で表される錯イオン（テトラアンミン銅（Ⅱ）イオン）となる。

### 5.2.5 電気陰性度と結合の極性

共有結合における共有電子対は，各原子の原子核から静電気的な引力を受けている。水素分子のように，同じ元素の原子が共有結合をつくる場合には，共有電子対は同じ大きさの引力を受けて，各原子核に引き寄せられている。しかし異なる元素の原子間に生じる共有結合の場合，原子によって共有電子対を引き寄せる力が異なるので，共有電子対はいずれかの原子側に偏在することになる。原子が共有電子対を引き寄せる力の尺度となるものが**電気陰性度**である。電気陰性度の値として，ポーリングの電気陰性度が最も広く使われている（**表5.2**）。

たとえば，塩化水素 HCl 分子を形成する塩素原子の電気陰性度（3.2）は水素原子の電気陰性度（2.2）より大きいので，塩化水素分子内の電子は塩素原子側に偏在する。このとき分子内の負電荷は塩素原子側に多く

**表 5.2　電気陰性度の値（ポーリング）**

| 元素 | 電気陰性度 |
| --- | --- |
| H | 2.2 |
| Li | 1.0 |
| Be | 1.6 |
| B | 2.0 |
| C | 2.6 |
| N | 3.0 |
| O | 3.4 |
| F | 4.0 |
| Na | 0.9 |
| K | 0.8 |
| Cl | 3.2 |
| Br | 3.0 |
| I | 2.7 |

δ+ H Cl δ−

δ+ H−Cl δ−

図 5.10　塩化水素分子における結合の極性

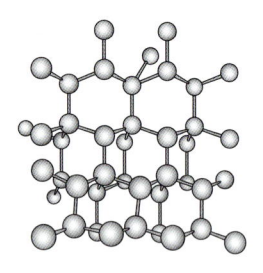

図 5.11　ダイヤモンド

*16　共有結晶は，結晶全体を1つの分子と見なして，巨大分子と呼ばれることがある。

*17　たとえばナトリウムの結晶では，ナトリウム原子が価電子であるM殻の電子を放出して，ネオン型の電子配置をもつナトリウムイオンになっている。

*18　小さな電子が熱エネルギーによって激しく運動するため，熱による原子（金属陽イオン）の振動が結晶全体に速やかに伝わると考えられる。

存在することになるので，これを $\delta-$ という記号で表す。反対に水素原子はやや正電荷を帯びた状態になるので，これを $\delta+$ という記号で表す（図5.10）。すなわち H−Cl 結合には $\delta+$ と $\delta-$ の極が生じている。これを**結合の極性**という。

原子間の電気陰性度の差が大きくなり，結合の極性が大きくなると，その共有結合はイオン結合に近づいていく。一般にイオン結合では，電気陰性度の差が 2.0 以上である。このようにイオン結合は，極性のある共有結合の極端な例と考えることができる。

### 5.2.6　共有結晶

炭素の単体の1つであるダイヤモンドは，多数の炭素原子が共有結合によって結びつき，規則正しく配列した結晶である（図5.11，p.5参照）。このような結晶は**共有結晶**と呼ばれる。共有結晶には，ケイ素 Si，二酸化ケイ素 $SiO_2$，炭化ケイ素 SiC などがある*16。

## 5.3　金属結合

### 5.3.1　自由電子と金属結合

金属の原子どうしが集まって結合して結晶となる場合には，各原子が価電子を放出して陽イオンとなり，放出した価電子を結晶全体で共有する。放出された電子は金属の結晶の内部を自由に動くことができ，**自由電子**と呼ばれる。このような自由電子による金属原子間の結合を**金属結合**という*17（図5.12）。

金属の結晶は，自由電子の作用に基づく様々な性質を示す。自由電子が結晶内を動きまわることができるので，金属は電気伝導性や熱伝導性を示す*18。また自由電子は位置を変えながら金属陽イオンをつなげることができるため，金属の結晶は変形しても壊れにくい。したがって，引き延ばして細い線にできる性質（**延性**）や，たたいて箔にできる性質（**展性**）を示す。自由電子には光を反射する性質があるので，金属の結

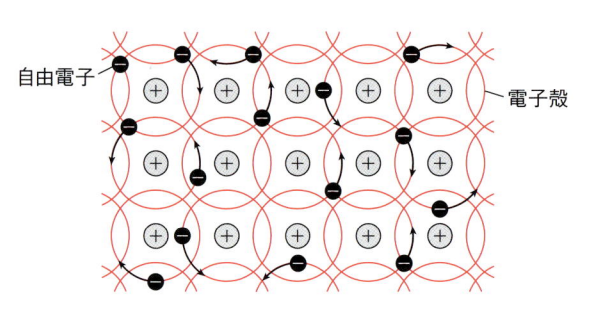

図 5.12　金属結合のイメージ図

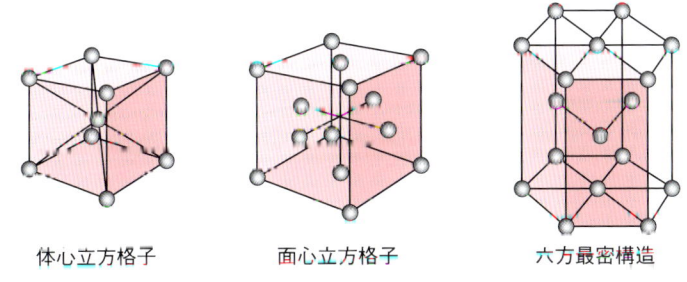

図 5.13 金属の結晶のタイプと金属原子の配列のモデル

晶には特有の**金属光沢**がある。

### 5.3.2 金属の結晶

金属の結晶における原子の並び方には，**体心立方格子**，**面心立方格子**，**六方最密構造**がある（図 5.13）[19]。結晶において，1 個の原子に隣接する原子の数を**配位数**という。体心立方格子における配位数は 8，面心立方格子と六方最密構造における配位数は 12 である[20]。

## 5.4 分子軌道

### 5.4.1 分子軌道のなりたち

ここまでは，電子の粒子性を主に使ったモデルで原子間の結合を考えてきた。しかし電子には波動性があり，第 4 章で述べたように，s 軌道や p 軌道のような原子軌道と呼ばれる「波」として原子内に存在している。原子と原子とが共有結合して分子をつくる場合には，この波動性に基づき個々の原子の原子軌道が重なって新しい軌道をつくることになる。これを**分子軌道**という。

たとえば 2 個の水素原子が共有結合して水素分子となる場合には，各水素原子の価電子がある 1s 軌道どうしが重なり合って 2 個の新しい分子軌道をつくる（図 5.14）。1 つは**結合性軌道**と呼ばれる軌道で，ここ

[19] ◯は原子の中心の位置を表す。体心立方格子をとる金属としてナトリウムやカリウムなどが，面心立方格子をとる金属として銅や銀などが，六方最密構造をとる金属としてマグネシウムや亜鉛などがある。

[20] 面心立方格子と六方最密構造は，金属原子が最も密に充填されている結晶構造である。

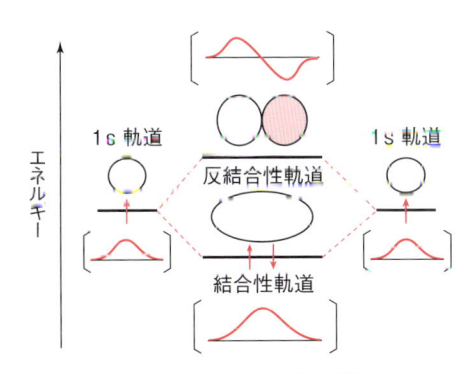

図 5.14 水素分子の分子軌道

*21 図5.14の中央に描かれているのが分子軌道である。反結合性軌道の模式図にある影をつけた部分は，影がついていない部分と位相が異なる。位相は弦の波で考えるとわかりやすい。〔 〕内の図は，1s軌道と結合性軌道，反結合性軌道を弦の波に喩えたものである。ここでは，結合性軌道は2つの波が素直に重なってできた波，反結合性軌道は2つの波が「ひねくれて」重なった波に喩えられている。

*22 これが共有電子対である。図5.14における↑は電子を表す。

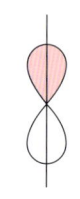

図5.15　2p軌道の位相

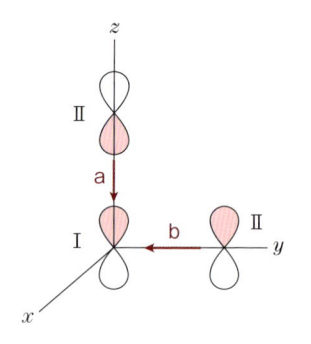

図5.16　p軌道の接近方向

*23 一般に二重結合では1つの結合がσ結合，もう1つの結合がπ結合である。また三重結合では1つの結合がσ結合，残り2つの結合がπ結合である。

に入る電子のエネルギーは元の原子軌道（1s軌道）よりも低い。もう1つは**反結合性軌道**と呼ばれる軌道で，ここに入る電子のエネルギーは元の原子軌道（1s軌道）よりも高い。図5.14には，結合性軌道と反結合性軌道の様子が模式的に描かれている[*21]。反結合性軌道の中央部には，電子が存在しない部分（節面）がある。

電子はエネルギーの低い結合性軌道に優先して入り，各分子軌道には電子が2個ずつ入る。水素分子には2個の電子があり，通常の状態（基底状態）ではこれらがスピンが逆向きになるように対をなして結合性軌道に入るので[*22]，水素分子になると結合前よりも全電子のエネルギーが低くなって安定化する。水素分子に外部からエネルギーが加えられて，2個の電子が反結合性軌道に移ると，結合性軌道に電子がなくなるので，共有結合が切れる。

### 5.4.2　σ結合とπ結合

原子軌道が重なって分子軌道ができる場合には，以下の2つの原則が適用される。

1) 原子軌道の同じ位相の部分どうしが重なる。
2) 重なりがなるべく大きくなるように，原子軌道が接近する。

3個の2p軌道（$2p_x$, $2p_y$, $2p_z$；p.35参照）は$x$, $y$, $z$軸に突き刺さるような形をしているが，原点をはさんで**図5.15**のように位相が異なっている。原点にあるp軌道Iに，別のp軌道IIが接近して分子軌道をつくろうとするとき，上記の原則を満たす接近の方向として，**図5.16**のaとbとがある。p軌道がaの方向から接近してできる結合性軌道は**図5.17(a)**のように，bの方向から接近してできる結合性軌道は**図5.17(b)**のようになる。いまp軌道Iを固定して，IIを結合軸（$y$または$z$軸）のまわりに90°回転させると，(a)の軌道ではp軌道どうしの重なりが変わらないが，(b)の軌道ではp軌道どうしの重なりがなくなる。すなわちこのような操作を行うと，(b)の場合だけ結合が切れる。(a)のような結合性軌道をつくる結合を**σ結合**，(b)のような結合性軌道をつくる結合を**π結合**という[*23]。

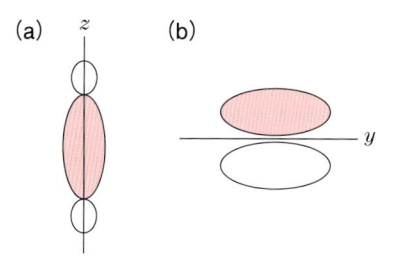

図5.17　σ結合(a)とπ結合(b)

図 5.18 結合の極性と分子軌道

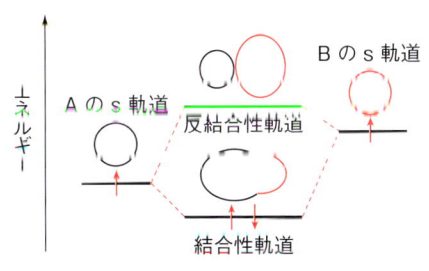

### 5.4.3 分子軌道と結合の極性, イオン結合性

電気陰性度が大きい原子 A と電気陰性度が小さい原子 B の価電子が, 互いの s 軌道に 1 個ずつあると仮定して, 分子軌道ができる場合を考えてみる。このとき s 軌道のエネルギーは, 電気陰性度が大きい A の方が低い。この場合にできる結合性軌道のエネルギーは図 5.18 のように A の軌道に近く, A の軌道の影響を強く受けた形になる。一方, 反結合性軌道のエネルギーは B の軌道に近く, B の軌道の影響を強く受けた形になる。この場合の共有電子対は A の影響を強く受けた結合性軌道に入るので, 共有電子対は電気陰性度が大きい A 側に偏在することになる。これが分子軌道の観点から見た結合の極性である。

A と B の電気陰性度の差がさらに大きくなると[*24], 結合性軌道における A の軌道の影響がさらに大きくなる。このとき共有電子対はさらに A 側に偏在することになり, イオン結合性が大きくなる (p.39 参照)。

[*24] A と B の電気陰性度の差が大きくなると, 結合前の A の軌道と B の軌道とのエネルギーの差が大きくなる。このとき結合性軌道と A の軌道とのエネルギーが近くなる。

---

**Column** 金属結合と分子軌道

金属の結晶では多数の金属原子の原子軌道が重なり合って, 原子の数に相当する結合性軌道と反結合性軌道ができる。その数が多いために軌道どうしのエネルギーの差が小さくなり, 軌道が右図のように連続的なバンド (帯) になる。このバンドの下半分 (結合性軌道に相当) に価電子が入っている。この価電子は, 電子が存在しない上半分のバンド (反結合性軌道に相当) の低エネルギー部分に容易に移動することができる。移動した価電子は, 空の軌道を使って金属の結晶内を動きまわることができ, 自由電子となる。

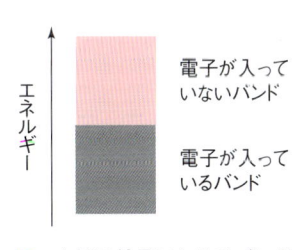

図 金属の結晶におけるバンド

## 演習問題

**5.1** 次のア）～オ）の化合物に含まれるイオンの電子配置が，共にアルゴン原子と同じになっているものをすべて選べ。
ア）NaCl　イ）$MgCl_2$　ウ）$CaCl_2$　エ）KBr　オ）$K_2S$

**5.2** 次の(1)～(4)のような構造をもつイオン結晶について，1個の陽イオン（○）に接している陰イオン（●）の数は何個か。また(1)と(2)について，1個の陽イオンに最も近い位置にある陽イオン（それ自身を除く）は何個あるか。

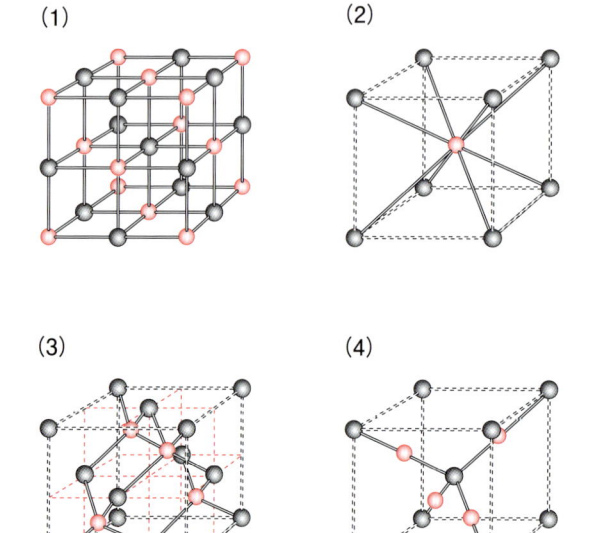

(1)　(2)

(3)　(4)

**5.3** 次の各問いに答えよ。
(1) Ne原子，$Na^+$，$Mg^{2+}$は，同じ電子配置をもつ。この3個の粒子を，半径の大きい順に並べよ。またその理由を記せ。
(2) 塩化ナトリウム型の結晶をつくるNaClとMgOの融点はどちらが高いか。理由と共に記せ。

**5.4** アンモニア分子に水素イオン$H^+$（プロトン）が配位結合すると，アンモニウムイオン$NH_4^+$ができる。アンモニウムイオンの電子式を，図5.9にならって記せ。

**5.5** 分子軌道を使って次の現象を説明せよ。
(1) 2個の水素原子が共有結合して水素分子になると，電子のエネルギーが安定化する。
(2) 2個のヘリウム原子が共有結合したヘリウム分子$He_2$は存在しない。
(3) ヘリウム分子イオン$He_2^+$は存在することができる。（腕だめし）

# 第6章

# 分子の形と分子間の結合

第5章では，原子と原子との結合について述べた。この章では，原子どうしが共有結合することによってできる分子について述べる。まず電子対反発則および混成軌道による分子の形の考え方について述べる。次に分子どうしの間に作用する引力と，それによって分子間に生じる結合について説明する。

## 6.1 電子対反発則

### 6.1.1 メタン，アンモニア，水分子の形

図6.1に，メタン$CH_4$分子の構造式(a)と電子式(b)とを示す。構造式は分子内の原子の結合の様子を表しているが，分子の形を反映するものではない。実際，メタン分子の形は図6.2に示すような立体的なものであり，この形は正四面体型と呼ばれる。図6.1(b)のように，メタン分子には4組の共有電子対があり，これらの電子対は炭素原子の最外殻であるL殻に存在する。メタン分子の形を決めているのはこれらの電子である。

電子は単独ではスピン(自転)による磁場を形成するが(p.41参照)，電子対になるときは逆向きのスピンの電子が組み合わさるので，この磁場が打ち消される。その結果，電子対は「負電荷の塊」となって，互いに反発する。メタンの場合，中心にある炭素原子の最外殻にある4組の電子対が反発し，これを緩和するために空間的にできるだけ離れようとする。空間内で4組の電子対が最も離れることができるのは，正四面体の中心から各頂点方向にのびる直線上にある場合である。したがって，メタン分子の形，正四面体型となる(図6.2)。

メタン分子のように簡単な分子の形は，結合に関与する電子が存在する電子殻にある電子対が，互いの反発が最小になるように配置されると考えると推測することができる。これを**電子対反発則**(または**原子価殻電子対反発理論：VSEPR理論**[*1])という。

アンモニア分子では，中心にある窒素原子の最外殻には，3組の共有電子対と1組の非共有電子対とがある(図6.3(a))。この場合も互いの反発を緩和するために，4組の電子対は正四面体の中心から各頂点方向

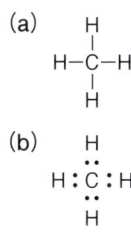

**図6.1 メタン分子の構造式と電子式**

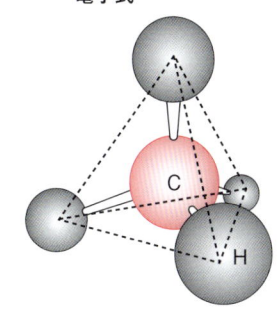

**図6.2 メタン分子の形(正四面体)**
簡単な分子の形は，分子の外側にある原子の中心を結んだ図形で表現される。

[*1] valence shell electron pair repulsion の頭文字をとった略称である。

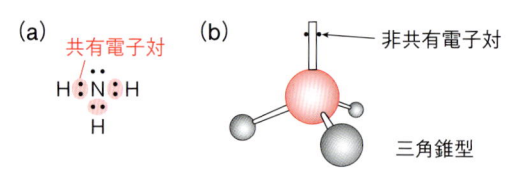

図 6.3 アンモニア分子の電子式と形

にのびる直線上に存在する。分子の形を図形として表現する場合に非共有電子対は考慮しないので、窒素原子と 3 個の水素原子の中心を結んだ図形がアンモニア分子の形となり、これを**三角錐型**という*2（図 6.3 (b)）。

水分子では、中心にある酸素原子の最外殻には、2 組の共有電子対と 2 組の非共有電子対とがある（図 6.4 (a)）。この場合も互いの反発を緩和するために、4 組の電子対は正四面体の中心から各頂点方向にのびる直線上に存在し、分子の形は**折れ線型**となる（図 6.4 (b)）*3。

*2 数学的には正四面体は三角錐の一種であるが、分子の形の表記では両者は区別される。

*3 水分子の形は、慣例的に折れ線型という。アンモニア分子の三角錐構造と水分子の折れ線構造は、メタン分子の正四面体構造の一部に相当する。

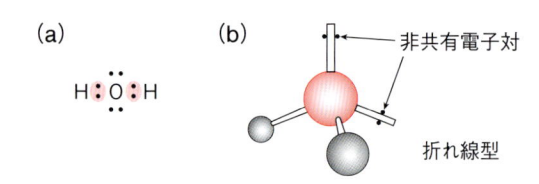

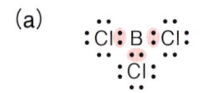

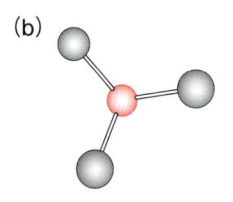

図 6.4 水分子の電子式と形

### 6.1.2 電子対反発則によるその他の分子の形の説明

前項で紹介したメタン、アンモニア、水の各分子の形は、4 組の電子対の反発によって決まっていた。次に電子対の数が 4 以外の例について考えてみよう。

三塩化ホウ素 $BCl_3$ 分子の中心にあるホウ素原子の最外殻には、3 組の共有電子対があり非共有電子対はない（図 6.5 (a)）。したがって、この分子の形は 3 組の電子対が互いの反発が最小になるように配置されて決まる。この場合には、正三角形の重心から、各頂点方向に延びた直線上に電子対が配置される。したがって、三塩化ホウ素分子の形は**正三角形型**になる（図 6.5 (b)）。

二重結合や三重結合の場合は、各結合における共有電子対をまとめて考える。二酸化炭素分子の中心にある炭素原子と 2 個の酸素原子は、それぞれ 2 組の共有電子対を含む二重結合で結ばれている。これらの二重結合を形成する 2 つの電子群が互いの反発が最小になるように配置されるので、二酸化炭素分子は、2 個の酸素原子と中心の炭素原子とが同位置直線上に並んだ**直線型**になる（図 6.6）。

図 6.5 三塩化ホウ素分子の電子式と形

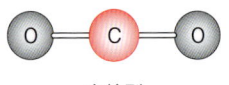

図 6.6 二酸化炭素分子の形

## 6.2 混成軌道

### 6.2.1 sp³混成軌道

分子の形を原子軌道の観点から説明する理論として，混成軌道の理論がある。炭素と水素の化合物である炭化水素の分子には，炭素原子間に単結合しかないものと，炭素原子間に二重結合あるいは三重結合があるものがある。たとえば，2個の炭素原子を含む炭化水素にはエタン $C_2H_6$，エチレン（エテン）$C_2H_4$ およびアセチレン（エチン）$C_2H_2$ があり，これらの分子の形は図6.7のように大きく異なっている。これは，炭素原子の原子軌道が結合する原子の数に応じて変化することを表している。炭素原子の4個の価電子は，L殻を形成する2s軌道と2p軌道（図6.8）にある。これらの軌道のエネルギーは近いので，比較的簡単に混ざり合って新しい軌道（**混成軌道**）をつくることができる。

エタン分子（立体）　エチレン分子（平面）　アセチレン分子（直線）

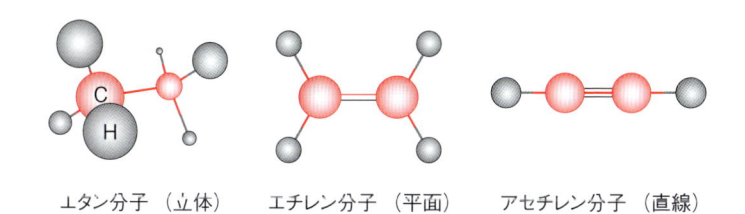

**図6.7 分子内に2個の炭素原子をもつ炭化水素**

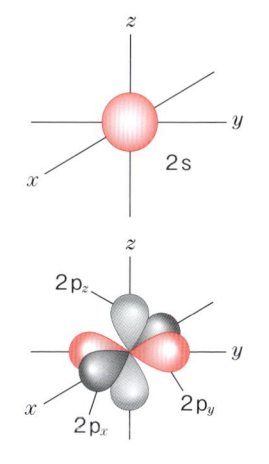

**図6.8 2s軌道と2p軌道**

たとえば，メタン分子やエタン分子のように1つの炭素原子が4本の単結合を形成する場合には，2s軌道と3個の2p軌道が混ざり合って4個の新しい軌道ができる。これを **sp³混成軌道** という（図6.9[*4]）。これらの軌道は，正四面体の中心から4個の頂点方向に伸びている[*5]。炭素原子の4個の価電子は，この4個の軌道に1個ずつ入り，隣の原子と結合する。例えばメタンでは図6.10のように結合して，正四面体型の分子になる[*6]。エタン分子では，2個の炭素原子のsp³混成軌道どうしが重なって炭素原子間の単結合ができている（図6.11）[*7]。したがってエタン分子は，図6.7に示したような立体構造をとる。

[*4] 影の有無は位相の違いを表している。

[*5] 2p軌道全体は空間的に対称であり，2s軌道も空間的に対称である。したがって，これらから得られる4個のsp³混成軌道は，空間的に対称になるように正四面体型に配置される。

[*6] それぞれのsp³混成軌道が，水素原子の1s軌道と重なって分子軌道を形成する。この分子軌道による共有結合はσ結合である。

[*7] この結合もσ結合であり，結合軸のまわりに回転することができる。

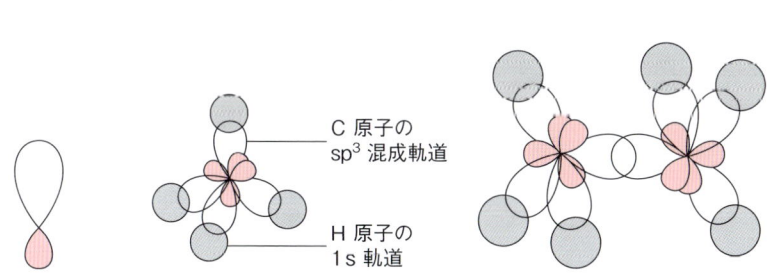

**図6.9 1個のsp³混成軌道**

**図6.10 メタン分子における原子軌道の重なり**

**図6.11 エタン分子における原子軌道の重なり**

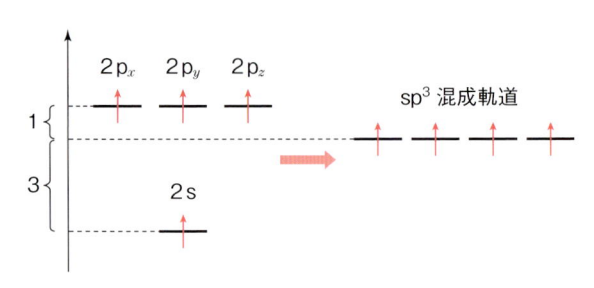

図 6.12　sp³ 混成軌道のエネルギー[*8]

*8　↑ は電子のスピンの方向を表している。

4 個の sp³ 混成軌道のエネルギーはすべて等しく，2 s 軌道と 2 p 軌道のエネルギーを 3：1 に内分した値になる（図 6.12）。

### 6.2.2　sp² 混成軌道

エチレン分子のように炭素原子が二重結合を形成する場合には，2 s 軌道と 2 個の 2 p 軌道（たとえば $2p_x$ と $2p_y$）とが混ざり合って，同一平面内（$xy$ 平面）にある 3 個の **sp² 混成軌道**ができる（図 6.13）[*9]。このとき p 軌道の 1 個（$2p_z$）は，混成軌道に含まれずに残る（図 6.14）。3 個の sp² 混成軌道と 1 個の 2 p 軌道には，不対電子が 1 個ずつ存在する。

*9　3 個の sp² 混成軌道は，平面内で対称になるように配置される。すなわち sp² 混成軌道は，正三角形の重心から各頂点に向かって伸びる軌道になる。

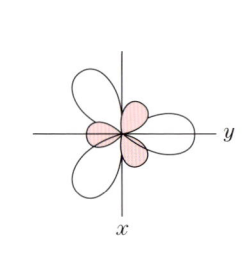

図 6.13　$z$ 軸方向から見た sp² 混成軌道

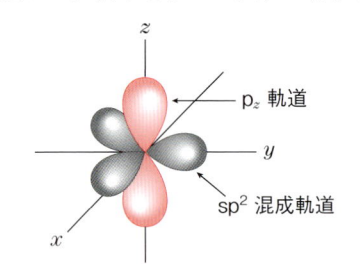

図 6.14　sp² 混成軌道と $p_z$ 軌道

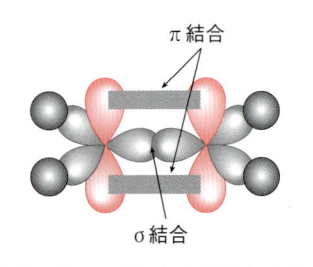

エチレン分子における各炭素原子では，2 個の sp² 混成軌道がそれぞれ水素原子の 1 s 軌道と重なって単結合（σ 結合）を形成し，残り 1 個の sp² 混成軌道は隣の炭素原子の sp² 混成軌道と結合して σ 結合を形成する。また，各炭素原子に残っている $2p_z$ 軌道が重なって π 結合が形成される。こうして炭素原子間に二重結合ができる（図 6.15）。

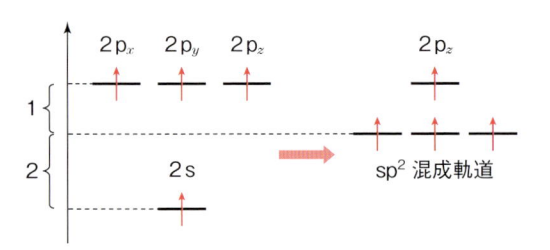

図 6.15　エチレン分子における炭素原子間の二重結合
上下一対の軌道の重なりで，1 つの π 結合ができる。

図 6.16　sp² 混成軌道のエネルギー

3個のsp²混成軌道のエネルギーはすべて等しく、2s軌道と2p軌道のエネルギーを2:1に内分した値になる（図6.16）。

### 6.2.3 sp混成軌道

アセチレン分子のように、炭素原子が三重結合を形成する場合には、2s軌道と1個の2p軌道（たとえば2p$_y$）とが混ざり合って、同一直線上（y軸上）にある2個の**sp混成軌道**ができる。このときp軌道の2個（2p$_x$、2p$_z$）は、混成軌道に含まれずに残る（図6.17）。2個のsp混成軌道と2個の2p軌道には、不対電子が1個ずつ存在する。

アセチレン分子における各炭素原子では、1個のsp混成軌道が水素原子の1s軌道と重なって単結合（σ結合）を形成し、残り1個のsp混成軌道は隣の炭素原子のsp混成軌道と重なってσ結合を形成する。また各炭素原子に残っている2個の2p軌道がそれぞれ重なって、2個のπ結合が形成される。こうして炭素原子間に三重結合ができる（図6.18）*10。2個のsp混成軌道のエネルギーは等しく、2s軌道と2p軌道のエネルギーを1:1に内分した値になる（図6.19）。

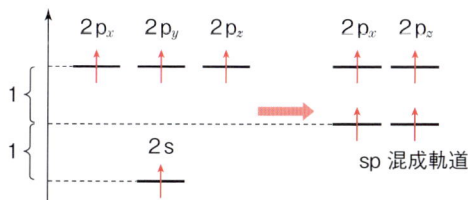

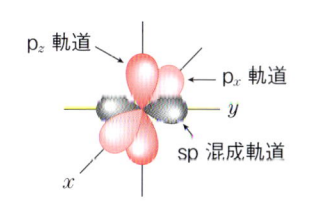

図6.17 sp混成軌道と2個のp軌道

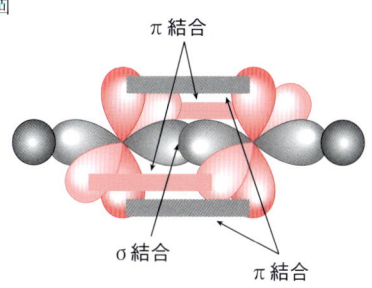

図6.18 アセチレン分子における炭素原子間の三重結合

*10 炭素原子間の距離を比べると、C−C（単結合）＞C＝C（二重結合）＞C≡C（三重結合）の順になる。

図6.19 sp混成軌道のエネルギー

### 6.2.4 共　鳴

炭酸イオン CO$_3^{2-}$ の構造式と電子式は、図6.20のように表される。単独の炭素原子と酸素原子間の結合の長さはC−O＞C＝Oであるから、このイオンの形は二等辺三角形型になるはずである。しかし実際の炭酸イオンでは、3個の酸素原子を結ぶ正三角形の重心に炭素原子がある。また炭素原子と3個の酸素原子間の結合の長さはすべて等しく、単結合より短く二重結合より長い。

この現象は、図6.21のように、各酸素原子の非共有電子対が炭素原

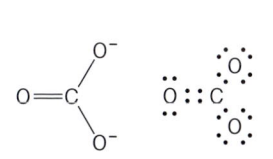

図6.20 炭酸イオンの構造式と電子式

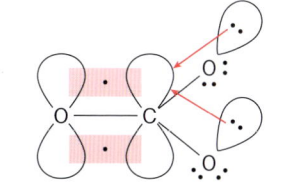

図6.21 p軌道への電子の流入*11

*11 各酸素原子には三組の非共有電子対があるが、この図では1組だけを軌道の形で表現した。軌道や結合内の●は、便宜的に電子の数を表しているだけで、電子の粒子性を表すものではない。

*12 これは，電子が粒子ではなく電子雲（p.34参照）となっていることを思い出せば理解しやすい現象であろう。

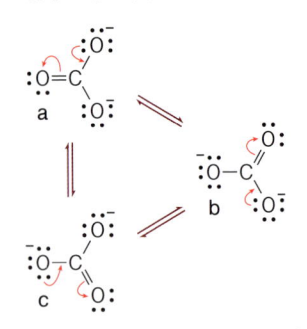

図6.22 炭酸イオンにおける共鳴

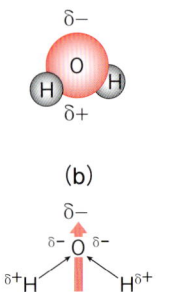

図6.23 水分子の極性

*13 塩化水素のような，電気陰性度が異なる原子が結合した二原子分子も，極性分子である。

図6.24 二酸化炭素とテトラクロロメタン分子における極性の打ち消し合い

*14 酸素分子や窒素分子のように，原子間の結合に極性がない分子も無極性分子である。

*15 ファンデルワールス力ともいう。

子のp軌道に流れこむことでおこる。このように，電子にはより広い空間に拡がろうとする性質がある*12。この様子を，図6.22のような鉤形の矢印を用いた電子対の移動によって表すことがある。この図のa〜cの構造が同じ確率で存在するので，炭酸イオンは正三角形型となる。このような現象は**共鳴**と呼ばれる。

## 6.3 分子間の結合

### 6.3.1 分子の極性

水分子には2つのH−O結合がある。各H−O結合には極性があり，共有電子対が電気陰性度の大きい酸素原子側に偏在している（p.43参照）。図6.23(a)のように水分子全体を眺めると，各H−O結合の極性によって電子が酸素原子側に偏在しているので，酸素原子が存在する上半分に負電荷が集まり，これに伴って2個の水素原子が存在する下半分が正に帯電している。このように分子全体に電荷の偏在がある場合，その分子は**極性分子**と呼ばれることがある*13。分子全体の極性は，図6.23(b)のように，結合の極性をδ+からδ−に向かうベクトルと考えて，足し合わせたものになる。

二酸化炭素分子には2個のC=O結合がある。この結合にも極性があるが，二酸化炭素分子は対称な直線型であるから，結合の極性をベクトルとして足し合わせると，互いに打ち消し合う（図6.24(a)）。したがって，二酸化炭素分子は**無極性分子**となる。同様に，正四面体型のテトラクロロメタン$CCl_4$分子も，4個のC−Cl結合の極性が打ち消し合って無極性分子となる（図6.24(b)）*14。

### 6.3.2 分子間に作用する引力

分子どうしが接近すると，分子間に引力が作用する。この引力を，一般に**分子間力**という*15。分子間力の原因は大きく分けて3種類ある。一つめは，極性分子どうしが接近した場合に，分子内の電子の偏在によってδ+とδ−の部分の間で生じる静電気的な引力である（図6.25(a)）。二つめは，無極性分子に極性分子が接近した場合に，極性分子内の電子の偏在によって無極性分子内に電子の偏在が誘起された結果，生じる静電気的な引力である（図6.25(b)）。また，無極性分子内の電子の運動によって電子の分布に揺らぎが生じ，一時的に電子の偏在が生じる場合がある。三つめは，この現象によって隣接する無極性分子内にも電子の偏在が誘起された結果，生じる静電気的な引力である（図6.25(c)）。

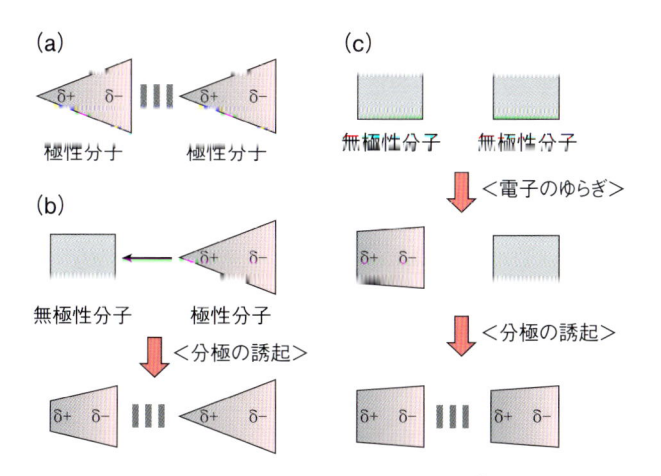

図 6.25　分子間力のメカニズム*16

### 6.3.3　分子結晶

分子間力によって分子が集まってできる結晶を**分子結晶**という。一般に分子間力による結合は，共有結合，イオン結合，金属結合に比べて弱いので，分子結晶は軟らかく，融点が低い。また多くの分子結晶には昇華性がある*17。分子結晶の例として，ヨウ素，ドライアイス（**図 6.26**）や，ナフタレン $C_{10}H_8$ などの有機化合物の結晶がある。

### 6.3.4　水素結合

物質の沸点は，それを構成する粒子間の引力が強いほど高くなる。分子からできている物質では，分子間力が強い物質であるほど沸点が高い。**図 6.27** は，周期表 14～17 族元素の水素化合物における分子量と沸点の関係を示したグラフである。14 族元素の水素化合物 $CH_4$, $SiH_4$, $GeH_4$, $SnH_4$ の分子は，いずれも正四面体型で無極性分子である。したがって，この系列における分子間力のメカニズムは図 6.25 (c) のタイプになり，分子量の増加に伴って分子間力が強く作用するので沸点が高くなる。

これに対して，15～17 族元素の水素化合物*18 の系列では，最も分子量が小さい $NH_3$, $H_2O$, HF の沸点が異常に高くなっている。これ

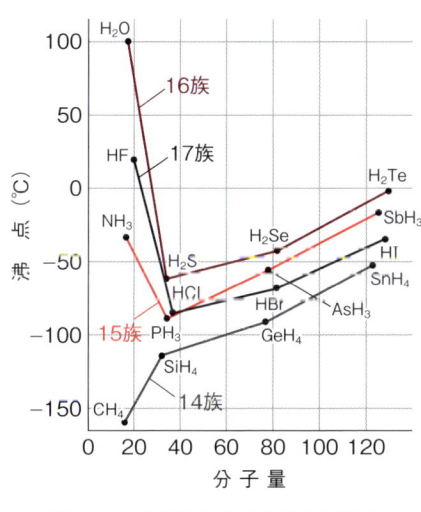

図 6.27　水素化合物の分子量と沸点

*16　三つの引力を比べると，一般に (a) が最も強く，続いて (b), (c) の順になる。分子量が大きい分子ほど多くの電子を含むので，電子の偏在がおこりやすい。一般に分子間力は，(a)～(c) のいずれの場合でも，分子量が大きい場合に強く作用する。

*17　固体を加熱していくと，融解して液体に変化し，さらに加熱すると蒸発して気体になる。しかし構成粒子間の引力が弱い場合には，液体を経由せずに固体が直接気体になることがある。これを**昇華**という（p.58 参照）。

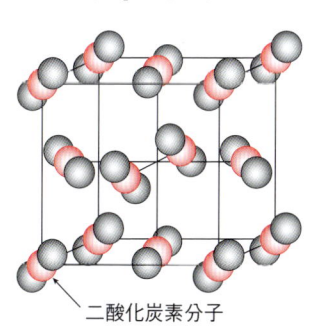

図 6.26　ドライアイスの結晶モデル

*18　15 族元素の水素化合物 $NH_3$, $PH_3$, $AsH_3$, $SbH_3$ の分子は三角錐型，16 族元素の水素化合物 $H_2O$, $H_2S$, $H_2Se$, $H_2Te$ の分子は折れ線型である。15～17 族元素の水素化合物の分子は，いずれも極性分子である。

は，これらの分子間に特殊な結合があることを示している。これらの分子に含まれるN，O，F原子の電気陰性度が大きいので，N−H，O−H，F−H結合の分極が非常に大きくなる。その結果，それぞれの分子において水素原子が帯びる正電荷が大きくなり，水素原子が隣接する分子のN，O，F原子の非共有電子対から強い引力を受ける。このとき水素原子は，2つのN，O，F原子を結ぶ直線上を振動して分子と分子をつなぐ。このようにしてできる分子間の結合を**水素結合**という*19（図6.28）。

*19 水素結合は，核酸やタンパク質の分子内にも存在し，分子の形を維持する役割を担っている（p.134参照）。

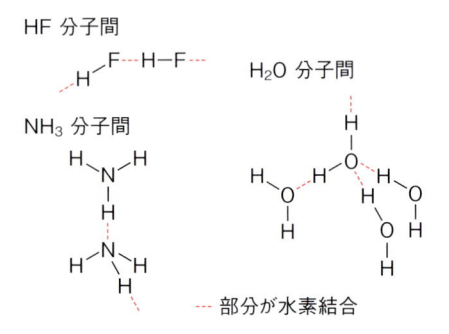

・・・部分が水素結合

**図6.28 水素結合**

---

### Column　特殊な物質「水」

　水は最も身近な物質であるが，きわめて特殊な物質でもある。われわれの生活している環境で，水のように固体，液体，気体の三つの状態が存在する物質はきわめて珍しい。水の分子量は18.0であるが，同程度の分子量をもつメタン（分子量 16.0），アンモニア（分子量 17.0）などが常温・常圧で気体であるのに対し，水は液体で存在する。これは水分子間の水素結合による性質である。水素結合はH原子とN，O，F原子の非共有電子対との間にできる（6.3.4項参照）。水分子には2個の水素原子と2組の非共有電子対とがあるために，1つの水分子は，最大で周囲にある4個の水分子との間に水素結合をつくることができる。したがって水の沸点は，同じく分子間に水素結合があるアンモニアやフッ化水素と比べてはるかに高くなる。

　また，水が凝固して氷になると，図のように分子間に大きな空間ができる。これによって，氷の密度が水の密度よりも小さくなるので，氷は水に浮かぶ。このように固体の密度が液体よりも小さい物質はきわめて珍しい。また，氷に圧力を加えると融解して水になる。これは圧力により図の構造の一部が破壊されるためである。アイススケート靴を履いて氷の上に立つと，エッジにかけられた圧力によって接触している部分の氷が融けて水になる。この水が潤滑剤となってエッジと氷との間の摩擦を少なくし，氷の上をスムーズに滑ることができる。

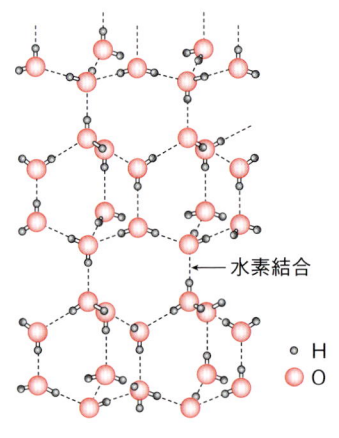

← 水素結合

・H
・O

**図　氷の結晶モデル**

## 演習問題

**6.1** 次の (1) ～ (4) の分子を電子式で示せ。また電子対反発則 (VSEPR 理論) を使って (1) ～ (4) の分子の形を推定し、最も適切なものをア）～オ）から選べ。

(1) H$_2$S　　(2) PH$_3$　　(3) BF$_3$　　(4) HCN

ア) 直線型　　イ) 折れ線型　　ウ) 正四面体型　　エ) 三角錐型　　オ) 正三角形型

**6.2** 次の (1) ～ (4) の構造式において、○をつけた炭素原子の混成軌道は何か。最も適切なものをア）～ウ）から選べ。

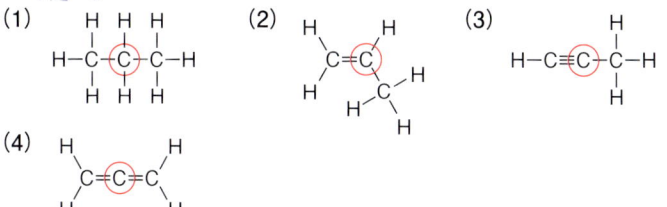

(1) H-C(H)(H)-Ⓒ(H)(H)-C(H)(H)-H

(2) H$_2$C=Ⓒ(H)-CH$_3$

(3) H-C≡Ⓒ-C(H)(H)(H)-H

(4) H$_2$C=Ⓒ=CH$_2$

ア) sp 混成軌道　　イ) sp$^2$ 混成軌道　　ウ) sp$^3$ 混成軌道

((4) のヒント)

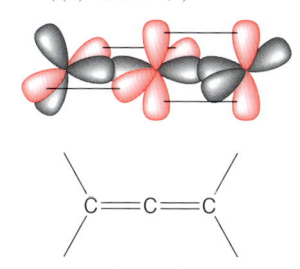

**6.3** 次のア）～エ）の分子の中から、無極性分子をすべて選べ。また、選んだ分子が無極性である理由を説明せよ。

ア) CO$_2$　　イ) CHBr$_3$　　ウ) CH$_2$Br$_2$　　エ) CBr$_4$

**6.4** 次の (1) ～ (3) の物質の組み合わせの中で、沸点が最も高いと考えられる物質はどれか。理由と共に答えよ。

(1) Cl$_2$, Br$_2$, I$_2$　　(2) Cl$_2$, HCl, NaCl　　(3) HF, HCl, HBr

**6.5** 次の各問いに答えよ。

(1) メタノール CH$_3$OH 分子間には水素結合が存在する。2 個のメタノール分子間の水素結合の様子を図示せよ。なお水素結合は点線で表すこと。

(2) 常圧におけるメタノールの沸点は 65 ℃ であり、これは水の沸点よりも低い。しかし分子量はメタノールの方が大きく、またメタノール分子間にも水分子間にも水素結合が存在する。なぜメタノールの沸点は水よりも低くなるのであろうか。その理由を記せ。（腕だめし）

**6.6** 氷が液体の水に浮かぶ理由を、「水素結合」という語句を用いて説明せよ。

# 第7章

# 状態変化と気体の状態方程式

　前章までに，原子，分子，イオンなどの物質を構成する粒子どうしの結合の様式と，これらの粒子が結合してできる固体（結晶）について述べた。本章では，**固体**から**液体**，**気体**への変化（**状態変化**）について述べる。また気体の体積，圧力，温度の関係と，さらに気体分子の物質量を含めた**状態方程式**と呼ばれる関係について述べる。

## 7.1　状態変化

### 7.1.1　物質の三態と状態変化

　一般に，物質には固体，液体，気体の3つの状態がある。これを**物質の三態**という。たとえば水は，常温，常圧において主に液体の状態で存在するが，これを冷却すると固体である氷になり，加熱すると気体である水蒸気へと変化していく。このような三態間の変化を**状態変化**という。状態変化は，温度の変化以外に，圧力の変化によってもおこる。

　状態変化では，化学変化と異なり，分子やイオンなど物質を構成する粒子そのものは変化せず，これらの粒子の集合状態が変化する[*1]。固体では，構成粒子が互いの引力によって一定の位置を占め，その位置を中心として振動している。液体では，粒子が互いに引力を及ぼしながら運動して位置を変える。したがって液体には流動性があり，容器の形に応じて形を変えることができる。気体では粒子間の引力の影響がきわめて小さく，粒子は空間内を自由に運動している（**図 7.1**）。

### 7.1.2　状態変化と熱

　固体を加熱すると粒子の振動が激しくなり，粒子間の結合の一部が切れて液体となる。液体を加熱すると並進運動が激しくなり，粒子間の結合がすべて切れて気体となる。このように粒子は熱エネルギーによって運動しており，これを熱運動という。粒子のもつエネルギーは，固体＜液体＜気体の順に大きくなる。したがって，状態変化に伴って物質から熱の出入りがある。**図 7.2** は，大気圧（1013 hPa：ヘクトパスカル）で，1 mol の水（氷）に熱を加えていった場合の温度変化を表している。温度が 0 ℃になると，氷が融解し始める。融解が続いている間は，加え

[*1]　たとえば，水素分子と酸素分子とが反応して水分子ができるように，化学変化では分子などの物質を構成している粒子が変化して，別の物質が生成する。

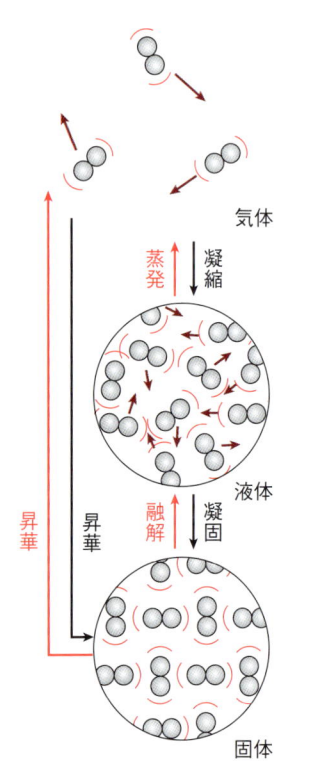

**図 7.1**　状態変化と粒子の運動[*2]

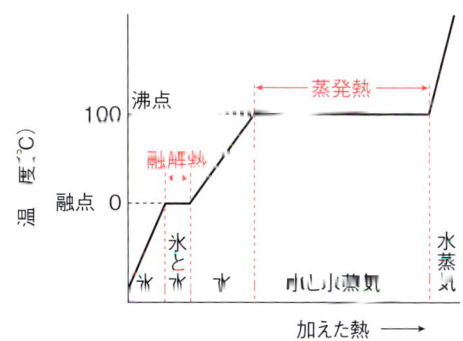

図7.2 水の状態変化と熱

*2 各状態変化には，図中に示したような名称がある。→ は粒子の並進運動を表す。固体と気体の間の状態変化の名称は，共に「昇華」とされてきたが，近年，気体から固体への変化に対して「凝華」などの名称が提案されている。

られた熱は状態変化（融解）のためだけに使われるので，水の温度は0℃のままである。この間に加えられた熱が，水の融解熱に相当する。水の温度が100℃になると沸騰*3 が始まり，再び温度が一定になる。このときも，加えられた熱は状態変化（蒸発）のためだけに使われる。この間に加えられた熱が，100℃における水の蒸発熱に相当する。先述のように，融解においても沸騰においても分子間の結合の切断がおこるが，その数は沸騰の場合の方がはるかに多い。したがって，一般に蒸発熱は融解熱よりも大きくなる。

*3 100℃未満では，水の表面からだけ蒸発がおこる。100℃になると，水の表面からだけでなく内部からも蒸発がおこって，水蒸気の泡が発生する。この現象が沸騰である。

### 7.1.3 状態図

物質の状態を決める要因には，温度の他に圧力がある。温度と圧力に応じて，物質が固体，液体，気体のどの状態をとるかを示した図を，その物質の状態図という。**図7.3**に水と二酸化炭素の状態図を示す。図中の**三重点**では，固体と液体と気体とが互いにその量を変えることなく共存している。図7.3(a)の①のように，1013 hPaにおいて氷（固体の水）の温度を上昇させていくと，0℃で融解してすべて液体の水になり，100℃で沸騰してすべて水蒸気になる。

水の状態図の特徴は，固体－液体の境界線が右下がりになっている点にある。図7.3(a)の②のように，0℃の氷に圧力を加えると液体の

---

**Column　水の蒸発熱**

前章で述べたように，水分子間には多数の水素結合がある（p.55参照）。したがって，水の蒸発熱はきわめて大きい。これは，水が蒸発する際に熱エネルギーを奪って周囲の温度を下げる作用が大きいことを表している。われわれが汗をかくのは，汗の中の水を蒸発させて体温を下げるためである。また夏の夕方に水をまく（打ち水）のは，水の蒸発熱を利用して周囲の温度を下げるためである。

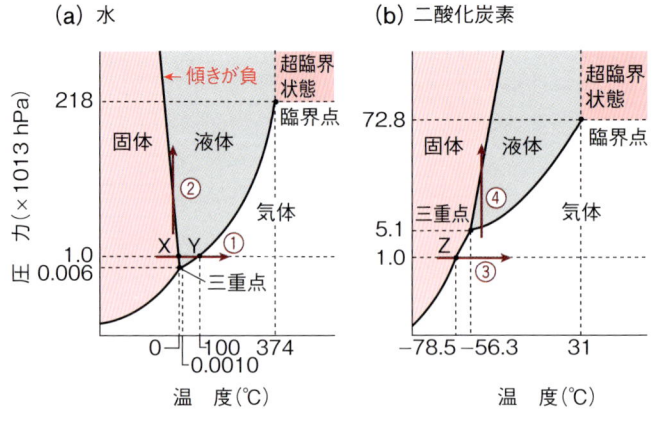

**図 7.3 水と二酸化炭素の状態図**

水になる。これは氷において，水分子間の水素結合でできた空間が加えられた圧力によって破壊されることによる（p.56 参照）。また二酸化炭素の三重点の圧力は 1013 hPa より高いので，常圧では液体の二酸化炭素を観察することはできない。したがって図 7.3(b) の③のように，ドライアイス（固体の二酸化炭素）の温度を上昇させていくと −78.5℃で昇華する。また図 7.3(b) の④のように，三重点よりも高い温度で二酸化炭素に圧力を加えていくと，液体を経由してドライアイスになる。

　密閉した容器に同じ物質の液体と気体とを入れて加熱しながら加圧していくと，気体の密度が上昇して，ついには液体の密度と等しくなり，液体と気体とを区別することができなくなる。この点を**臨界点**という。臨界点よりも高い温度と圧力の領域は**超臨界状態**と呼ばれる。

## 7.2 気体の法則

### 7.2.1 気体の体積と圧力

　気体を容器に入れると，気体分子は容器内を自由に飛びまわる。気体の体積とは，気体分子が自由に飛びまわることができる空間の大きさ，すなわち容器の体積[*4]のことである。

　自由に飛びまわる気体分子は，器壁に衝突してはね返り，器壁を押す。このとき器壁の単位面積あたりに及ぼす力が圧力である。1643 年にトリチェリは，一方の端を閉じたガラス管に水銀をいっぱいに入れ，これを水銀を満たした皿に倒立すると，水銀柱の高さが一定になることを示した（**図 7.4**）。このときガラス管の上部は真空[*5]になる。やがて，この水銀柱の高さは実験を行う場所や天候によって少しずつ変化することから，大気圧（空気による圧力）を表していることが明らかとなった。すなわち，大気の圧力が水銀柱をガラス管内に押し上げていると考えられる[*6]。

*4　これを容積ともいう。

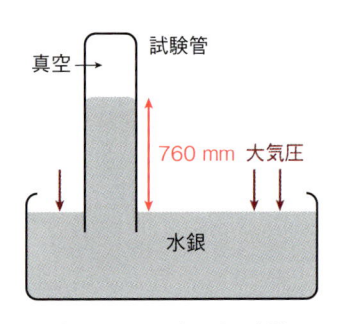

**図 7.4　トリチェリの実験**

*5　これをトリチェリの真空という。この部分には，実際は水銀の蒸気が存在する（p.138 参照）。

*6　この実験によって，水銀柱の高さで気体の圧力が測定できることがわかり，水銀柱の高さで圧力を表すようになった。
760 mmHg（ミリメートル水銀柱）= 1 atm = 1013 hPa の関係がある。

### 7.2.2 ボイルの法則

一端を閉じた曲がったガラス管の先に空気を閉じ込めた状態で，図 7.5（Ⅰ）のように水銀を流し込む。このときガラス管の先端に閉じ込められた体積 $V_0$ の空気の圧力は，大気圧 $P_0$ mmHg に等しい。さらにガラス管の右側に水銀を流し込むと，図 7.5（Ⅱ）のような状態になる。このとき空気の圧力 $P_1$ mmHg は $P_0 + h$ mmHg に増加し，体積は $V_1$ になる。ボイルは温度が一定の状態でこの実験をくり返し，気体の圧力と体積の積が一定となることを見出した。すなわち，気体の物質量と温度が一定のとき，気体の圧力 $P$ と体積 $V$ の間には，$PV = k$（定数）の関係が成立する。この関係を**ボイルの法則**という。

気体の体積が 2 分の 1 になるということは，気体分子が動きまわることができる空間が 2 分の 1 になるということである。このとき器壁に衝突する分子の数が 2 倍になるので，圧力が 2 倍になる（図 7.6）。

**図 7.5** ボイルの法則 (1)

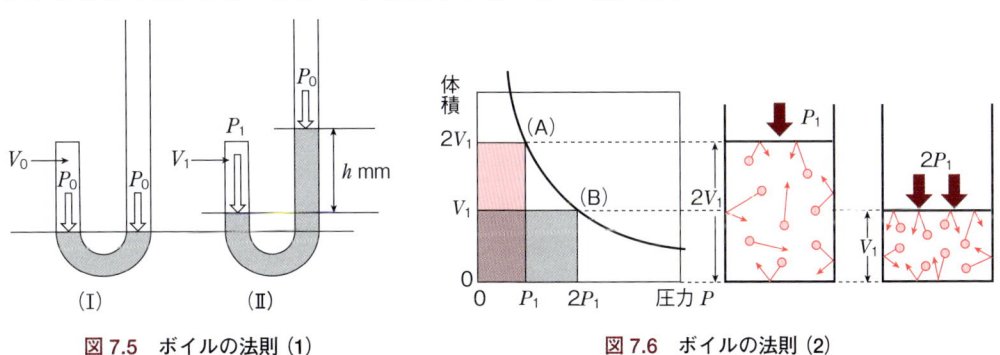

**図 7.6** ボイルの法則 (2)

### 7.2.3 シャルルの法則

シャルルは，一定圧力のもとで一定質量[*7]の気体の温度を上昇させると，その体積が増加することを見出した。さらにゲーリュサックは精密な測定を行い，一定圧力のもとで一定質量の気体の温度が 1 度上昇すると，0 ℃のときの体積の 1/273 ずつ体積が増加することを見出した。すなわち，0 ℃における気体の体積を $V_0$，$t$ ℃のときの体積を $V_t$ とすると，式 7.1 の関係が成り立つ。

$$V_t = V_0 \left(1 + \frac{t}{273}\right) = V_0 \frac{t + 273}{273} \tag{7.1}$$

ここで $t + 273 = T$（単位 K：ケルビン）という温度を定義し，0 ℃ = 273 K = $T_0$ とすると，上式は式 7.2 のように表すことができる。

$$\frac{V}{T} = \frac{V_0}{T_0} = k \text{（一定）} \tag{7.2}$$

この関係を**シャルルの法則**という。また $t$ ℃ + 273 = $T$ K で定義された温度を**絶対温度**という[*8]。シャルルの法則は，気体の物質量と圧力

[*7] 同じ気体の場合，質量が一定であることは，物質量が一定であることを意味する。

[*8] 式 7.1 より，0 K = −273 ℃ のとき，気体の体積は 0 になることになる。この温度は絶対零度と呼ばれ，実現できない温度であることがわかっている。以後，特に断らない限り，「温度」という用語は絶対温度を意味するものとする。

図 7.7 ボイル-シャルルの法則

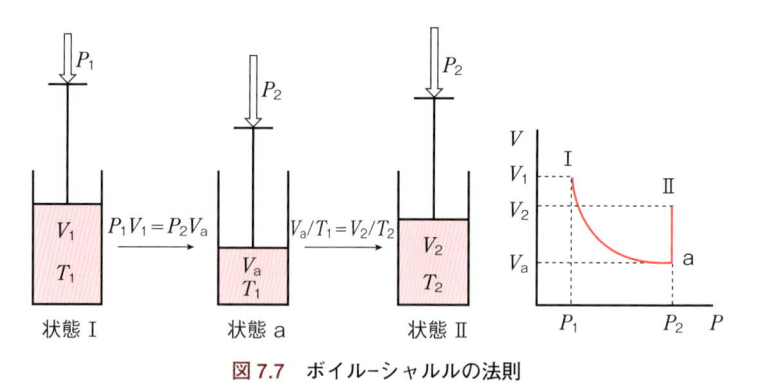

が一定のとき，気体の体積は絶対温度に比例する，と言い換えられる。

### 7.2.4 ボイル-シャルルの法則

物質量が一定の気体が，状態Ⅰ（圧力 $P_1$，体積 $V_1$，温度 $T_1$）から状態Ⅱ（圧力 $P_2$，体積 $V_2$，温度 $T_2$）に変化する場合を考えよう。このとき中間に状態 a（圧力 $P_2$，体積 $V_a$，温度 $T_1$）という状態を経由すると考える（図 7.7）。状態Ⅰから状態 a の変化では温度が一定であるから，ボイルの法則 $P_1 V_1 = P_2 V_a$ が成り立つ。また状態 a から状態Ⅱの変化では圧力が一定であるから，シャルルの法則 $V_a / T_1 = V_2 / T_2$ が成り立つ。この式に，上のボイルの法則から導かれる $V_a = P_1 V_1 / P_2$ を代入して整理すると，次式の関係が得られる。この関係を**ボイル-シャルルの法則**という[*9]。

$$\frac{P_1 V_1}{T_1} = \frac{P_2 V_2}{T_2} = k \ (\text{一定}) \tag{7.3}$$

## 7.3 気体の状態方程式

### 7.3.1 理想気体の状態方程式

アボガドロの法則（p.4 参照）によると，同温，同圧の気体は，気体の種類によらず，同体積中に同数の分子を含む。1 mol の気体が 0℃（= 273 K），1013 hPa（= $1.013 \times 10^5$ Pa）[*10]（気体の標準状態）において占める体積は，22.4 L = $2.24 \times 10^{-2}$ m³ である（p.18 参照）。これらの値を式 7.3 に代入すると，気体 1 mol について定数 $k$ の値は次のようになる。

$$\frac{1.013 \times 10^5 \times 2.24 \times 10^{-2}}{273} = 8.31 \tag{7.4}$$

この値に単位 Pa·m³/(K·mol)[*11] をつけて**気体定数**と呼び，記号 $R$ で表す。1 mol の気体についてのボイル-シャルルの法則を，$R$ を用いて書き換えると $PV = RT$ となる。さらに気体の物質量が $n$ mol になると，

---

[*9] この法則を誘導するときには，定温過程（Ⅰ→a）と定圧過程（a→Ⅱ）を想定したが，任意の変化が微小な定温過程と定圧過程のくり返しであると考えれば，ボイル-シャルルの法則は，気体の物質量が変化しない場合に一般的に成り立つことになる。

[*10] 1013 hPa = $1.013 \times 10^5$ Pa = 1 atm = 760 mmHg である。

[*11] たとえば圧力を 1013 hPa に保ったままで気体の物質量を 2 mol にすると，気体の体積は 2 倍になり，式 7.4 の値も 2 倍になる。すなわち 8.31 は気体 1 mol の場合の値なので，単位の分母に mol を入れる。

式 7.5 の関係が成り立つ。これを**理想気体の状態方程式**という[*12]。

$$PV = nRT \tag{7.5}$$

1 Pa = 1 N/m² であるから，気体定数の単位における Pa·m³ は N·m となり，エネルギーの単位 J（ジュール）に相当する。したがって，気体定数の単位として J/(K·mol) を用いることがある。$R$ の単位は，理想気体 1 mol の温度を 1 K 上昇させるためのエネルギー（モル比熱）の単位と同じである。

### 7.3.2 理想気体と実在気体

理想気体と実在気体の相違は，以下の 2 点にある。
1) 理想気体の分子は，体積（大きさ）がない。
2) 理想気体の分子には，分子間力がない。

1 mol の理想気体の状態方程式は，$PV = RT$ となる。これを書き換えると $PV/RT = 1$ の関係が得られる。そこで 1 mol の気体について，体積可変の容器中で，温度を一定に保ちながら圧力を変化させ，体積を測定する。得られた測定値をもとに，横軸に $P$，縦軸に $PV/RT$ [*13] をプロットしたグラフを作成する（図 7.8）。理想気体であれば，$PV/RT$ の値は常に 1 になるので，A のような直線のグラフが描けるはずである。一方，B と C は同じ実在気体のグラフであり，C の方が B よりも高温の場合である[*14]。このように実在気体では，$PV/RT$ の値が 1 からずれる。同じ温度で圧力 $P$ を大きくしていく（加圧して体積 $V$ を小さくしていく）と，まず $PV/RT$ の値が大きく減少する[*15]。これは，分子どうしの距離が小さくなるため分子間力が強く作用して，$V$ が理想気体の場合よりも大きく収縮することによる。しかし実在気体には分子自身の体積があるため，分子間の距離の減少には限度がある。その限度を超えると $V$ の値がほぼ一定になるので（ここで液体になる），加圧すると $PV/RT$ の値が大きくなっていく。逆に $P$ が 0 に近づくと，$PV/RT$ の値が 1 に収束していく。また温度が高くなると分子の運動が活発になるので，分子間力が作用しにくくなる。このため，$PV/RT$ の値の 1 からのずれが小さくなる[*16]。以上のことから，「実在気体の性質は，高温，低圧の場合に理想気体の性質に近くなる」といえる。

### 7.3.3 ファンデルワールスの状態方程式

この項では，実在気体に関する状態方程式を考える。先述のように，理想気体の分子には体積がないため，容器内の全空間を動きまわることができる。したがって，理想気体の状態方程式 $PV = nRT$ における体積 $V$ は，気体を入れる容器の体積を表していた。しかし実在気体には

[*12] 7.3.3 項で述べるように，酸素や窒素のような**実在気体**では，この式は厳密には成立しない。この関係が厳密に成り立つ仮想の気体を理想気体として，実在気体と区別する。

[*13] $PV/RT = Z$ と表して，この $Z$ を圧縮因子と呼ぶことがある。

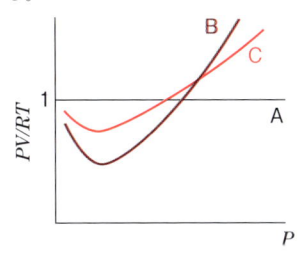

**図 7.8** $P$ と $PV/RT$ の関係

[*14] このような曲線は，メタンや二酸化炭素など，多くの実在気体に見られる。

[*15] 同じ温度では $RT$ の値は一定であるから，$P$ と $V$ のバランスが問題になる。

[*16] 曲線 B，C の形を比較すると，高温気体の曲線である C では，低温気体の曲線である B よりも，1 からのずれが小さい。

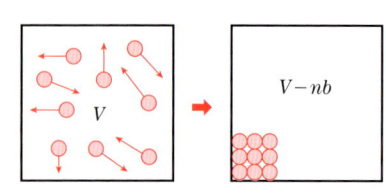

**図 7.9 体積の補正**

*17 $b$ は各気体分子の体積に対応した定数である。

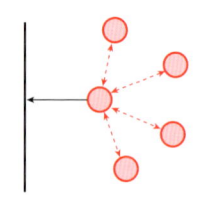

**図 7.10 圧力と分子間力**
分子間力を点線で表す。

*18 $a$ は各気体の分子間力に対応した定数である。

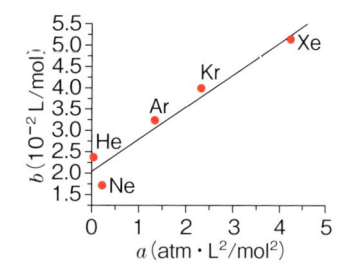

**図 7.11 希ガスにおける $a$ と $b$ の関係**

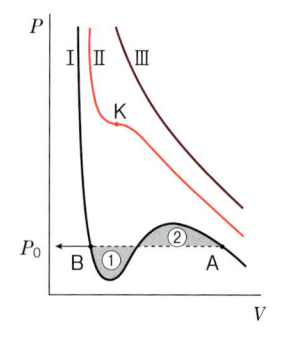

**図 7.12 等温線**

分子自身の体積があるため，分子が動きまわることができる空間は $V$ よりも小さくなる。小さくなる空間の大きさは，気体分子の物質量に比例するので，実在気体では気体の体積を $V - nb$ に補正する必要がある（図7.9）*17。

気体の圧力は，気体分子が器壁に衝突することによって生じる。このとき器壁に衝突する分子の数は，単位体積あたりの分子の物質量 $n/V$ に比例する。実在気体の分子には分子間力があるので，器壁に衝突しようとする分子の速さは，近傍の分子からの引力によって，理想気体の場合よりも小さくなる（図7.10）。衝突しようとする1つの分子の近傍にいる分子の数は，単位体積あたりの分子の物質量 $n/V$ に比例する。したがって，実測される実在気体の圧力 $P$ は，理想気体の圧力よりも $a(n/V)^2$ だけ小さくなっている*18。以上の補正を理想気体の状態方程式に加えると，式7.6が導かれる。これを**ファンデルワールスの状態方程式**という。

$$\left(P + \frac{an^2}{V^2}\right)(V - nb) = nRT \tag{7.6}$$

分子の形状が同じであれば，分子の体積が大きいものほど分子量が大きく，分子間力が強く作用する（p.54 参照）。したがって，ファンデルワールスの状態方程式における定数 $a$, $b$（ファンデルワールス定数）の間には一定の関係があるはずである。たとえば，単原子分子である希ガス（He, Ne, Ar, Kr, Xe）では，図7.11のように $a$ と $b$ との間に高い相関がある。

ファンデルワールスの状態方程式において，温度を一定にして $V$ と $P$ の関係をグラフにすると，図7.12のような曲線（等温線）が得られる。等温線の形は，温度によってⅠ〜Ⅲのように異なる。Ⅰは比較的低い温度の場合の等温線である。この温度において実際に $V$ を減少させていくと，A点で気体の一部が液体になり始め，B点ですべて液体になる。すなわち，実際には点線のような変化がおこり，気体と液体が共存している間は圧力が一定（$P_0$）になる。この圧力を**飽和蒸気圧**という。このとき①の部分と②の部分の面積が等しくなる。温度を高くすると，点線ABは上部に移動し，$P_0$ の値が高くなる。やがて等温線の形がⅡのようになり，A点とB点が一致してK点になる。このK点が，**臨界点**（7.1.3項参照）である。さらに温度を上昇させると，もはや液体にならなくなり，等温線はⅢのような形になる。

## 演習問題

**7.1** 次の (1) ～ (4) の記述に最も関連の深い状態変化の名称を記せ。
(1) 寒い朝に外に出ると，吐く息が白く見えた。
(2) 濡れたタオルを干しておくと，やがて乾いた。
(3) コップに氷水を入れて置いておくと，コップの外側に水滴がついた。
(4) 四角い氷を冷凍庫に入れておくと，しだいに角がとれて丸くなり，小さくなった。

**7.2** 下図は，模式的に表した水の状態図である。以下の各問いに答えよ。

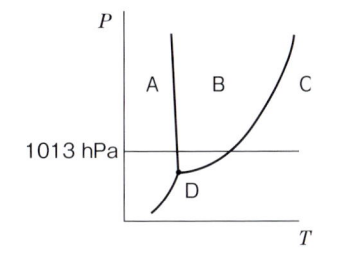

(1) A, B, C の状態は何か。また D 点は何と呼ばれる点か。
(2) 標高が 1500 m の山の頂上で水を加熱したとき，水が沸騰する温度はどうなるか。理由と共に答えよ。
(3) 蓋を密閉できる鍋（圧力鍋）を使って煮物をすると，調理時間が短くてすむ。その理由を説明せよ。

**7.3** 27 ℃，1013 hPa で 15 m³ を占める気体がある。気体の物質量は変化しないと考えて，以下の各問いに答えよ。
(1) 温度を一定に保って，気体の体積を 75 m³ にした。このときの気体の圧力は何 hPa になるか。
(2) 圧力を 1013 hPa に保って，気体の温度を 127 ℃ にした。このときの気体の体積は何 m³ になるか。
(3) 気体の温度を 127 ℃，体積を 75 m³ にした。このときの気体の圧力は何 hPa になるか。

**7.4** 体積が 2.0 m³ の容器 A と体積が 5.0 m³ の容器 B とが，左図のように接続されている。最初コックを閉じた状態で，A には 27 ℃，$3.0 \times 10^5$ Pa の水素 $H_2$ を，B には 27 ℃，$1.2 \times 10^5$ Pa の窒素 $N_2$ を入れた。コックを開いて，27 ℃ の温度のまま充分長い時間放置したところ，窒素と水素が均一に混合した。途中で各容器の体積は変化せず，接続部分の体積は無視できるものとする。

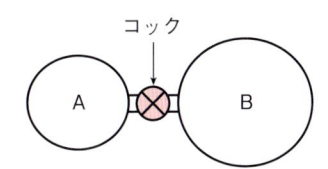

(1) このときの容器内の水素だけによる圧力（水素の分圧），窒素だけによる圧力（窒素の分圧）および容器内の全気体の圧力（全圧）を求めよ。
(2) このとき A と B 内にある水素の物質量および窒素の物質量を求めよ。
(3) 気体の温度を 87 ℃ にしたときの，容器内の全気体の圧力を求めよ。

**7.5** 実在気体の状態方程式であるファンデルワールスの状態方程式は，以下のように書き換えることができる。なお気体の物質量は 1 mol とする。

$$P = \frac{RT}{V}\left[1 + \left(b - \frac{a}{RT}\right)\frac{1}{V} + \frac{b^2}{V^2} + \frac{b^3}{V^3} + \cdots \right]$$

(1) $b$ は実在気体と理想気体のある性質の違いによる補正である。それは何に対する補正か。
(2) 実在気体の温度を一定に保ったままで容器の体積を大きくして圧力を下げていくと，実在気体の性質が理想気体に近くなることを示せ。
(3) $1 + x + x^2 + x^3 + \cdots = 1/(1-x)$ であることを利用して，実在気体の体積（圧力）を一定に保ったまま温度を高くしていくと，分子間力の影響が無視できるようになることを示せ。（腕だめし）

# 第8章

# 基礎的な熱力学と平衡

状態変化や化学反応には，熱などのエネルギーの出入りが伴う。この章では，系からのエネルギーの出入りを扱う熱力学の基礎的な考え方を学ぶ。あわせて，化学反応に伴う熱の出入りを表す熱化学方程式とヘスの法則（総熱量保存の法則）とエンタルピー，エントロピー，自由エネルギーなどの概念，さらに平衡という現象について学習する。

## 8.1 内部エネルギーとエンタルピー

### 8.1.1 仕事と内部エネルギー

18世紀後半にイギリスで始まった産業革命では，蒸気機関が動力として盛んに用いられた。熱力学は，この時代に始まった物理学の一分野である。

蒸気機関では，しばしばピストン付きのシリンダーが用いられる。図8.1 (a) のように，ピストン付きのシリンダーに一定量の気体を入れて，外部から熱エネルギー $q$ を加えながらピストンを押して気体に仕事 $w$ を行うとする[*1]。このとき $q$ と $w$ とによって，シリンダー内の気体分子の運動が活発になり，気体の**内部エネルギー**が $\Delta U$ だけ大きくなる。すなわち，次式 8.1 に示す**熱力学の第一法則**が成り立つ。

$$\Delta U = q + w \tag{8.1}$$

次にピストンを押さずに外部から熱エネルギー $q$ を加えると，分子運動が活発になるので図8.1 (b) のように熱膨張がおこる。このとき気体は外部に対して仕事を行う。この仕事は (a) の場合と逆向きなので $-w'$ と表す。この場合の内部エネルギーの変化は，次式 8.2 のように表される。

$$\Delta U = q - w' \tag{8.2}$$

やがて気体は最初の状態に戻り，$\Delta U = 0$ となる。この一連の過程では，$\Delta U \geqq 0$ となっている。すなわち $q \geqq w'$ であるから，気体は加えられたエネルギーより大きな仕事をすることができない。言い換えると，外部からエネルギーを加えられることなく仕事を行う機関（**第一種永久機関**）は存在しないことになる。

*1 シリンダー内の気体は外部に漏れ出ないとする。

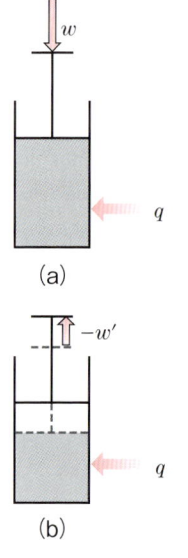

図 8.1 気体に与えるエネルギーと仕事

### 8.1.2 エンタルピー

図 8.1 のようなピストン付きのシリンダー内に，1 mol の理想気体が入っている場合を考える。ピストンを動かないように固定すると，気体の体積は一定となり，気体は外部に仕事を行うことができず*2，気体の温度が $\Delta T$ だけ上昇する。すなわち，次式 8.3 の関係が成り立つ。この式における $C_V$ は**定積モル比熱**と呼ばれる。

$$q = \Delta U = C_V \Delta T \tag{8.3}$$

一方，ピストンに一定の圧力 $P$ を加えた状態で熱エネルギー $q$ を加えるとする*3。この場合は気体の熱膨張がおこり，気体の温度が $\Delta T$ 上昇し，体積が $\Delta V$ 増加する。このとき気体が外部に対してする仕事は $P\Delta V$ と表される*4。したがって，次式 8.4 の関係が成り立つ。この式における $U + PV$ は $H$ という記号で表され，**エンタルピー**と呼ばれる。

$$q = \Delta U + P\Delta V = \Delta(U + PV) \tag{8.4}$$

さて，式 8.3 から $\Delta U = C_V \Delta T$ であり，1 mol の理想気体に関する状態方程式 (p.63 参照) から $P\Delta V = R\Delta T$ である。これを式 8.4 に代入すると，次式 8.5 の関係が成り立つ。ここで $C_V + R$ は，定圧変化におけるモル比熱に相当するので $C_P$ という記号で表され，**定圧モル比熱**と呼ばれる*5。

$$q = \Delta U + P\Delta V = (C_V + R)\Delta T = C_P \Delta T \tag{8.5}$$

*2 これを**定積変化**という。

*3 これを**定圧変化**という。

*4 $P$ の単位は N/m² であり，$\Delta V$ の単位は m³ である。したがって $P\Delta V$ の単位は N·m となり，仕事 (エネルギー) の単位と一致する (p.63 参照)。

*5 定積モル比熱と定圧モル比熱との間には，$C_P - C_V = R$ という関係が成り立つ。

## 8.2 反応熱と熱化学方程式

### 8.2.1 反応熱

一定温度と圧力 (298 K = 25 ℃，1013 hPa*6) で，化学反応に伴って出入りする熱を**反応熱**という。熱の発生を伴う反応は**発熱反応**，熱の吸収を伴う反応は**吸熱反応**と呼ばれる。密閉容器内において体積一定で進行する反応では，反応熱 (定積反応熱) は反応物のもつ内部エネルギーと生成物のもつ内部エネルギーの差に相当する。圧力一定で進行する反応では，反応熱 (定圧反応熱) は反応物のもつエンタルピーと生成物のもつエンタルピーの差に相当する (図 8.2)。発熱反応では $\Delta U < 0$ または $\Delta H < 0$ であり，吸熱反応では $\Delta U > 0$ または $\Delta H > 0$ である。通常は定圧反応熱である $\Delta H$ を用いることが多い。なお，溶液中の反応や液体どうし，固体どうしの反応では，反応の前後での体積変化が極めて小さいので $\Delta U \simeq \Delta H$ であり，定積反応熱と定圧反応熱はほぼ等しい。

*6 これを熱化学の標準状態という。

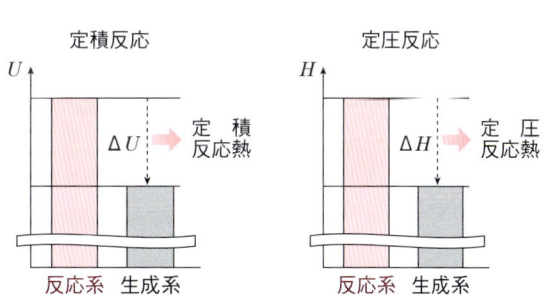

**図 8.2 定積反応熱と定圧反応熱**

### 8.2.2 熱化学方程式と反応熱

物質AとBが式8.6のように反応して，物質CとDに変化する場合を考える[*7]。

$$aA + bB \longrightarrow cC + dD \tag{8.6}$$

この式に反応熱（エンタルピー変化）を書き添えたものを**熱化学方程式**という。たとえば1 molの水素（気体）と1/2 molの酸素（気体）とが反応して1 molの水（液体）が生成する反応を熱化学方程式で表すと，式8.7のようになる。

$$H_2(g) + 1/2\, O_2(g) \longrightarrow H_2O(l) \quad \Delta H^\circ_{298} = -286\, kJ/mol \tag{8.7}$$

（　）内の記号は物質の状態であり，(g)は気体，(l)は液体を示す[*8]。$\Delta H$の添え字「$^\circ_{298}$」は，熱化学の標準状態（298 K，1013 hPa）を表す[*9]。また反応熱は注目する物質1 molについて考えるので，$\Delta H$の単位に /mol がつく。式8.7における $-286\, kJ/mol$ は，水素 $H_2(g)$ に注目すれば水素の**燃焼熱**（発熱）となり，水 $H_2O(l)$ に注目すれば水（液体）の**生成熱**（吸熱）となる。代表的な反応熱の名称と定義を**表8.1**に示す。

[*7] $a \sim d$ は，化学反応式の係数を表す。

[*8] 状態が明らかにわかる場合には，これらを省略することがある。

[*9] 「○」ではなく「⊖」と書く場合もある

**表 8.1 反応熱の例**

| 反応熱 | 定義と例 |
|---|---|
| 生成熱 | 化合物1 molが<u>成分元素の単体から生成</u>するときの反応熱[*10]。<br>例　アンモニア $NH_3(g)$ の生成熱<br>　　$1/2\, N_2(g) + 3/2\, H_2(g) \to NH_3(g) : \Delta H^\circ_{298} = -46\, kJ/mol$ |
| 燃焼熱 | 物質1 molが<u>完全燃焼</u>するときの反応熱。<br>例　エタン $C_2H_6(g)$ の燃焼熱<br>　　$C_2H_6(g) + 7/2\, O_2(g) \to 2\, CO_2(g) + 3\, H_2O(l) : \Delta H^\circ_{298} = -1560\, kJ/mol$ |
| 溶解熱 | 物質1 molが<u>多量の水に溶けて水溶液</u>となるときに出入りする熱。<br>例　硫酸 $H_2SO_4$ の溶解熱[*11]<br>　　$H_2SO_4 + aq \to H_2SO_4\, aq : \Delta H^\circ_{298} = -95\, kJ/mol$ |
| 中和熱 | 水溶液中で酸と塩基とが中和反応して，<u>水1 molができる</u>ときの反応熱[*12]。<br>例　$HCl\, aq + NaOH\, aq \to NaCl\, aq + H_2O : \Delta H^\circ_{298} = -56\, kJ/mol$ |

[*10] 単体のエンタルピーを，エンタルピーの基準 (0) とする。同素体がある場合には，標準状態で最も安定なものを選ぶ（C：グラファイト，S：斜方硫黄など）。

[*11] 左辺の aq は「多量の水」を表し，右辺の $H_2SO_4$ aq は「（希薄な）硫酸水溶液」を表す。

[*12] 生成した水は溶媒の水と区別がつかなくなるが，中和によって水の物質量は増えているので，aq とは区別して記す。中和熱では，強酸と強塩基とが中和反応する場合を考える。

### 8.2.3　ヘスの法則（総熱量保存の法則）

ある物質から別の物質への化学変化がおこる際に，その変化が一段階でおこっても多段階でおこっても，反応熱は最初の状態（物質）と最後の状態（物質）によってのみ決まり，途中の経路によらない。これを**ヘスの法則**（**総熱量保存の法則**）という。

たとえば，1 molの黒鉛が1 molの酸素によって完全燃焼したとき（**図8.3**，経路1）の反応熱（黒鉛の燃焼熱）は $-394\, kJ/mol$ である。次に1 molの黒鉛が1/2 molの酸素と反応して1 molの一酸化炭素に変化し，次にこの一酸化炭素が

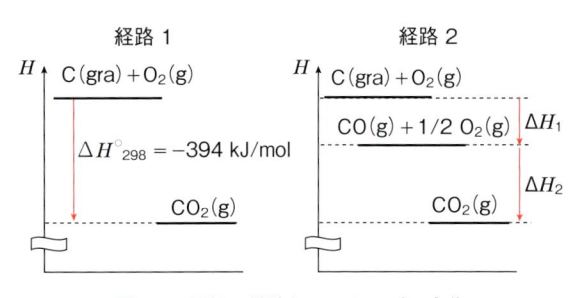

**図 8.3　黒鉛の燃焼とエンタルピー変化**

1/2 mol の酸素と反応して 1 mol の二酸化炭素ができたとする（経路2）。経路 2 の前半のエンタルピー変化（一酸化炭素の生成熱）$\Delta H_1$ と後半のエンタルピー変化（一酸化炭素の燃焼熱）$\Delta H_2$ との間には，次式 8.8 の関係がある。

$$\Delta H_1 + \Delta H_2 = -394 \text{ kJ/mol} \tag{8.8}$$

すなわち経路 1 でも経路 2 でも，黒鉛 1 mol が燃焼して二酸化炭素 1 mol に変化するときの全反応熱[13]は，図 8.3 のように同じになる。

*13 これが法則の名称にある「総熱量」である。

この法則を利用すると，実際には測定が困難な反応熱を求めることができる。たとえば，上記の $\Delta H_1$ を測定するために，1 mol の黒鉛と 1/2 mol の酸素とから一酸化炭素 1 mol を得る反応を行うことは非常に難しい。しかし一酸化炭素は別の方法でもつくることができるので，一酸化炭素の燃焼熱 $\Delta H_2$（$-283$ kJ/mol）を測定することは容易である。同様に黒鉛の燃焼熱（$-394$ kJ/mol）を測定することも容易である。これらの測定値を用いると，$\Delta H_1 = -394 - (-283) = -111$ kJ/mol を計算することができる。これを熱化学方程式を用いて考えると，以下のようになる。

$$\text{C (gra)} + \text{O}_2\text{(g)} \longrightarrow \text{CO}_2\text{(g)} \quad \Delta H°_{298} = -394 \text{ kJ/mol} \tag{8.9}$$

$$\text{CO (g)} + 1/2\,\text{O}_2\text{(g)} \longrightarrow \text{CO}_2\text{(g)} \quad \Delta H°_{298} = -283 \text{ kJ/mol} \tag{8.10}$$

式 8.9 と式 8.10 における反応式の → を =，化学式が各物質のエンタルピーを表すと考えると，数学の等式を扱うように (8.9) − (8.10) という操作を行うことができ，式 8.11 が得られる。

$$\text{C (gra)} + 1/2\,\text{O}_2\text{(g)} - \text{CO(g)} = 0 \quad \Delta H°_{298} = -111 \text{ kJ/mol} \tag{8.11}$$

この式の反応式の −CO(g) を移項して，= を → に戻すと，求める熱化学方程式である式 8.12 が得られる。

$$\text{C (gra)} + 1/2\,\text{O}_2\text{(g)} \longrightarrow \text{CO(g)} \quad \Delta H°_{298} = -111 \text{ kJ/mol} \tag{8.12}$$

## 8.3 エントロピー

### 8.3.1 エントロピーとは

上記のように，反応熱は物質のもつエンタルピーの差によって生じる。すなわち，発熱反応が進むとエネルギー的に安定化することになる。したがって発熱反応（変化）は，化学反応や状態変化が自発的に進みやすい方向の一つである。しかし，実際に化学反応の多くは発熱反応であるものの，吸熱反応も存在している。このことから，化学反応や状態変化の自発的な方向を決める因子はエンタルピーだけではないことがわかる。

たとえば，液体の水の蒸発は吸熱変化であるが，この変化において水分子は気体（水蒸気）になって空間中に散らばってゆく。また塩化ナト

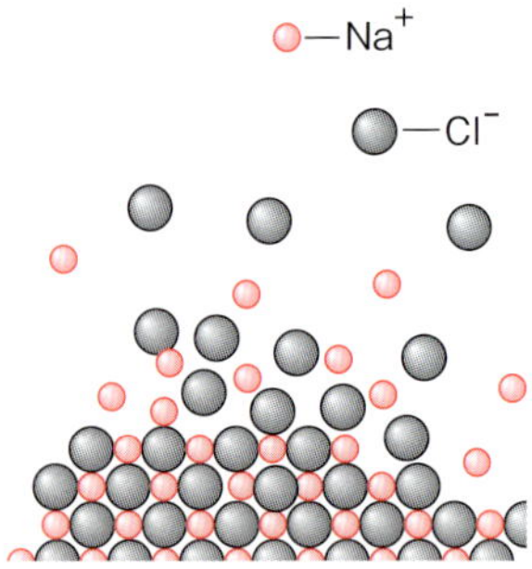

リウムを水に溶かす変化も吸熱変化であり，このとき水の温度が低下する。この場合には，ナトリウムイオンと塩化物イオンとが水溶液中に散らばる（図 8.4）。このように吸熱変化は，分子やイオンなどの粒子が散らばるときにおこる。粒子の散らばりを表す指標となる量が**エントロピー**であり，記号 $S$ で表される。

熱力学におけるエントロピーの変化は，次のように定義された。

"温度 $T$ K の系に $\Delta q$ の熱量が加えられて可逆的な変化[*14]がおこるとき，系のエントロピー変化 $\Delta S$ を $\Delta S = \Delta q/T$ とする。"

たとえば，0 ℃ = 273 K において 1 mol の氷（18 g）が融解して 0 ℃ の水になるときに必要な熱量（水の融解熱）は 6.0 kJ/mol である。したがって，この変化におけるエントロピー変化は次のように求められる。

$$\Delta S = 6.0 \times 10^3/273 = 22 \text{ J/(K·mol)} \tag{8.13}$$

この変化においては，水分子間の水素結合の一部が切断されて分子の散らばりが大きくなる。このように，粒子の散らばりが大きくなるときにはエントロピー変化は正となる[*15]。エントロピー変化は，エンタルピーの場合と同様に変化の最初の状態と最後の状態によって決まり，途中の経路によらない。そしてエントロピー変化が正となる方向が，自発的な変化の方向となりやすい。

### 8.3.2　化学変化や状態変化が自発的に進む方向

以上のように，化学変化（反応）や状態変化の自発的な方向を決める因子には，エンタルピー変化 $\Delta H$ とエントロピー変化 $\Delta S$ の二つがある。すなわち変化の前後において $\Delta H < 0$（発熱変化）かつ $\Delta S > 0$ である場合には，その変化は自発的に進む。逆に $\Delta H > 0$（吸熱変化）かつ $\Delta S < 0$ である場合には，その変化は自発的に進むことはない。このような変化を進めるためには，一般に外部から大きなエネルギーを加える必要がある。それでは，$\Delta H > 0$ かつ $\Delta S > 0$ である場合，あるいは $\Delta H < 0$ かつ $\Delta S < 0$ である場合には，その変化はどのように進むのであろうか。これを考えるためには，$\Delta H$ と $\Delta S$ とのバランスを考える必要がある。

## 8.4　自由エネルギーと平衡

### 8.4.1　変化の方向と温度

身近な現象である水（液体）の状態変化を例にして考えてみよう。水が蒸発して水蒸気になる変化は吸熱変化（$\Delta H > 0$）であるが，この変化では水分子が空間中に散らばるので $\Delta S > 0$ となる。この変化は温度が高いほど進みやすい。一方，水が凝固して氷になる変化は発熱変化

**図 8.4** 塩化ナトリウムの水への溶解

[*14] 元の状態に戻すことができる変化。たとえば，融点において固体が融解する変化などが考えられる。不可逆な変化では $\Delta S > \Delta q/T$ となる。

[*15] 熱力学で導入されたエントロピーという概念を，粒子の散らばりと結びつけたのは，ボルツマンであった。

($\Delta H < 0$) であるが，この変化では水分子が水素結合によって整然と配列されるので，散らばりが小さくなり $\Delta S < 0$ となる。この変化は温度が低いほど進みやすい（図 8.5）。両変化に共通している性質は，変化が見かけ上停止した状態（**平衡状態**）が存在することである[*16]。このように，$\Delta H$ と $\Delta S$ を同時に扱う場合には，温度の影響を考えなければならない。

### 8.4.2 自由エネルギー

一般に温度が高くなると粒子の運動が活発になるので，粒子は散らばりやすくなり，エントロピー変化の影響が強く現れる。温度が低くなるとその逆の現象がおこる。すなわち温度の影響は，エントロピー変化と深く関与している。そこで $\Delta S$ と絶対温度 $T$ との積を $\Delta H$ と比較して，次式 8.14 のような**自由エネルギー**変化 $\Delta G$ を考える[*17]。

$$\Delta G = \Delta H - T\Delta S \tag{8.14}$$

自発的に変化が進む $\Delta H < 0$ かつ $\Delta S > 0$ である場合は $\Delta G < 0$ となる。このように，化学反応や状態変化は $\Delta G < 0$ となる方向に進む[*18]。

### 8.4.3 平衡状態と自由エネルギー変化

先述のように，$\Delta H > 0$ かつ $\Delta S > 0$ である場合，あるいは $\Delta H < 0$ かつ $\Delta S < 0$ である場合には，しばしば変化が途中で見かけ上停止した平衡状態になる。このときの自由エネルギー変化について考えてみよう。

一例として，密閉された真空の容器内に昇華しやすい固体を入れた場合の変化を考える。ここでは便宜的に，固体 → 気体の変化を気化，気体 → 固体の変化を固化と呼ぶことにする。気化では，$\Delta H > 0$（吸熱）かつ $\Delta S > 0$ となる。気体の方が固体よりもエネルギーが大きいので，気化が進めば系のエンタルピー $H$ は大きくなる。また気化が進むと系のエントロピー $S$ も大きくなるが，気化は吸熱変化なので，その進行に伴って容器内の温度が下降する。したがって $TS$ は直線的には上昇しない。図 8.6 はこのときの $H$，$TS$，$G$ の変化の様子を表したものである。横軸（$x$ 軸）は気化の進行を表し，$x = 0$ は気化前の状態，$x = 1$ は固体がすべて気化した状態である。$0 < x < x_0$ では $dG/dx < 0$ となっているので，気化が進行する[*19]。また，$x_0 < x < 1$ では $dG/dx > 0$ となっているので気化は進行せず，むしろ固化が進行する[*20]。ちょうど $x = x_0$ のとき $dG/dx = 0$ となって，気化も固化も，見かけ上停止した平衡状態になる[*21]。

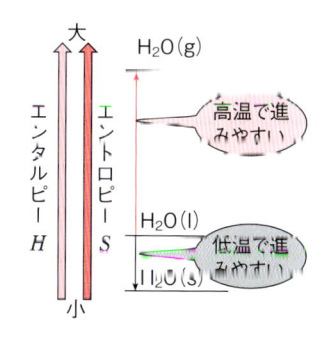

**図 8.5** 水の状態変化とエンタルピー，エントロピー

[*16] 0 ℃ の氷水では氷と水とが共存し，氷の大きさは見かけ上変化しない（融解平衡）。また密閉された真空容器に液体の水を入れていくと，途中で水の蒸発が見かけ上停止する（蒸発平衡）。

[*17] $G = H - TS$ によって定義される量を**（ギブズの）自由エネルギー**という。

[*18] ここで考える化学反応や状態変化は，定温・定圧におけるものである。

[*19] このときは，単位時間内に気化する分子数 > 固化する分子数 である。なお記号 d は，きわめて小さい差（変化）を表す場合に用いられる。

[*20] このときは，単位時間内に気化する分子数 < 固化する分子数 である。

[*21] このときは，単位時間内に気化する分子数 = 固化する分子数 である。平衡状態では $dG = 0$ となり，固体と気体の自由エネルギーがつり合っている。このように，平衡状態になる変化では，正反応（固体から気体への気化）と逆反応（気体から固体への固化）が両方進行できる。これを**可逆変化**という。

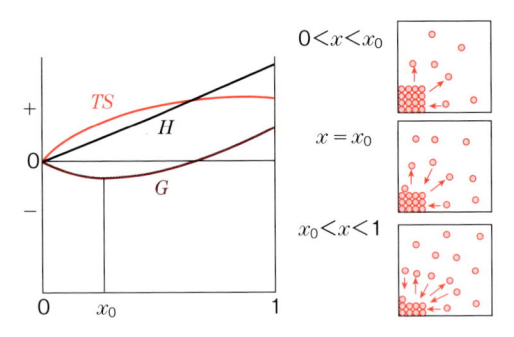

図 8.6　昇華に伴う $H$, $TS$, $G$ の変化

### 8.4.4　化学ポテンシャル

　平衡を定量的に扱う場合には，**化学ポテンシャル**（記号：$u_i$）という量が用いられる。これは物質 1 mol あたりの自由エネルギーに相当する。平衡状態は系内に複数の物質が存在するので，混合物の化学ポテンシャルを扱わなければならない。このとき，次式が用いられる[*22]。

$$u_i = u_i^\circ + RT \ln a_i \tag{8.15}$$

$u_i$ は $i$ という成分の化学ポテンシャルであり，$a_i$ は**活量**と呼ばれる。活量は一般にモル分率[*23]に比例し，溶液では質量モル濃度またはモル濃度に，気体では分圧[*24]に比例する。また純物質では $a_i = 1$ である。$u_i^\circ$ は標準化学ポテンシャルと呼ばれ，物質に固有の定数である。

### 8.4.5　平衡定数

　密閉した容器内で水素 $H_2$ とヨウ素 $I_2$ を混合して加熱すると，次式 8.16 のようにヨウ化水素 HI が生成する。

$$H_2 + I_2 \longrightarrow 2\,HI \tag{8.16}$$

このとき同時に，ヨウ化水素が水素とヨウ素に分解する反応（式 8.17）が進行する。

$$2\,HI \longrightarrow H_2 + I_2 \tag{8.17}$$

すなわちこれらの変化は可逆変化である。一定時間が経つと，**図 8.7** のように水素，ヨウ素，ヨウ化水素の物質量が見かけ上変化しない平衡（**化学平衡**）になる。この反応は，まとめて次式のように表される[*25]。

$$H_2 + I_2 \rightleftarrows 2\,HI \tag{8.18}$$

平衡状態では，図 8.6 の場合と同様に $dG = 0$ となっている。すなわち左辺の物質（$H_2$ と $I_2$）の自由エネルギーと右辺の物質（HI）の自由エネルギーがつり合っている。この平衡がごくわずかに"揺らいだ"場合を考える。たとえば，反応がごくわずかに右に進んで，$H_2$ と $I_2$ が $dn$ mol ずつ減ったとする。このとき HI は $2\,dn$ mol 増えることになる。このときの自由エネルギーの揺らぎ $dG$ は，各物質の化学ポテンシャル

---

[*22]　$R$ は気体定数，$T$ は絶対温度である。ln は自然対数 $\log_e$ を表す。

[*23]　混合物中のある成分の物質量を，全成分の物質量で割ったもの。

[*24]　混合気体を構成する成分気体が単独で示す圧力。

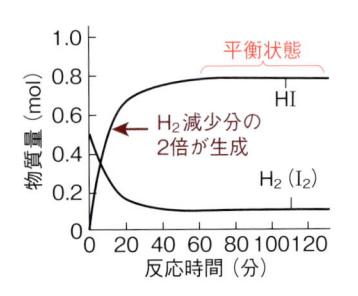

図 8.7　水素，ヨウ素，ヨウ化水素の平衡
448 ℃ で 0.50 mol ずつの水素とヨウ素を反応させた場合。

[*25]　平衡（可逆反応）を表す反応式において，→ 向きの反応が正反応，← 向きの反応が逆反応である (p. 81 参照)。

を用いて以下のように表される。

$$\begin{aligned}
dG &= -\mu_{H_2} \times dn - \mu_{I_2} \times dn + \mu_{HI} \times 2\,dn \\
&= -(\mu_{H_2}° + RT\ln a_{H_2}) \times dn - (\mu_{I_2}° + RT\ln a_{I_2}) \times dn + \\
&\quad (\mu_{HI}° + RT\ln a_{HI}) \times 2\,dn \\
&= [(-\mu_{H_2}° - \mu_{I_2}° + 2\mu_{HI}°) + RT\ln(a_{HI}^2/a_{H_2}a_{I_2})] \times dn
\end{aligned} \tag{8.19}$$

しかしこれは自由エネルギーの極小点付近のきわめて小さな揺らぎであるから、$dG = 0$ と考えてよい。したがって、次式の関係が成り立つ。

$$RT\ln(a_{HI}^2/a_{H_2}a_{I_2}) = -(-\mu_{H_2}° - \mu_{I_2}° + 2\mu_{HI}°) \tag{8.20}$$

この式の右辺は定数であるから、これを $-\Delta G°$ とおくと[*26]、式8.20は次のように変形できる[*27]。

$$\frac{a_{HI}^2}{a_{H_2}a_{I_2}} = \exp\left(\frac{-\Delta G°}{RT}\right) = K \tag{8.21}$$

$K$ は **平衡定数** と呼ばれ、この式のような関係を、**化学平衡の法則**（または **質量作用の法則**）という[*28]。活量の代わりにモル濃度 $[H_2]$, $[I_2]$, $[HI]$ を用いた平衡定数 $K_c$ を **濃度平衡定数**（式8.22）、分圧 $p_{H_2}$, $p_{I_2}$, $p_{HI}$ を用いた平衡定数 $K_p$ を **圧平衡定数**（式8.23）という。

$$K_c = \frac{[HI]^2}{[H_2][I_2]} \tag{8.22}$$

$$K_p = \frac{p_{HI}^2}{p_{H_2}p_{I_2}} \tag{8.23}$$

### 8.4.6 不均一系における平衡定数

気体と固体または液体との平衡の場合、固体や液体中の分子は気体分子に比べて自由に動くことができない。このような場合には、活量を1として平衡定数の式から除外する。たとえば、炭素と二酸化炭素とを高温で反応させると、次のような化学平衡になる。

$$C(s) + CO_2(g) \rightleftarrows 2CO(g) \tag{8.24}$$

この場合の濃度平衡定数 $K_c$ は次式のようになる[*29]。

$$K_c = \frac{[CO]^2}{[CO_2]} \tag{8.25}$$

塩化銀 AgCl は水に難溶性の物質であるが、ごく一部が水に溶けて飽和となり、次のような溶解平衡となる。

$$AgCl(s) \rightleftarrows Ag^+ + Cl^- \tag{8.26}$$

未溶解の塩化銀は沈殿し、動くことができない。したがって、この場合の平衡定数 $K_s$ は次式のように表され、これを **溶解度積** という。

$$K_s = [Ag^+][Cl^-] \tag{8.27}$$

[*26] $\Delta G°$ を **標準自由エネルギー変化** という。

[*27] $\exp x = e^x$ である。e は自然対数の底となる定数である。ここでは $\ln K = -\Delta G°/RT$ となる。

[*28] 平衡定数の表記では慣例的に、反応式の左辺の物質に関する量を分母に、右辺の物質に関する量を分子に記す。式8.21から、種々の平衡定数は温度が一定であれば変化しないことがわかる。

[*29] 圧平衡定数 $K_p$ は次式のようになる。
$$K_p = \frac{p_{CO}^2}{p_{CO_2}}$$

### 8.4.7 平衡の移動

ピストン付きの容器内に無色の気体である四酸化二窒素 $N_2O_4$ を入れて放置すると,その一部が赤褐色の気体である二酸化窒素 $NO_2$ に変化し,次式のような平衡となる(図 8.8,平衡 I)。

$$N_2O_4 \rightleftarrows 2NO_2 \tag{8.28}$$

ピストンを押して圧力を加えると,直後は体積の減少に伴って二酸化窒素の濃度が一時的に大きくなるので,容器内の気体の赤褐色が濃くなるが,この色は間もなく薄くなり,やがて色の変化が見られなくなる。これは最初とは異なる平衡状態(図 8.8,平衡 II)となったためである。平衡 II における容器内の気体の色を圧縮直後と比べると,式 8.28 の反応が左向きに進んで赤褐色の二酸化窒素が減少したために薄くなる。このとき"平衡が左向きに移動した"という。

この例のように,平衡にある系に外部から平衡を撹乱するような変化を加えると,その直後から見かけ上停止していた反応が動いて,新しい平衡になる。この現象を**平衡の移動**という。平衡が左右どちらの向きに移動するかについて,次の**ルシャトリエの原理**が知られている。

"平衡にある系に外部から平衡を撹乱するような変化を加えると,その影響を最小にするように平衡が移動する"

上の例では,加圧によって単位体積あたりの気体分子の数が多くなったので,総気体分子数が減少するように平衡が左に移動する[*30]。この他にも以下のような場合に,この原理に基づく平衡の移動がおこる。

1) 反応式の左辺(または右辺)の物質を加えると,右向き(または左向き)に平衡が移動する[*31]。
2) 反応系を加熱(または冷却)すると,吸熱反応(または発熱反応)がおこる向きに平衡が移動する。

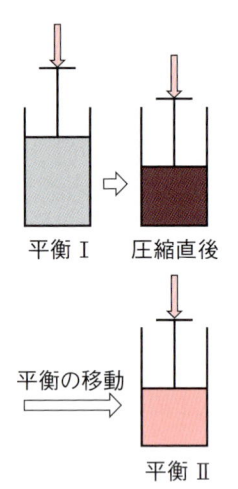

図 8.8 $N_2O_4 \rightleftarrows 2NO_2$ における平衡の移動

[*30] 逆にピストンを引っ張る(減圧する)と,その直後から総気体分子数が増加する右向きに平衡が移動する。

[*31] 逆に反応式の左辺(または右辺)の物質を取り除くと,左向き(または右向き)に平衡が移動する。

---

**Column** 飽和食塩水における溶解平衡

飽和食塩水には,$NaCl(s) \rightleftarrows Na^+ + Cl^-$ の溶解平衡が存在する。ここに NaCl を加えた場合,ルシャトリエの原理に従って考えると,平衡が右向きに移動して溶液中に溶けている塩化ナトリウムの濃度が大きくなるはずである。しかし食塩水は「飽和」であり,実際にはそうはならない。これは 8.4.6 項で述べたように,固体である食塩が平衡定数から除外され,平衡の移動にかかわらないためである。一方,飽和食塩水に塩化水素 HCl を吹き込むと,$HCl \rightarrow H^+ + Cl^-$(HCl の電離)によって水溶液中に $Cl^-$ が生じる。これによって溶解平衡が左に移動し,NaCl が析出する(図)。これを共通イオン効果という。

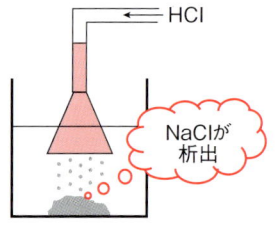

図 共通イオン効果

## 演習問題

**8.1** 体積 $V \text{ m}^3$ の容器内に $n \text{ mol}$ の理想気体がある。この気体を加熱すると気体の圧力は $P_1 \text{ Pa}$ から $P_2 \text{ Pa}$ に，温度は $T_1 \text{ K}$ から $T_2 \text{ K}$ に変化した。

(1) この気体の定積モル比熱を $C_V$ とするとき，気体の内部エネルギー変化 $\Delta U$ を $C_V$ を用いて表せ。

内圧一定（$P \text{ Pa}$）の容器内に $n \text{ mol}$ の理想気体がある。この気体を加熱したところ，気体の体積は $V_3 \text{ m}^3$ から $V_4 \text{ m}^3$ に，温度は $T_3 \text{ K}$ から $T_4 \text{ K}$ に変化した。

(2) この気体の定積モル比熱を $C_V$ とするとき，気体の内部エネルギー変化 $\Delta U$ と，気体が外部にした仕事 $\Delta(PV)$ を，それぞれ文字式で表せ。

(3) さらに理想気体の状態方程式を使って，このときの気体のエンタルピー変化 $\Delta H$ を $C_V, T_3, T_4$ を用いて表せ。

(4) この気体の定圧モル比熱 $C_P$ と定積モル比熱 $C_V$ との間に成り立つ関係式を示せ。

**8.2** 下の熱化学方程式①〜③を用いて，次の反応を熱化学方程式で表せ。

$$C_2H_2(g) + H_2(g) \longrightarrow C_2H_4(g)$$

$$C_2H_2(g) + 5/2\, O_2(g) \longrightarrow 2\, CO_2(g) + H_2O(l) \quad \Delta H° = -1299 \text{ kJ/mol} \quad ①$$

$$H_2(g) + 1/2\, O_2(g) \longrightarrow H_2O(l) \quad \Delta H° = -286 \text{ kJ/mol} \quad ②$$

$$C_2H_4(g) + 3\, O_2(g) \longrightarrow 2\, CO_2(g) + 2\, H_2O(l) \quad \Delta H° = -1411 \text{ kJ/mol} \quad ③$$

**8.3** 8.4.5 項を参照しながら，次式の平衡における活量を用いた平衡定数 $K$ を誘導せよ。

$$N_2(g) + 3\, H_2(g) \rightleftarrows 2\, NH_3(g)$$

**8.4** ある量の四酸化二窒素 $N_2O_4$ を密閉容器に入れて温度 $T$ K に保ったところ，その一部が解離して二酸化窒素 $NO_2$ になり，平衡状態となった。平衡状態で解離した四酸化二窒素の割合（解離度）を $\alpha$，容器内の全圧を $P$，四酸化二窒素の分圧を $p_{N_2O_4}$，二酸化窒素の分圧を $p_{NO_2}$ とする。

(1) この平衡の圧平衡定数 $K_p$ を，$p_{N_2O_4}$ と $p_{NO_2}$ を用いて表せ。

(2) 解離度 $\alpha$ を，$K_p$ と $P$ を用いて表せ。

(3) 各気体が理想気体であるとして，この平衡における濃度平衡定数 $K_c$ と圧平衡定数 $K_p$ との関係を，気体定数 $R$ と温度 $T$ を用いて表せ。

**8.5** 次の反応式または熱化学方程式で表される平衡に（ ）内の撹乱を与えると，平衡はどちら向きに移動するか。「右」，「左」または「移動しない」と答えよ。

(1) $N_2(g) + 3\, H_2(g) \rightleftarrows 2\, NH_3(g)$（減圧する）

(2) $3\, O_2(g) \rightleftarrows 2\, O_3(g)$（酸素を加える）

(3) $2\, HI(g) \longrightarrow H_2(g) + I_2(g)$：$\Delta H°_{298} = 17 \text{ kJ/mol}$（加熱する）

(4) $C(s) + CO_2(g) \rightleftarrows 2\, CO(g)$（炭素を加える）

(5) $C(s) + CO_2(g) \rightleftarrows 2\, CO(g)$（加圧する）（腕だめし）

# 第9章

# 化学反応の速さ

化学反応には，速やかに進行するものと，ゆっくりと進行するものとがある。たとえば火薬の爆発は前者の例であり，空気中で鉄釘が酸化されて赤錆が生じる反応は後者の例である。しかし同じ鉄の酸化でも，鉄の形状や周囲の温度，酸素や水蒸気の量などによって，進行の速さが異なる。本章では，こうした化学反応の速さを決める因子について学習する。

## 9.1 化学反応の速さとは

### 9.1.1 化学反応の速さの表し方

化学反応の速さは，一定時間内に減少する反応物の物質量や濃度，あるいは一定時間内に増加する生成物の物質量や濃度によって比べることができる[*1]。ある反応の反応物の濃度 $c$ が，反応時間 $t$ と共に図9.1のように変化したとする。このとき時刻 $t_1$ から $t_2$ の間における反応の速さ $\bar{v}$ は，次式のように表される。

$$\bar{v} = -\frac{c_2 - c_1}{t_2 - t_1} = -\frac{\Delta c}{\Delta t} \tag{9.1}$$

この $\bar{v}$ は，時刻 $t_1$ から $t_2$ の間における平均の反応の速さを表している。すなわち，式9.1の $-\Delta c/\Delta t$ は図9.1における直線AB（破線）の傾きに相当する。しかし「速さ」は，各時間において決まるものである。時刻 $t_1$ における反応の速さは，図9.1における $\Delta t$ を限りなく小さくすることで求められる。このとき $\Delta c/\Delta t$ は，点Aにおける接線の傾きになる。すなわち，反応物の濃度を時間の関数と考えると，反応の速さ $v$ は時間の関数として次式で表される。

$$v = -\frac{\mathrm{d}c}{\mathrm{d}t} \tag{9.2}$$

*1 この一定時間内に，反応系の温度は変わらないものとする。

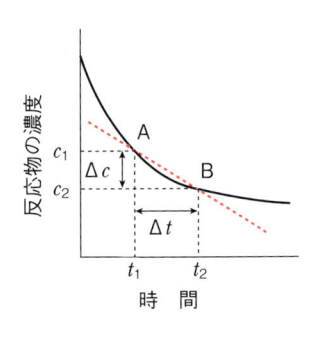

**図9.1** 反応物の濃度の時間変化

### 9.1.2 反応速度式

反応の速さを実際に測定する場合には，反応物や生成物の物質量，または濃度などを測定する。たとえば，水溶液中にある赤色の色素Xが分解して，無色の化合物に変化するという反応を考えてみよう。この測定では，色々な時間に水溶液の色調を測って[*2]，Xのモル濃度[X]の時

*2 吸光光度計という機器を用いる。ただし測定される色調と[X]とが比例することが条件となる。

9.1 化学反応の速さとは　77

間変化を調べる方法が容易である．上記のように反応の速さ $v$ は時間の関数であり，[X] も時間の関数である．したがって，$v$ は次式のように [X] の関数として表すことができる（図 9.2）．このような式を**反応速度式**という．

$$v = f([X]) \tag{9.3}$$

### 9.1.3 一次反応

反応速度式が，次式のように反応物の濃度 $c$（または物質量）の一次式で表される反応を**一次反応**という[*3]。

$$v = -\frac{dc}{dt} = kc \tag{9.4}$$

式 9.4 は変数分離型の微分方程式であり，数学的に解く（$c$ と $t$ の関係式を求める）ことができ，次式のような関係式が求められる．$c_0$ は反応前の濃度であり，**初期濃度**と呼ばれる．

$$c = c_0 \exp(-kt) = c_0 e^{-kt} \tag{9.5}$$

一般に，反応物の濃度が初期濃度の二分の一になるまでの時間を**半減期** $t_{1/2}$ という．式 9.5 において，$c = c_0/2$ となる時間 $t_{1/2}$ を求めると，次式のようになる．

$$t_{1/2} = \frac{\ln 2}{k} = \frac{0.693}{k} \tag{9.6}$$

この式から，一次反応の半減期は初期濃度に依存しないことがわかる[*4]．したがって，半減期の 2 倍の時間が経過すると，反応物の濃度は $1/2^2 = 1/4$ になり，半減期の 3 倍の時間が経過すると，反応物の濃度は $1/2^3 = 1/8$ になる（図 9.3）．

一次反応の例として，過酸化水素 $H_2O_2$ や五酸化二窒素 $N_2O_5$ の分解，放射性元素の壊変などがある．

### 9.1.4 反応の速さと濃度

水素とヨウ素の混合物を加熱すると，ヨウ化水素が生成する（p.72 参照）[*5]．この反応の反応速度式は，測定の結果から次式のように表されることがわかった．

$$v = k[H_2][I_2] \tag{9.7}$$

この反応では，水素分子とヨウ素分子とが衝突することが反応のきっかけになる．したがって，[$H_2$] または [$I_2$] が $n$ 倍になれば，単位時間内に衝突する水素分子とヨウ素分子の数が $n$ 倍になり，その結果 $v$ も $n$ 倍になる．このように，反応の速さは反応物の濃度によって変化する[*6]．

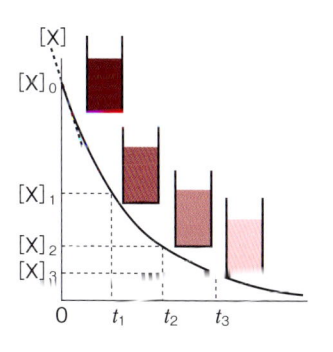

図 9.2　色素 X の分解

[*3] 式 9.4 における定数 $k$ は**反応速度定数**と呼ばれる．後述のように，$k$ の値は温度によって変化する．

[*4] 温度が一定の場合．

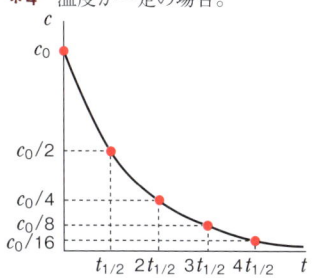

図 9.3　一次反応の半減期

[*5] このときの反応式は下のように表される．反応速度式は測定の結果から得られる式であり，反応式から導かれる式ではないことに注意．

$H_2 + I_2 \longrightarrow 2HI$

[*6] 空気中での鉄の酸化は，鉄釘よりも鉄粉の方が進行しやすい．これは，粉末になると酸素や水蒸気と接触する表面積が大きくなるためである．

## 9.2 化学反応の速さと温度，活性化エネルギー

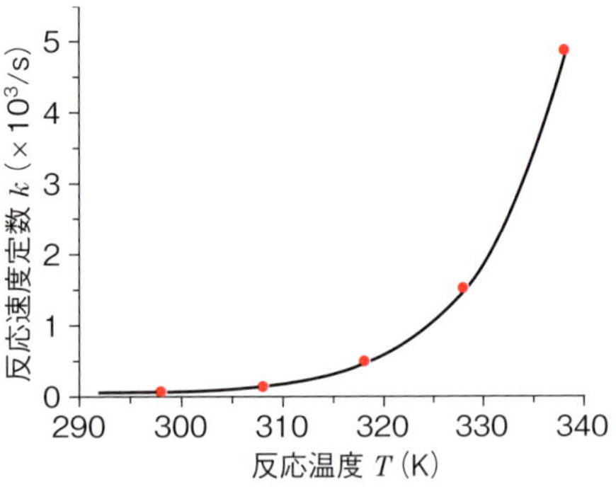

### 9.2.1 温度と反応の速さ

一般に反応速度は，反応系の温度が高くなると速くなる。多くの反応では，反応系の温度が 10 K 上昇するごとに，反応の速さが 2〜3 倍になる。これは反応速度定数の増加が原因である（図 9.4）。温度が高くなると分子の運動が活発になる。これに伴って分子どうしの衝突回数が多くなる。しかし温度が 10 K 上昇したときの衝突回数の増加は，10 % 未満である。したがって反応速度定数の増加は別の原因による。

**図 9.4** $N_2O_5$ の分解反応[*7] における反応速度定数の温度変化

[*7] $N_2O_5$ の分解反応は以下の反応式に従って進行する。
$$2 N_2O_5 \longrightarrow 4 NO_2 + O_2$$

### 9.2.2 活性化エネルギーと遷移状態理論

アレニウスは，反応速度定数 $k$ と絶対温度 $T$ との間に，次式のような関係を見出した[*8]。

$$\frac{d(\ln k)}{dT} = \frac{E_a}{RT^2} \tag{9.8}$$

$R$ は気体定数，$E_a$ は **活性化エネルギー** という反応に特有の正の定数である。この式は変数分離型の微分方程式であり，$k$ と $T$ との関係を求めると次式のようになる。$A$ は **頻度因子** と呼ばれ，反応に特有の正の定数である。

$$k = A\exp\left(-\frac{E_a}{RT}\right) = A\,e^{-E_a/RT} \tag{9.9}$$

[*8] この式を **アレニウスの式** という。この式から，$\ln k$ と $1/T$ との間に下図のような関係があることがわかる。この直線の傾きから活性化エネルギーを求めることができる。

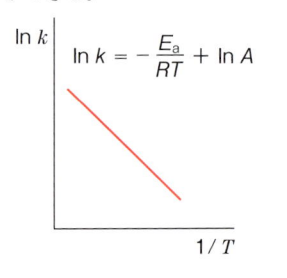

$$\ln k = -\frac{E_a}{RT} + \ln A$$

9.1.4 項で扱った水素とヨウ素との反応では，水素分子とヨウ素分子が衝突して，遷移状態（または活性化状態）というエネルギーの高い不

---

**Column　放射性同位体 $^{14}C$ を利用した年代の測定**

大気中の二酸化炭素 $CO_2$ に含まれる炭素原子には，放射性同位体である $^{14}C$ がごく微量含まれている。これは大気中の窒素原子 $^{14}N$ が宇宙線によって変化して生じたものである。一方で $^{14}C$ は，$\beta$ 線を放出しながら $^{14}N$ に変わる。このバランスによって大気中の $^{14}C$ の割合は一定に保たれている。植物は空気中の $CO_2$ を吸収して光合成を行い，呼吸によって $CO_2$ を放出する。植物が生きている間は，体内における $^{14}C$ の割合は大気中と等しく，一定に保たれている。しかし伐採などによって植物の生命活動が停止すると，外部から $CO_2$ を取り入れなくなるので，体内の $^{14}C$ の割合が時間と共に減少する。この原理を利用すれば，遺跡などから発掘された木片が，いつ頃伐採されたかを知ることができる。$^{14}C$ の減少は一次反応で，半減期は 5760 年であり，$^{14}C$ の割合は放射線の量によって知ることができる。たとえば，木片の $^{14}C$ の割合が大気中の二分の一になっていれば，その木は 5760 年前に伐採されたことになる。

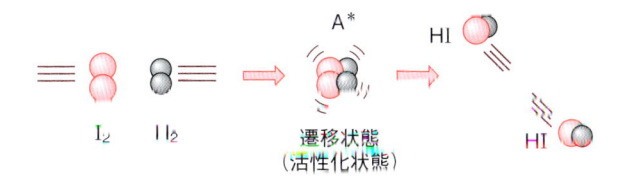

**図 9.5 水素とヨウ素の反応**

安定な状態を経由し，2分子のヨウ化水素が生成する（図 9.5）。この一連の変化におけるエネルギーの様子を図 9.6 のように表す。グラフの縦軸は各状態[*9]のエネルギーを，横軸は反応の進行を表す。左側の反応物（$H_2 + I_2$）が右側の生成物（2 HI）になるためには，遷移状態の山を越えなければならない。この山の高さ $E$ が活性化エネルギーに相当する。また $\Delta H$ は，この反応のエンタルピー変化（反応熱）である。

活性化エネルギーの山を越えて反応するためには，一定以上のエネルギーをもった分子どうしが衝突する必要がある。ある温度において分子のもつエネルギーは，図 9.7 のような分布をもつ。この分布は，温度が高くなると高エネルギー側に偏る。いま活性化エネルギーの山を越えるために必要なエネルギーを $E^*$ とすると，温度 $T_1$ では $S_1$ の部分（$T_1$ の線と横軸の間）の分子が反応することになるが，これより高い温度 $T_2$ では $S_2$ の部分の分子が反応することになり，その数は $S_1$ のときよりも多くなる。$T_1$ と $T_2$ の差が 10 K ある場合には，$E^*$ を越えるエネルギーをもつ分子数が 2 ～ 3 倍になることが知られている[*10]。これが，温度が高くなると反応が速くなる主な原因である[*11]。

### 9.2.3 触媒の役割

水溶液中の過酸化水素は，常温でゆっくり分解して酸素を発生する[*12]。しかし反応系に酸化マンガン(Ⅳ) $MnO_2$ や鉄(Ⅲ)イオン $Fe^{3+}$ を添加すると，過酸化水素の分解が急速に進行する。酸素の発生が完了した後，添加した物質やイオンは他の物質やイオンに変化しない。このように，化学反応の前後で別の物質に変化することなく，反応を加速するはたらきをする物質を**触媒**という。

触媒を加えると，活性化エネルギーが低い別の反応経路ができる。図 9.8 では，破線（-----）が触媒を加えない場合の反応経路，$E_0$ が触媒を加えない場合の活性化エネルギーを表し，実線（———）が触媒を加えた場合の反応経路，$E_1$ が触媒を加えた場合の活性化エネルギーを表している[*13]。このとき反応は，活性化エネルギーが低い経路を通って進行する。これに伴い，活性化エネルギーの山を越えるために必要な分子のエネルギーが低下し，反応する分子数が多くなるので，反応速度が

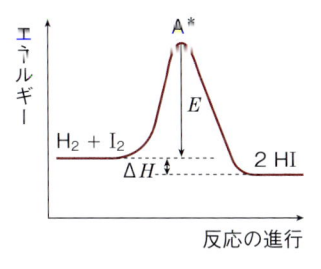

**図 9.6 活性化エネルギー**

[*9] 反応前の状態，遷移状態，反応後の状態。

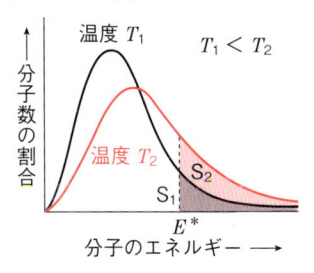

**図 9.7 温度と分子のエネルギー**

[*10] 分子数の比は，$S_1$ と $S_2$ の面積の比に相当する。

[*11] 反応の速さは，光の照射によって加速される場合もある。

[*12] この反応は以下の化学反応式で表される。
$2 H_2O_2 \longrightarrow 2 H_2O + O_2$

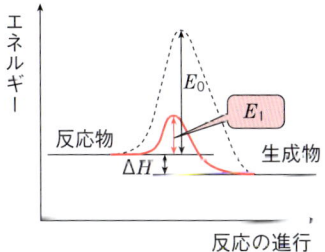

**図 9.8 触媒と活性化エネルギー**

[*13] 触媒を加えても加えなくても，ヘスの法則に従って，エンタルピー変化 $\Delta H$ は変化しない。

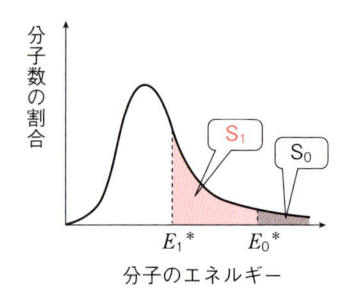

図 9.9 反応する分子数の変化

速くなる（図 9.9）。

## 9.3 多段階反応

### 9.3.1 多段階反応と律速段階

水素とヨウ素からヨウ化水素が生じる反応は，水素分子とヨウ素分子との衝突による単純な一段階の反応である（p.72 参照）。このような反応を**素反応**という。しかし，式 9.10 で表される塩化ヨウ素 ICl と水素 $H_2$ との気相反応は，実際には式 9.11 と 9.12 の 2 つの素反応の組み合わせによって進行している。このような反応を**多段階反応**という。

$$2\,ICl + H_2 \longrightarrow I_2 + 2\,HCl \tag{9.10}$$

$$ICl + H_2 \longrightarrow HI + HCl \tag{9.11}$$

$$HI + ICl \longrightarrow HCl + I_2 \tag{9.12}$$

多段階反応の反応速度は，最も速度の遅い素反応によって支配される。これを**律速段階**という。式 9.10 の反応における律速段階は，式 9.11 の素反応である。したがって，式 9.10 の反応における反応速度式は次式のようになる[*14]。

$$v = k\,[ICl]\,[H_2] \tag{9.13}$$

### 9.3.2 連鎖反応

地球上空の成層圏にあるオゾン層は，太陽からの有害な紫外線[*15]を吸収している。近年，このオゾン層が破壊され，南極上空などにオゾンホールと呼ばれる孔が観察されるようになった。この現象の主な原因とされているのが，フロン 11（フルオロトリクロロメタン）$CCl_3F$ に代表されるフロンである[*16]。フロン 11 は大気圏では安定な物質であり，スプレーなどに用いられていた。しかしこの物質が成層圏に移動すると，紫外線の作用によって次式のように分解し，塩素原子 Cl を生じる。

$$CCl_3F \xrightarrow{\text{紫外線}} CCl_2F + Cl \tag{9.14}$$

塩素原子はオゾン分子 $O_3$ と反応し，式 9.15 〜式 9.17 の反応をくり返しながら，オゾン分子を酸素分子に変えていく。

$$O_3 + Cl \longrightarrow ClO + O_2 \tag{9.15}$$

$$ClO \longrightarrow Cl + O \tag{9.16}$$

$$O + O \longrightarrow O_2 \tag{9.17}$$

式 9.16 の反応で生じた塩素原子は，別のオゾン分子と式 9.15 のように反応する。この様子を図 9.10 にまとめる。この反応では，Cl と ClO とが交互に現れながら鎖がつながるように反応を継続させる。このような反応を**連鎖反応**といい，Cl と ClO のように連鎖反応をつなぐものを

[*14] 式 9.11 の反応速度は [ICl]〔$H_2$〕に比例し，式 9.12 の反応速度は [HI]〔ICl〕に比例する。

[*15] 特定範囲の波長をもつ紫外線で，皮膚ガンの原因となる。

[*16] フロンとはクロロフルオロカーボンの略称で，C, F, Cl を含む化合物である。現在ではフロンの使用は厳しく規制されている。

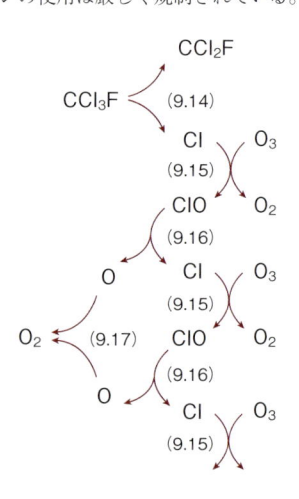

図 9.10 オゾン層の破壊
（ ）内は本文中の式番号である。

**連鎖伝達体**という。

水素と塩素の混合物に紫外線を照射すると，爆発的に反応して次式のように塩化水素が生成する。

$$H_2 + Cl_2 \longrightarrow 2HCl \tag{9.18}$$

この反応も連鎖反応であり，水素原子 H と塩素原子 Cl が連鎖伝達体となる。このように，連鎖反応はしばしば激しい反応になる。燃焼性物質の爆発は多くの場合，連鎖反応である。

### 9.3.3 可逆反応

前章でも述べたように，水素とヨウ素からヨウ化水素が生じる反応 (p.72 参照) では，ヨウ化水素から水素とヨウ素が生じる反応が同時に進行する。このような反応は**可逆反応**と呼ばれ，次式のように表される。

$$H_2 + I_2 \rightleftarrows 2HI \tag{9.19}$$

可逆反応において右向き → の反応を正反応，左向き ← の反応を逆反応という。可逆反応では，多くの場合，反応開始から一定時間が経過すると正反応と逆反応の速さが等しくなり，反応が見かけ上停止した化学平衡の状態になる。

この反応のような素反応の反応速度式は，化学反応式から予想されるものと一致する。すなわち正反応の反応速度式は $v_+ = k_+[H_2][I_2]$，逆反応の反応速度式は $v_- = k_-[HI]^2$ と表される[*17]。化学平衡の状態では $v_+ = v_-$ であるから，$k_+[H_2][I_2] = k_-[HI]^2$ が成り立つので，ここから次式の関係が導かれる。

$$\frac{[HI]^2}{[H_2][I_2]} = \frac{k_+}{k_-} = K_c \tag{9.20}$$

この関係は，前章で述べた質量作用の法則 (p.73 参照) と同じ形になっており，$K_c$ は**濃度平衡定数**である[*18]。このように，可逆的な素反応における濃度平衡定数は，反応式から予測される式で表すことができる。しかし，このような例はきわめて珍しい。

*17 $k_+$ と $k_-$ は，それぞれ正反応と逆反応の反応速度定数である。

*18 9.2.2 項で述べたように，$k_+$ と $k_-$ は反応温度に依存する定数であるから，$K_c$ も温度に依存する定数となる。

### 9.3.4 酵素反応と定常状態

**酵素**とは，生物の体内において触媒の役割を果たすタンパク質 (p.129 参照) の総称である。たとえば，水溶液中の尿素 $CO(NH_2)_2$ は，ウレアーゼという酵素の触媒作用によって，すみやかに二酸化炭素 $CO_2$ とアンモニア $NH_3$ に分解される。

$$CO(NH_2)_2 + H_2O \longrightarrow CO_2 + 2NH_3 \tag{9.21}$$

この反応における尿素のように，酵素の作用を受ける物質を**基質**という。

$$E + S \underset{k_{-1}}{\overset{k_1}{\rightleftharpoons}} ES \overset{k_2}{\longrightarrow} E + P$$

**図 9.11** 酵素反応のモデル

ミカエリスとメンテンは，酵素反応のプロセスでは，酵素 E と基質 S とが酵素基質複合体 ES となり，ここから生成物 P が生じて，酵素が再生されるというモデルを考案した[*19]（**図 9.11**）。このプロセスでは，第一段階（E と S の結合）は速やかに平衡状態となる可逆反応であり，第二段階（ES から E と P が生じる段階）が不可逆な律速段階である。第二段階の反応がきわめてゆっくり進むので，反応の途中では ES の濃度 [ES] はほぼ一定になると考えられる。これを**定常状態**という。[ES] は第一段階の正反応によって増加し，第一段階の逆反応と第二段階の反応によって減少するので，次式 9.22 の関係が成り立つ。

$$k_1[E][S] - k_{-1}[ES] - k_2[ES] = 0 \tag{9.22}$$

これを変形すると式 9.23 が得られる[*20]。

$$[ES] = \frac{k_1}{k_{-1} + k_2}[E][S] \tag{9.23}$$

最初に反応系に加える酵素の量は一定であり，全酵素濃度 $[E_T]$ は [E] と [ES] の和に等しい[*21]。よって式 9.23 を使うと次のようになる。

$$[E_T] = [E] + [ES] = \frac{k_{-1} + k_2}{k_1}\frac{[ES]}{[S]} + [ES] \tag{9.24}$$

これを変形すると，次式の関係が得られる。

$$[ES] = \frac{k_1[E_T][S]}{(k_{-1} + k_2) + k_1[S]} \tag{9.25}$$

この反応の速さ $v$ は，律速段階である第二段階の速さに等しいので，$K_M = (k_{-1} + k_2)/k_1$ とおくと，$v$ は次式のように表される。

$$v = k_2[ES] = \frac{k_1 k_2[E_T][S]}{(k_{-1} + k_2) + k_1[S]} = \frac{k_2[E_T][S]}{K_M + [S]} \tag{9.26}$$

$V_{max} = k_2[E_T]$ とおくと，

$$v = \frac{V_{max}[S]}{K_M + [S]} \tag{9.27}$$

これを**ミカエリス-メンテンの式**という。ミカエリス-メンテンの式をグラフにすると，**図 9.12** のようになる。全酵素濃度 $[E_T]$ に対して基質の濃度 [S] が小さいときには，酵素の量が過剰であるから，全反応の

[*19] 各段階は素反応である。

[*20] [E]，[S] および [E][S] は，定常状態（第一段階が平衡に達した後）の濃度である。

[*21] 最初に一定量の酵素を加えるので，$[E_T]$ は定数である。

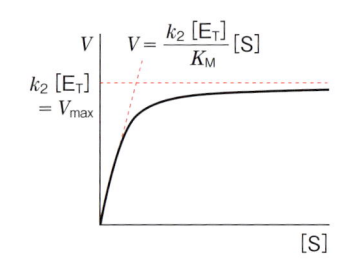

**図 9.12** ミカエリス-メンテンの式

速さは近似的に [S] に比例する。これに対して，全酵素濃度 [E_T] に対して基質の濃度 [S] が大きくなると，すべての酵素が酵素基質複合体 ES となってしまうので，全反応の速度かはほぼ一定になる。ミカエリス－メンテンの式は，実際に多くの酵素反応の速さを説明する式として利用できる。

## 演習問題

**9.1** 次の現象の主な理由を簡潔に説明せよ。
(1) 反応物の濃度が大きくなると，反応の速さが速くなる。
(2) 反応系の温度が高くなると，反応の速さが速くなる。
(3) 触媒を添加すると，反応の速さが速くなる。

**9.2** 次の (1) ～ (4) は，反応の速さに影響を与えるある要因と関連している。それぞれについて，最も関連の深い要因を下のア）～オ）から1つずつ選べ。
(1) 過酸化水素水は，冷蔵庫に入れて保存する。
(2) 濃硝酸は，褐色ビンに入れて保存する。
(3) 過酸化水素水を試験管に入れても目立った変化は見られなかったが，魚の血液を1滴加えると酸素が激しく発生した。
(4) 塩酸に亜鉛片を加えると，最初は水素が激しく発生するが，次第におだやかになっていく。
　　ア）濃度　　イ）温度　　ウ）触媒　　エ）圧力　　オ）光

**9.3** ある化合物 A の分解反応は一次反応である。A の初期濃度を $[A]_0$，反応速度定数を $k$ とする。
(1) 反応開始から時間が $t$ だけ経過した。このときの A の濃度 $[A]$ を，$[A]_0$, $t$, $k$ を用いて表せ。
(2) $[A]$ が $[A]_0$ の2分の1になるまでの時間（半減期）を求めよ。なお，$\ln 2 = 0.693$ である。
(3) $[A]$ が $[A]_0$ の10分の1になるまでの時間は，半減期の何倍か。なお，$\ln 10 = 2.303$ である。

**9.4** ある反応の速度定数は，温度が300 K から310 K に上昇すると2.00 倍になった。この反応の活性化エネルギーを求めよ。なお，気体定数 $R = 8.31$ J/(K·mol) である。（腕だめし）

**9.5** ある化合物 A と B を反応させると，化合物 C と D が生成する。この反応は，中間体 X を経由した以下の二段階の素反応①，②によって進行する。

$$A + B \rightleftarrows X \quad \cdots ① \qquad X \longrightarrow C + D \quad \cdots ②$$

①は速やかに平衡状態になる可逆反応である。②はゆっくり進行する不可逆反応で，本反応の律速段階である。この反応が定常状態になると，X の濃度は一定になる。①の正反応の速度定数を $k_{1+}$，逆反応の速度定数を $k_{1-}$，②の速度定数を $k_2$ とする。定常状態における本反応の反応速度式を $[A]$, $[B]$, $k_{1+}$, $k_{1-}$, $k_2$ を用いて表せ。

**9.6** ミカエリス－メンテンの式について，以下の各問いに答えよ。（腕だめし）
(1) $[K_M]$ に対して $[S]$ が大きいとき，反応の速さ $v$ が近似的に一定になることを示せ。
(2) $[K_M]$ に対して $[S]$ が小さいとき，反応の速さ $v$ が近似的に $[S]$ に比例することを示せ。

# 第 10 章

# 酸 と 塩 基

　水溶液の性質には**酸性**，**中性**，**塩基性（アルカリ性）**がある。これらの性質は，**溶液**に含まれる**溶質**によるものである。本章では，このような水溶液の性質の原因となる酸，塩基と，水溶液の酸性，塩基性の強弱を定量的に表す方法について学習する。さらに酸と塩基との**中和反応**と，それによって生じる**塩**およびその性質について学ぶ。

## 10.1 酸と塩基の定義

### 10.1.1 アレニウスの定義

　塩酸や硫酸水溶液は，青リトマス紙を赤変し，BTB 液を加えると黄色を呈する。このような性質を**酸性**という。また酸性の水溶液にマグネシウムのような金属を加えると，水素が発生する。さらに塩酸や硫酸水溶液を電気分解すると，陰極（−極）に水素 $H_2$ が発生する。アレニウスは，このような性質が水溶液中に共通に含まれる水素イオン $H^+$ による現象であると考え，水溶液中で電離して水素イオンを生じる物質を，**酸**と定義した。水素イオンは水素原子が電子を失ったものであり，水素の原子核（$^1H$ ではプロトン ＝ 陽子）である。これは電子をもたないので水溶液中で単独で存在することはなく，水分子の非共有電子対に配位結合した，オキソニウムイオン $H_3O^+$ として存在する（p.43 参照）[*1]。たとえば塩酸中では，次式のような電離がおこっている。

$$HCl + H_2O \longrightarrow H_3O^+ + Cl^- \qquad (10.1)$$

　一方，水酸化ナトリウム水溶液や水酸化カルシウム水溶液などの水溶液は赤リトマス紙を青変し，BTB 液を加えると青色を呈する。この性質を**塩基性（アルカリ性）**という。これらの各水溶液を白金電極を用いて電気分解すると，陽極（＋極）に酸素 $O_2$ が発生する。アレニウスは，これらの性質が水溶液中に共通に含まれる水酸化物イオン $OH^-$ による現象であると考え，水溶液中で電離して水酸化物イオンを生じる物質を，**塩基**と定義した[*2]。たとえば水酸化ナトリウム水溶液中では，次式のような電離がおこっている。

$$NaOH \longrightarrow Na^+ + OH^- \qquad (10.2)$$

[*1] 酸性の水溶液が示す様々な性質は，オキソニウムイオンによるものである。

[*2] これを**アレニウスの定義**という。塩基の中で水に溶けやすいものを，特にアルカリという。

HCl + H₂O ⟶ Cl⁻ + H₃O⁺

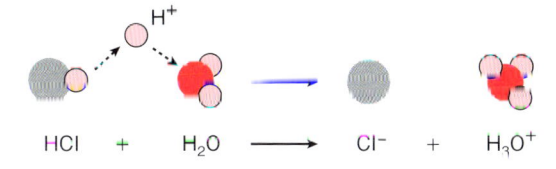

**図 10.1** HCl の電離におけるプロトンの移動

### 10.1.2 ブレンステッド–ローリーの定義

アレーニウスによる酸と塩基の定義は，物質の性質による定義である。これに対して，反応における分子やイオンの役割に注目した定義がある。式 10.1 の電離では，図 10.1 のように HCl 分子から H₂O 分子へプロトン $H^+$ が移動している。このとき，HCl 分子はプロトンの供与体（ドナー）になっており，H₂O 分子はプロトンの受容体（アクセプター）の役割を果たしている。このときの HCl のように，プロトンを供与する分子やイオンを酸，H₂O のようにプロトンを受容する分子やイオンを塩基と定義する。この定義を，**ブレンステッド–ローリーの定義**という[*3]。次式における正反応（アンモニア $NH_3$ の電離）では，水分子が酸，アンモニア分子が塩基となっており，その逆反応ではアンモニウムイオン $NH_4^+$ が酸，水酸化物イオン $OH^-$ が塩基となっている[*4]。

$$NH_3 + H_2O \rightleftarrows NH_4^+ + OH^- \quad (10.3)$$

式 10.3 におけるアンモニウムイオンのように，塩基の電離で生じる陽イオンは，逆反応において酸の役割を果たすので**共役酸**と呼ばれる。同様に，酸の電離において生じる陰イオンは，逆反応において塩基の役割を果たすので**共役塩基**と呼ばれる[*5]。

### 10.1.3 ルイスの定義

式 10.1 の反応や式 10.3 の正反応では，プロトンが塩基となる分子に配位結合している。このとき塩基となる分子は，その非共有電子対をプロトンに供与しており，プロトンは非共有電子対を受容している（p.42 参照）。このように配位結合に注目して，非共有電子対の受容体となるものを酸，非共有電子対の供与体となるものを塩基と定義する。これを**ルイスの定義**という[*6]。ルイスの定義は，配位結合の形成における役割に注目した定義である。

水溶液中の銅(Ⅱ)イオン $Cu^{2+}$ は，4 個の水分子と配位結合して錯イオン（p.43 参照）であるテトラアクア銅(Ⅱ)イオン $[Cu(H_2O)_4]^{2+}$ となっている（図 10.2）。このイオンでは，中心にある銅(Ⅱ)イオンは，周囲の 4 個の水分子から非共有電子対を 1 組ずつ供与されている。このとき銅(Ⅱ)イオンは酸，水分子は塩基となっている。この定義によると，プロトンの移動がなくても酸と塩基を考えることができる。

[*3] 単に，ブレンステッドの定義という場合もある。

[*4] 水はアレニウスの定義では酸でも塩基でもないが，ブレンステッド–ローリーの定義では，酸にも塩基にもなる。

[*5] 式 10.1 における塩化物イオン $Cl^-$ は共役塩基である。

[*6] ルイスの定義における酸をルイス酸，塩基をルイス塩基と呼ぶことがある。

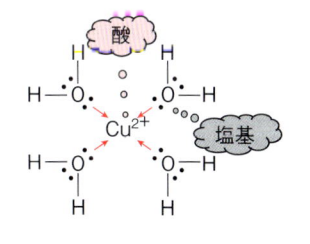

**図 10.2** $[Cu(H_2O)_4]^{2+}$ の構造

表 10.1 酸の価数

| 名　称 | 化学式 | 価数 |
|---|---|---|
| 塩化水素 | HCl | 1 |
| 硝酸 | HNO$_3$ | 1 |
| 酢酸 | CH$_3$COOH | 1 |
| 硫酸 | H$_2$SO$_4$ | 2 |
| シュウ酸 | (COOH)$_2$ | 2 |
| 硫化水素 | H$_2$S | 2 |
| リン酸 | H$_3$PO$_4$ | 3 |

＊下線部が電離するH原子。

表 10.2 塩基の価数

| 名　称 | 化学式 | 価数 |
|---|---|---|
| 水酸化ナトリウム | NaOH | 1 |
| 水酸化カリウム | KOH | 1 |
| アンモニア | NH$_3$ | 1 |
| 水酸化カルシウム | Ca(OH)$_2$ | 2 |
| 水酸化バリウム | Ba(OH)$_2$ | 2 |
| 水酸化銅(Ⅱ) | Cu(OH)$_2$ | 2 |
| 水酸化鉄(Ⅲ) | Fe(OH)$_3$ | 3 |

## 10.2 酸と塩基の価数と強弱

### 10.2.1 酸と塩基の価数

酸の化学式において，電離によってH$^+$になることができる水素原子の数を**酸の価数**という（**表10.1**）。たとえば2価の酸である硫酸は，次式のように段階的に電離する[*7,8]。

$$H_2SO_4 \longrightarrow H^+ + HSO_4^- \tag{10.4}$$

$$HSO_4^- \rightleftarrows H^+ + SO_4^{2-} \tag{10.5}$$

また塩基は，通常，水酸化物の形をとる。その化学式中のOHは，電離して水酸化物イオンになることができるので，その数を**塩基の価数**という（**表10.2**）[*9]。

### 10.2.2 酸・塩基の強弱

塩化水素を水に溶かすと，ほぼすべての分子が電離する。しかし酢酸を水に溶かすと，次式のような**電離平衡**が成立し，ごく一部の分子しか電離しない。

$$CH_3COOH \rightleftarrows H^+ + CH_3COO^- \tag{10.6}$$

したがって，同じモル濃度の水溶液の性質を比較すると，塩酸の方が酢酸水溶液よりも酸性が強い。このことから，塩化水素の方が酢酸より強い酸であるといえる。酸の強弱は，同じモル濃度における電離度（記号$\alpha$，式10.7）で比較することが多い。

$$電離度（\alpha）= \frac{電離した電解質の物質量\,[mol]}{溶かした電解質の物質量\,[mol]} \tag{10.7}$$

しかし酢酸水溶液に水を加えて希釈すると，式10.6の電離平衡が右に偏り，電離度が1に近くなっていく[*10]（**図10.3**）。そこで，濃度によらず電離度がほぼ1である酸を**強酸**という。同様に，濃度によらず電離度がほぼ1である塩基を**強塩基**という。代表的な強酸として，塩化水素，硝酸，硫酸[*11]などがあげられる。また代表的な強塩基として，水酸化ナトリウムなどアルカリ金属元素の水酸化物，水酸化カルシウムなどア

---

[*7] 酸の水溶液中には，酸分子の電離によって生じるオキソニウムイオンH$_3$O$^+$が存在するが，オキソニウムイオンを慣例的にH$^+$と表記する。

[*8] 2価の酸や3価の酸では，1段階目の電離が最も進行しやすい。

[*9] NH$_3$は式10.3のように電離するので，1価の塩基とする。

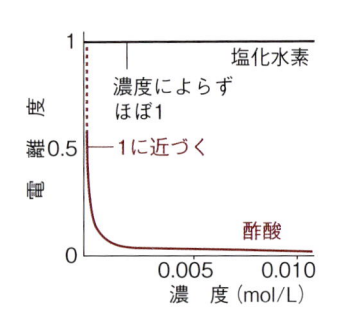

図 10.3 濃度と電離定数

[*10] 酢酸の電離平衡は，実際には，CH$_3$COOH + H$_2$O $\rightleftarrows$ H$_3$O$^+$ + CH$_3$COO$^-$と表されるので，H$_2$Oを加えるとルシャトリエの原理に従って平衡が右に偏る。

[*11] 2価の酸である硫酸の場合，1段階目の電離度がほぼ1である。

ルカリ土類金属元素の水酸化物などがあげられる。

酸や塩基の強弱は，厳密には電離平衡定数（記号 $K_a$ または $K_b$）を用いて比較しなければならない。たとえば酢酸の電離平衡定数は式 10.8，アンモニアの電離平衡定数は式 10.9 で与えられる[*12]。強酸，強塩基でない酸，塩基の電離平衡定数を**表 10.3** と**表 10.4** に示す[*13]。

$$K_a = \frac{[H^+][CH_3COO^-]}{[CH_3COOH]} \tag{10.8}$$

$$K_b = \frac{[NH_4^+][OH^-]}{[NH_3]} \tag{10.9}$$

表 10.3 酸の電離定数

| 化学式 | 電離定数 |
|---|---|
| $CH_3COOH$ | $K_a = 2.7 \times 10^{-5}$ |
| $(COOH)_2$ | $K_{a1} = 5.9 \times 10^{-2}$ |
|  | $K_{a2} = 6.4 \times 10^{-5}$ |
| $H_2S$ | $K_{a1} = 9.1 \times 10^{-8}$ |
|  | $K_{a2} = 1.3 \times 10^{-14}$ |
| $H_2SO_4$ | $K_{a2} = 1.2 \times 10^{-2}$ |

表 10.4 塩基の電離定数

| 化学式 | 電離定数 |
|---|---|
| $NH_3$ | $K_b = 2.3 \times 10^{-5}$ |
| $CH_3NH_2$ メチルアミン | $K_b = 3.2 \times 10^{-4}$ |
| $(CH_3)_2NH$ ジメチルアミン | $K_b = 1.0 \times 10^{-3}$ |
| $C_6H_5NH_2$ アニリン | $K_b = 5.2 \times 10^{-10}$ |

[*12] 酢酸の電離平衡における濃度平衡定数は，厳密には

$$K = \frac{[H_3O^+][CH_3COO^-]}{[H_2O][CH_3COOH]}$$

となるが，水溶液中に存在する水の物質量は溶質に比べて非常に多いので，$[H_2O]$ を一定と見なす。そこで $K[H_2O] = K_a$ とする。また $[H_3O^+]$ は $[H^+]$ と表記する。アンモニアの場合も同様である。

[*13] 2 価以上の酸の場合，$n$ 段階目の電離定数を $K_{an}$ と表す。塩基の場合も同様である。$K_a$，$K_b$ の値が小さいほど弱い酸あるいは塩基である。

## 10.3 水素イオン濃度と pH

### 10.3.1 水のイオン積

純粋な水，あるいは水溶液中の水には，次式の電離平衡がある。

$$2H_2O \rightleftharpoons H_3O^+ + OH^- \tag{10.10}$$

上記のように，$[H_2O]$ は一定と見なせる。また $[H_3O^+]$ は $[H^+]$ と表記するので，この電離平衡の濃度平衡定数 $K_w$ は次式で表すことができる。

$$K_w = [H^+][OH^-]$$

これを**水のイオン積**と呼び，温度 25 ℃ では $K_w = 1.0 \times 10^{-14}$ [mol/L]$^2$ である[*14]。すなわち $[H^+]$ と $[OH^-]$ は連動しており，酸性の水溶液中にも $OH^-$ は存在し，塩基性の水溶液中にも $H^+$（$H_3O^+$）は存在する。また水溶液が酸性であるときは $[H^+] > 1.0 \times 10^{-7}$ mol/L $>$ $[OH^-]$，中性であるときは $[H^+] = 1.0 \times 10^{-7}$ mol/L $= [OH^-]$，塩基性であるときは $[H^+] < 1.0 \times 10^{-7}$ mol/L $< [OH^-]$ である（**図 10.4**）。

### 10.3.2 水素イオン指数（pH）

$[H^+]$ と $[OH^-]$ は連動しているので，いずれかの値をもって水溶液の酸性，中性，塩基性を判定することができる。そこで水素イオン濃度 $[H^+]$ に注目した指標を考える。ただしその値はきわめて小さいので，扱いやすい数にするために $[H^+]$ の値の常用対数を求め，これに $-1$ を

[*14] $K_w$ の値は温度によって変化する。以後，特に断りがない場合には温度 25 ℃ で論議を進める。

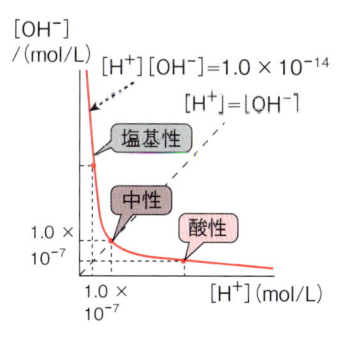

図 10.4 水のイオン積と液性

*15 pは累乗を表すpowerの頭文字を，Hは$[H^+]$を表す。

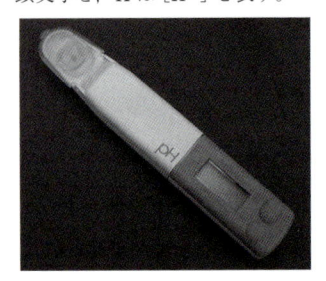

図10.5 pHメーター

表10.5 酢酸の電離平衡における濃度

|  | $CH_3COOH$ | $\rightleftarrows$ | $H^+$ | $+$ | $CH_3COO^-$ |
|---|---|---|---|---|---|
| 電離前 | $c$ | | $0$ | | $0$ |
| 電離後 | $c(1-\alpha)$ | | $c\alpha$ | | $c\alpha$ |

*16 数学的に，$1/(1-\alpha) = 1 + \alpha + \alpha^2 + \alpha^3 + \cdots$ という関係が成り立つ。$\alpha$ が1に比べてきわめて小さいときには，第二項以降 $(\alpha + \alpha^2 + \alpha^3 + \cdots)$ が無視できる。

*17 気相中の塩化水素とアンモニアとの反応のように，水が生じない中和反応もある。
$HCl + NH_3 \longrightarrow NH_4Cl$

掛けた **pH**（ピーエイチ；水素イオン指数）という指標を用いる[*15]。すなわち，$[H^+] = a \times 10^{-b}$ mol/L のとき，$pH = b - \log_{10} a$ と定義する。これを用いると，中性では pH = 7，酸性では pH < 7，塩基性では pH > 7 となる。また pH が 7 に近いほど，水溶液の酸性や塩基性が弱い。pH の測定には専用の pH メーターを用いる（**図10.5**）。

### 10.3.3 弱酸・弱塩基の電離平衡と pH

酢酸は水溶液中で**表10.5**のように電離している。電離する前の酢酸の濃度を $c$ mol/L，電離度を $\alpha$ とすると，平衡状態における酢酸，酢酸イオン，水素イオン（オキソニウムイオン）の濃度は，それぞれ**表10.5**のようになる。これらを用いて，酢酸の電離平衡定数 $K_a$ を表すと，次式のようになる。

$$K_a = \frac{[CH_3COO^-][H^+]}{[CH_3COOH]} = \frac{c\alpha^2}{1-\alpha} \tag{10.11}$$

したがって，$c$ がわかっていれば，$K_a$ は定数であるから，式 10.11 に示した二次方程式を解いて酢酸の電離度 $\alpha$ を求めることができ，酢酸水溶液の pH を計算できる。ところで図 10.3 のように，電離度 $\alpha$ の値は極端に希釈しない限り，1 に比べてきわめて小さい。このような場合には，$1/(1-\alpha) = 1$ という近似が成り立つ[*16]。これを使うと，$K_a = c\alpha^2$ となるので $\alpha = \sqrt{K_a/c}$ であり，$[H^+] = c\alpha = \sqrt{cK_a}$ となる。したがって $pH = -\log_{10}\sqrt{cK_a}$ である。

## 10.4 中和反応と塩

### 10.4.1 中和反応

酸と塩基を反応させると，互いの性質が打ち消される。このとき，酸から塩基へのプロトン $H^+$ の移動がおこる。多くの場合，酸の $H^+$ と塩基の水酸化物イオン $OH^-$ が結合して水が生じる。このような反応を，**中和反応**という[*17]。

$$HCl + NaOH \longrightarrow H_2O + NaCl \tag{10.12}$$

水溶液中での中和反応では，酸と塩基がそれぞれ電離して $H^+$ と $OH^-$ が生じ，これらから水が生成する。たとえば，強塩基である水酸化ナトリウムの水溶液に弱酸である酢酸の水溶液を加えて中和反応させる場合，まず酢酸から電離している $H^+$ が反応する。これによって $H^+$ が減少すると，ルシャトリエの原理に従って酢酸分子の電離が進み，新たな $H^+$ が生じる。これをくり返して，加えられた酢酸はすべて反応する。すなわち，中和反応は，酸や塩基の強弱に関係なく進行する。

### 10.4.2 塩とその分類

酸が電離すると $H^+$ と陰イオンが生じ，塩基が電離すると $OH^-$ と陽イオンが生じる。中和反応では，水と共にこれらが結びついた物質ができる（図 10.6）[18]。このような物質を**塩**という。

塩は化学式の観点から，酸の化学式中の H を陽イオンで置き換えた物質あるいは塩基の化学式中の OH を陰イオンで置き換えた物質，と定義することもできる。この定義に基づいて，塩を正塩，酸性塩，塩基性塩に分類することができる（表 10.6）[*19]。

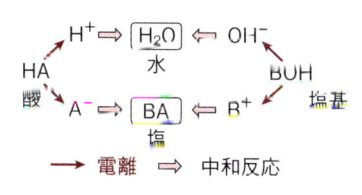

図 10.6 中和反応

[18] 式 10.12 の中和反応では NaCl がこれに該当する。

[*19] この分類は塩の水溶液の性質（酸性か中性か塩基性か）とは無関係である。

表 10.6 塩の分類

| 分類 | 定義 | 例 |
|---|---|---|
| 正塩 | 酸の H，塩基の OH がすべて置換された塩 | $Na_2SO_4$ $CaCl_2$ |
| 酸性塩 | 酸の H が残っている塩 | $NaHSO_4$ |
| 塩基性塩 | 塩基の OH が残っている塩 | $CaCl(OH)$ |

### 10.4.3 塩の水溶液の性質

塩化水素 HCl と水酸化ナトリウム NaOH との中和反応で生じる正塩である塩化ナトリウム NaCl の水溶液は，中性を示す。しかし，酢酸 $CH_3COOH$ と水酸化ナトリウム NaOH との中和反応で生じる正塩である酢酸ナトリウム $CH_3COONa$ の溶液は，弱い塩基性を示す。また，塩化水素 HCl とアンモニア $NH_3$ との中和反応の塩である塩化アンモニウム $NH_4Cl$ の水溶液は，弱酸性を示す。これらはいずれも正塩であるが，その水溶液は必ずしも中性を示さない。

$CH_3COONa$ の電離によって生じるナトリウムイオン $Na^+$ は，強塩基である NaOH の共役酸である。NaOH が強塩基であるのは，共役酸である $Na^+$ が水溶液中で安定であることによる。一方，$CH_3COONa$ の電離によって生じる $CH_3COO^-$ は，弱酸である $CH_3COOH$ の共役塩基である。$CH_3COOH$ が弱酸であるのは，共役塩基である $CH_3COO^-$ よりも分子状態の $CH_3COOH$ の方が水溶液中で安定であることによる。そこでごく一部の $CH_3COO^-$ が水と反応して $CH_3COOH$ になり，同時に水酸化物イオン $OH^-$ が生成する（図 10.7 (a)）[*20]。これによって水溶液が弱塩基性を示す。このような反応を**塩の加水分解**という。

[*20] 水分子が安定であるため，この反応はわずかしか進まない。

$$CH_3COO^- + H_2O \rightleftarrows CH_3COOH + OH^- \qquad (10.13)$$

塩化アンモニウムの水溶液では，強酸である HCl の共役塩基 $Cl^-$ が安定であり，また分子状態の $NH_3$ の方が共役酸 $NH_4^+$ よりも安定であるため，図 10.7 (b) のように $NH_4^+$ から水分子へのプロトンの移動がわずかに進行し，生成したオキソニウムイオンによって水溶液が弱酸性となる。

$$NH_4^+ + H_2O \rightleftarrows NH_3 + H_3O^+ \qquad (10.14)$$

$CH_3COONa + H_2O \rightleftharpoons CH_3COOH + Na^+ + OH^-$

$NH_4Cl + H_2O \rightleftharpoons NH_3 + H_3O^+ + Cl^-$

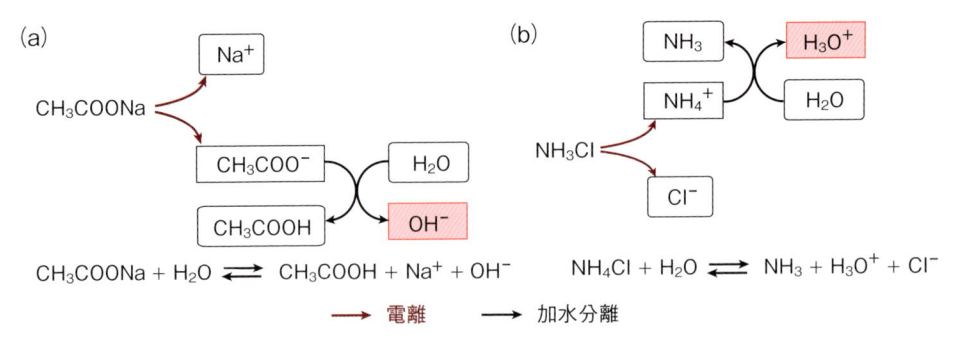

→ 電離    → 加水分解

**図 10.7** 酢酸ナトリウムと塩化アンモニウムの加水分解

一方，塩化ナトリウムの水溶液では，電離によって生じる $Na^+$ と $Cl^-$ が共に安定であり，加水分解がおこらず，水溶液は中性である。

### 10.4.4　塩と強酸・強塩基との反応

酢酸ナトリウムに塩酸を加えると，酢酸が生成して酸臭がする。このとき図 10.8 (a) のように，強酸である HCl から $CH_3COO^-$ へのプロトン $H^+$ の移動がおこり，安定な $CH_3COOH$ と $Cl^-$ が生じる。このように，弱酸の共役塩基を含む化合物に強酸を加えると弱酸が生成する。

一方，塩化アンモニウムと水酸化ナトリウムとを混合して振り混ぜると，アンモニアが生成して強い刺激臭がする。このとき図 10.8 (b) のように，強塩基である NaOH から発生する $OH^-$ が $NH_4^+$ からプロトンを奪って $H_2O$ になる。このように，弱塩基の共役酸を含む化合物に強塩基を加えると弱塩基が生成する[*21]。

[*21] 加水分解は反応物側に大きく偏った平衡であるが，これらの反応は生成物側に大きく偏った平衡である。

$CH_3COONa + HCl \longrightarrow CH_3COOH + NaCl$

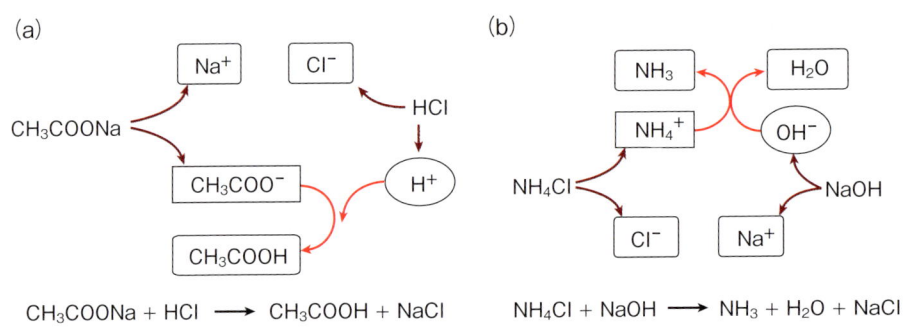

$NH_4Cl + NaOH \longrightarrow NH_3 + H_2O + NaCl$

**図 10.8** 塩と強酸・強塩基との反応

## 10.5　中和滴定

### 10.5.1　中和反応における量的な関係

酸と塩基が過不足なく中和反応するとき，次の関係が成り立つ。

酸が放出する $H^+$ の物質量 ＝ 塩基が受け取る $H^+$ の物質量

## 10.5 中和滴定

中和反応は電離度と無関係に進行するので，$n_a$ 価の酸 1 mol が中和反応で放出する $H^+$ の物質量は $n_a$ mol である。また $n_b$ 価の塩基 1 mol が中和反応で受け取る $H^+$ の物質量 $n_b$ mol は，塩基が完全に電離したと仮定した場合の $OH^-$ の物質量に等しい。したがって，$c_a$ mol/L の $n_a$ 価の酸の水溶液 $v_a$ mL と，$c_b$ mol/L の $n_b$ 価の塩基の水溶液 $v_b$ mL とが過不足なく中和反応するときには，次式の関係が成り立つ*22。

$$c_a \times v_a \times n_a = c_b \times v_b \times n_b \tag{10.15}$$

*22 $v_a$ と $v_b$ の単位は mL であるので $H^+$ と $OH^-$ の物質量が等しいという観点に厳密に立てば
$$c_a \times (v_a/1000) \times n_a = c_b \times (v_b/1000) \times n_b$$
となる。

### 10.5.2 中和滴定

#### 1) 標準溶液と標準物質

一定体積のモル濃度既知の酸（または塩基）の水溶液に，モル濃度未知の塩基（または酸）水溶液を滴下し，中和が完了する点（**中和点**）までに要した体積を測定する。得られたデータを式 10.15 に代入すると，滴下した塩基（または酸）水溶液のモル濃度がわかる。この実験操作を**中和滴定**という。中和滴定を行うためには，基準となる濃度既知の酸（または塩基）の水溶液が必要となる。これを**標準溶液**といい，その溶質を**標準物質**という*23。標準物質としてよく用いられるのは，2 価の弱酸であるシュウ酸の二水和物 $(COOH)_2 \cdot 2H_2O$ である。

*23 標準物質は，空気中で正確に質量が測定できる物質でなければならない。

#### 2) 指示薬と中和滴定曲線

中和点を知るためには**指示薬**を用いる。指示薬とは，水溶液の pH によって色調が変化する色素である。各指示薬は，ある決まった pH の範囲で色調が徐々に変化していく。これを指示薬の**変色域**という（**表 10.7**）。中和滴定によく用いられる指示薬は，フェノールフタレイン PP とメチルオレンジ MO である。

0.10 mol/L の塩酸，酢酸水溶液に，0.10 mol/L の水酸化ナトリウム水溶液，アンモニア水溶液を滴下する。横軸に滴下した水溶液の体積，縦軸に pH をとったグラフを作成すると，**図 10.9** が得られる。これを**中**

表 10.7 指示薬と変色域

| 指示薬 | 変色域 (pH) |
|---|---|
| メチルオレンジ (MO) | 3.1 〜 4.4 |
| メチルレッド (MR) | 4.2 〜 6.3 |
| ブロモチモールブルー (BTB) | 6.0 〜 7.6 |
| フェノールフタレイン (PP) | 8.3 〜 10.0 |

pH が低い側から見ると，メチルオレンジは赤〜黄，メチルレッドは赤〜黄，ブロモチモールブルーは黄から青，フェノールフタレインは無色から赤に変化する。

---

**Column　緩衝溶液**

少量の酸や塩基を加えても pH が大きく変化しない溶液を緩衝溶液という。たとえば，酢酸と酢酸ナトリウムを等しい物質量だけ含む混合水溶液には，図のように酢酸分子と酢酸イオンとが含まれている。ここに少量の酸 ($H_3O^+$) を加えると，酢酸イオンが酢酸分子になろうとする (10.2.2 項参照) ため $H_3O^+$ からプロトンを奪うので，水溶液の pH は小さくならない。一方，少量の塩基 ($OH^-$) を加えると，酢酸分子との中和反応が進行するので，水溶液の pH は大きくならない。ヒトの血液など，生物の体液の多くは緩衝溶液となっている。

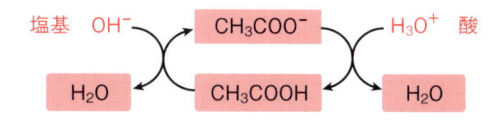

塩基 $OH^-$ → $CH_3COO^-$ ← $H_3O^+$ 酸
$H_2O$ ← $CH_3COOH$ → $H_2O$

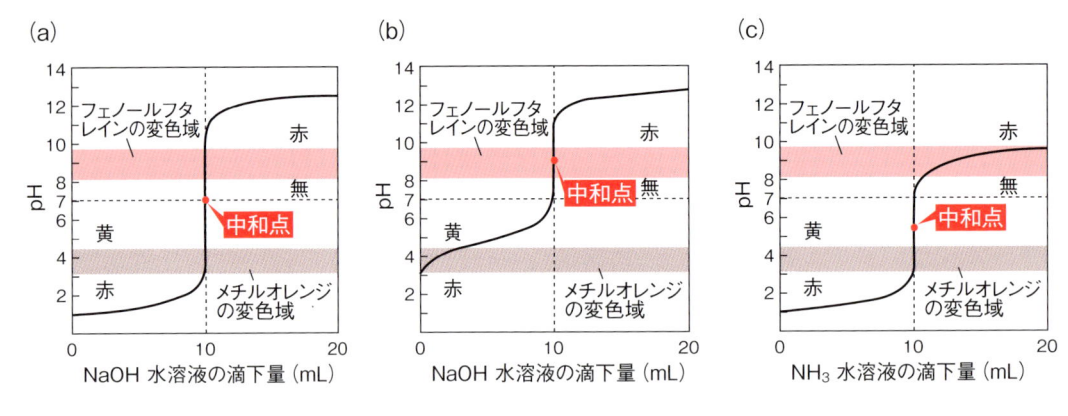

**図10.9 中和滴定曲線**

(a) HCl水溶液にNaOH水溶液を加える。(b) CH₃COOH水溶液にNaOH水溶液を加える。(c) HCl水溶液にNH₃水溶液を加える。

和滴定曲線という。(a)は強酸の水溶液に強塩基の水溶液を滴下した場合，(b)は弱酸の水溶液に強塩基の水溶液を滴下した場合，(c)は強酸の水溶液に弱塩基の水溶液を滴下した場合である。各グラフに，MOとPPの変色域を示した。(b)と(c)では，生成する塩の加水分解によって，中和点のpHは7にならないが，いずれの場合も中和点の前後で水溶液のpHが大きく変化している。このpHの変化が，(a)ではMOとPPの変色域を横切っている。したがって，あらかじめこれらの指示薬を加えておけば，その変色によって中和点を知ることができる。これに対して，(b)では中和点以前にMOが変色し，(c)では中和点の後にPPが変色する。したがって，中和点を知るためには，(b)ではPP，(c)ではMOが適している[*24]。

*24 弱塩基と弱酸の中和点では，(a)〜(c)のようなpHの大きな変化は見られない。したがって，中和滴定ではこの組み合わせを用いない。

### 3) 中和滴定の実験操作

中和滴定の実験は，以下のように行われる。一定体積の標準溶液を

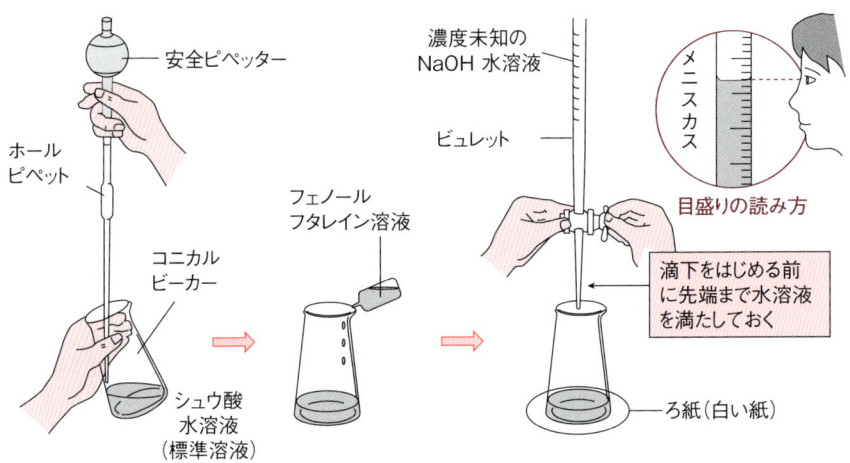

**図10.10 中和滴定の実験操作**

**ホールピペット**で測り取り，反応容器である**コニカルビーカー**に入れる。ここに少量の指示薬を加え，濃度未知の溶液をビュレットから滴下し，中和点までの体積を測定する。シュウ酸標準溶液を用いて濃度未知の水酸化ナトリウム水溶液の中和滴定を行う操作を図 10.10 に示す[*25]。

[*25] たとえば，0.100 mol/L のシュウ酸標準溶液を 10.0 mL 測り取り，水酸化ナトリウム水溶液を滴下したところ，12.5 mL で中和点に達したとする。シュウ酸は 2 価の酸であるから，このときの水酸化ナトリウム水溶液のモル濃度（$x$ mol/L）は次式から求められる。
$0.100 \times 10.0 \times 2 = x \times 12.5 \times 1$
$x = 8.00 \times 10^{-2}$ [mol/L]

## 演習問題

**10.1** ブレンステッド–ローリーの定義に基づいて，下線部の分子やイオンが酸または塩基のいずれであるかを答えよ。

(1) $\underline{CH_3COO^-} + HCl \longrightarrow CH_3COOH + Cl^-$  (2) $CH_3COO^- + \underline{H_2O} \rightleftarrows CH_3COOH + OH^-$
(3) $\underline{NH_4^+} + H_2O \rightleftarrows NH_3 + H_3O^+$  (4) $NH_3 + \underline{H_2O} \rightleftarrows NH_4^+ + OH^-$

**10.2** 次の水溶液の pH を小数第 1 位まで求めよ。ただし，強酸と強塩基の電離度は 1 とする。

(1) 0.010 mol/L の塩酸  (2) 0.20 mol/L の酢酸水溶液（電離度 0.010，$\log_{10} 2.0 = 0.30$）
(3) 0.020 mol/L の水酸化ナトリウム水溶液

**10.3** アンモニアの電離定数を $K_b (= [NH_4^+][OH^-]/[NH_3])$，電離度を $\alpha$ として，次の各問いに答えよ。

(1) モル濃度が $c$ mol/L のアンモニア水がある。このときの $K_b$ を，$c$ と $\alpha$ を用いて表せ。
(2) $\alpha$ が 1 に比べてきわめて小さいとき，$1/(1-\alpha) = 1$ と近似できる。この近似を使って，$\alpha$ を $c$ と $K_b$ を用いて表せ。
(3) $K_b = 2.3 \times 10^{-5}$ mol/L，$c = 0.10$ mol/L であるとき，このアンモニア水の pH を小数第 1 位まで求めよ。ただし，$\log_{10} 2.3 = 0.36$ である。

**10.4** 酢酸の電離定数を $K_a (= [CH_3COO^-][H^+]/[CH_3COOH])$，水のイオン積を $K_w$ とする。（腕だめし）

(1) 式 10.12 に示した酢酸イオンの加水分解平衡の平衡定数 $K_h = [CH_3COOH][OH^-]/[CH_3COO^-]$ を，$K_a$ と $K_w$ を用いて表せ（*$K_h$ の h は加水分解を表す）。
(2) 酢酸イオンの初期濃度を $c$ mol/L，加水分解率を $\beta$ とする。$1/(1-\beta) = 1$ と近似できるとき，この水溶液の水素イオン濃度を $K_a$，$K_w$，$c$，$\beta$ を用いて表せ。

**10.5** 次の操作でおこる反応を化学反応式で表せ。

(1) 0.10 mol/L の硫酸水素ナトリウム $NaHSO_4$ 水溶液 10.0 mL に，0.10 mol/L の水酸化ナトリウム水溶液 10.0 mL を加える。
(2) 0.10 mol/L の酢酸ナトリウム水溶液 10.0 mL に，0.10 mol/L の硫酸水溶液 5.0 mL を加える。
(3) 0.10 mol/L の硫酸アンモニウム $(NH_4)_2SO_4$ 水溶液 5.0 mL に，0.10 mol/L の水酸化ナトリウム水溶液 10.0 mL を加える。

**10.6** 0.0500 mol/L のシュウ酸水溶液を標準溶液として用いて中和滴定を行った。

(1) 0.0500 mol/L のシュウ酸水溶液 500 mL を調製するために必要なシュウ酸二水和物（126.0 g/mol）は何 g か。この標準溶液 10.0 mL を器具 A を用いて測り取り，コニカルビーカーに入れた。この溶液に指示薬を加え，濃度未知の水酸化ナトリウム水溶液を器具 B から滴下したところ，中和点までに 12.50 mL を要した。
(2) 器具 A，B の名称を記せ。
(3) 用いる指示薬として，フェノールフタレインまたはメチルオレンジのどちらが適切か。理由と共に答えよ。
(4) この水酸化ナトリウム水溶液のモル濃度を求めよ。

# 第 11 章

# 酸化と還元

中学校理科では，物質が酸素と化合したとき，その物質は酸化されたといい，酸化物が酸素を失ったとき，その酸化物は還元されたと学習した。酸化と還元は，金属が錆びる現象や燃焼など，われわれの身近で日常的に見られる反応である。また，この反応に伴って発生するエネルギーを電気エネルギーとして利用する装置が電池である。本章では，酸化と還元における電子の移動を中和と対比しながら理解する。さらに電池のメカニズムと，電池を利用した電気分解について学習する。

## 11.1 酸化と還元

### 11.1.1 酸化・還元と酸素・水素

銅粉を空気中で加熱すると，黒色の酸化銅（Ⅱ）CuO が生成する。この反応は次の化学反応式で表される。

$$2\,Cu + O_2 \longrightarrow 2\,CuO \tag{11.1}$$

この変化を原子に着目して考えると，銅原子は反応前には周囲の銅原子と結合しているが，反応後には酸素原子と結合している。このように，ある原子が酸素原子と結合したとき，その原子は酸化されたと定義する。一方，1 つの酸素原子は反応前には分子内のもう 1 つの酸素原子と結合しているが，反応後にはこれを失って銅原子と結合している。このように，ある原子が結合している酸素原子を失ったとき，その原子は還元されたと定義する[*1]。

水素と酸素の混合気体に点火すると，爆発的に反応して水が生じる。

$$2\,H_2 + O_2 \longrightarrow 2\,H_2O \tag{11.2}$$

上記の定義に従うと，この反応では水素原子が酸化され，酸素原子が還元されている。また水素原子に着目すると，1 つの水素原子は反応前に結合していた水素原子を失い，1 つの酸素原子は，反応後に 2 つの水素原子と結合している。このようにある原子が水素原子を失ったとき，その原子は酸化されたと定義し，またある原子が水素原子と結合したとき，その原子は還元されたと定義する[*2]。

### 11.1.2 酸化・還元と電子

酸素原子や水素原子が関与しない反応でも酸化と還元を論議するためには，すべての物質がもっているものに着目しなければならない。そこ

---

[*1] 物質に着目すると，酸化された原子を含む物質が酸化され，還元された原子を含む物質が還元されている。式 11.1 の反応では，銅 Cu が酸化され，酸素 $O_2$ が還元されている。

[*2] この定義に従うと，酸素が関与しない反応でも酸化と還元を論議できる。たとえば次の反応では，硫黄原子が酸化され，ヨウ素原子が還元されている。したがって，硫化水素 $H_2S$ が酸化され，ヨウ素 $I_2$ が還元されている。

$$H_2S + I_2 \longrightarrow 2\,HI + S$$

で，電子の移動を考える。式 11.1 の反応で生じる酸化銅(Ⅱ)はイオン結合性の物質であり，銅(Ⅱ)イオン $Cu^{2+}$ と酸化物イオン $O^{2-}$ からできている。したがって，この反応では，図 11.1 のような電子の移動がおこっている。すなわち，酸化されている銅原子は電子を放出し，還元されている酸素原子は電子を受け取っている。このように，ある原子が電子を放出したとき，その原子は酸化された，またある原子が電子を受け取ったとき，その原子は還元されたと定義する。

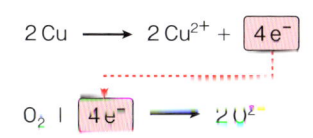

図 11.1 銅と酸素との反応における電子の移動

ここまで述べてきたように，原子(または物質)が酸化される反応と還元される反応は必ず同時におこる。したがって，このような反応を**酸化還元反応**という。

### 11.1.3 酸化数

式 11.2 の酸化還元反応では，どの原子もイオンになっていない。このような場合の電子の移動は，どのように考えればよいのであろうか。酸素の方が水素よりも電気陰性度が大きいので，水分子には図 11.2 (a) のような電荷の偏り(極性)がある (p.54 参照)。この電荷の偏りを極端に考えて，図 11.2 (b) のように「イオン化した」と仮定する。反応前の水素分子や酸素分子には，原子間に電荷の偏りは存在しない。したがって，図 11.2 (b) のように考えると，水素原子は電子を放出して酸化され「1価の陽イオン」となり，酸素原子は電子を受け取って還元され「2価の陰イオン」になったことになる。このように，電荷の偏りを極端に考えて求めた「イオンの価数」を**酸化数**という*3。

図 11.2 水分子における酸化数の考え方

複雑な化合物の酸化数を考える場合には，構造式から求めることは難しい。そこで以下のように考えて，酸化数を求めることができる。

1) 単体を構成する原子の酸化数は 0 である。
2) 化合物中の酸素原子の酸化数は $-2$，水素原子の酸化数は $+1$ である。(例外的に，過酸化水素 $H_2O_2$ における酸素の酸化数は $-1$ であり，NaH などの金属水素化物中の水素の酸化数は $-1$ である。)
3) 化合物中の各原子の酸化数をすべて加えると，0 になる*4。
4) 単原子イオンの酸化数は，その価数に等しい。
5) 多原子イオンを構成する原子の酸化数の総和は，そのイオンの価数に等しい*5。

\*3 水分子における水素原子の酸化数は $+1$ であり，酸素原子の酸化数は $-2$ である。ローマ数字を用いて，$+Ⅰ$，$-Ⅱ$ のように表記してもよい。

\*4 たとえば水 $H_2O$ では，$(+1) \times 2 + (-2) = 0$ となる。

\*5 たとえば水酸化物イオン $OH^-$ では $(-2)+(+1) = -1$ となる。また硫酸イオン $SO_4^{2-}$ における S 原子の酸化数を $x$ とすると，$x + (-2) \times 4 = -2$ となるので，$x = +6$ となる。

## 11.2 酸化還元反応

### 11.2.1 酸化剤と還元剤

前章で学習したように，プロトン $H^+$ を放出しやすい物質が酸であり，プロトン $H^+$ を受け取りやすい物質が塩基である。酸と塩基とを混合す

表 11.1　代表的な酸化剤と還元剤の半反応式

| 酸化剤 | 半反応式 | 還元剤 | 半反応式 |
|---|---|---|---|
| $KMnO_4$ | $MnO_4^- + 8H^+ + 5e^- \longrightarrow Mn^{2+} + 4H_2O$ | $(COOH)_2$ | $(COOH)_2 \longrightarrow 2CO_2 + 2H^+ + 2e^-$ |
| $K_2Cr_2O_7$ | $Cr_2O_7^{2-} + 14H^+ + 6e^- \longrightarrow 2Cr^{3+} + 7H_2O$ | $H_2S$ | $H_2S \longrightarrow S + 2H^+ + 2e^-$ |
| 濃 $H_2SO_4$ | $H_2SO_4 + 2H^+ + 2e^- \longrightarrow 2H_2O + SO_2$ | KI | $2I^- \longrightarrow I_2 + 2e^-$ |
| 濃 $HNO_3$ | $HNO_3 + H^+ + e^- \longrightarrow H_2O + NO_2$ | $FeSO_4$ | $Fe^{2+} \longrightarrow Fe^{3+} + e^-$ |
| 希 $HNO_3$ | $HNO_3 + 3H^+ + 3e^- \longrightarrow 2H_2O + NO$ | $Na_2S_2O_3$ | $2S_2O_3^{2-} \longrightarrow S_4O_6^{2-} + 2e^-$ |
| $H_2O_2$ † | $H_2O_2 + 2H^+ + 2e^- \longrightarrow 2H_2O$ | $H_2O_2$ † | $H_2O_2 \longrightarrow O_2 + 2H^+ + 2e^-$ |
| $SO_2$ †† | $SO_2 + 4H^+ + 4e^- \longrightarrow S + 2H_2O$ | $SO_2$ †† | $SO_2 + 2H_2O \longrightarrow SO_4^{2-} + 4H^+ + 2e^-$ |

† $H_2O_2$ は多くの場合酸化剤として反応するが，$KMnO_4$ や $K_2Cr_2O_7$ などとは還元剤として反応する。
†† $SO_2$ は多くの場合還元剤として反応するが，$H_2S$ などとは酸化剤として反応する。

ると，中和反応がおこる。一方で，酸化還元反応をおこすためには，電子を放出しやすい物質と電子を受け取りやすい物質とを混合する必要がある。前者は反応相手を還元するので**還元剤**と呼ばれ，後者は反応相手を酸化するので**酸化剤**と呼ばれる*6。

*6　酸化還元反応では，還元剤自身は酸化され，酸化剤自身は還元される。

還元剤や酸化剤が電子を個々に放出あるいは受け取る反応を表した式を**半反応式**という。代表的な還元剤と酸化剤（あるいはそれらに含まれるイオン）の半反応式を**表 11.1** に示す。

### 11.2.2　酸化還元反応の量的な関係

中和反応が過不足なく進行するためには，「酸が放出する $H^+$ の物質量 ＝ 塩基が受け取る $H^+$ の物質量」の必要があった。酸化還元反応は，「還元剤が放出する電子の物質量 ＝ 酸化剤が受け取る電子の物質量」の関係が成り立つとき，過不足なく進行する。

たとえば，水溶液中での過マンガン酸カリウム $KMnO_4$ とシュウ酸 $(COOH)_2$ との化学反応式は，以下のようにつくることができる。

$$MnO_4^- + 8H^+ + 5e^- \longrightarrow Mn^{2+} + 4H_2O \tag{11.3}$$

$$(COOH)_2 \longrightarrow 2CO_2 + 2H^+ + 2e^- \tag{11.4}$$

まず酸化剤である過マンガン酸イオンと還元剤であるシュウ酸の半反応式を書く。電子 $e^-$ の係数が等しくなるように，式 11.3 の両辺を 2 倍，式 11.4 の両辺を 5 倍して辺々を加えて整理する。

$$2MnO_4^- + 6H^+ + 5(COOH)_2 \longrightarrow 2Mn^{2+} + 2CO_2 + 8H_2O \tag{11.5}$$

得られた式 11.5 の左辺に $H^+$ があるので，この反応は酸性条件下で進むことがわかる。このときの酸は，希硫酸として加える*7。そこで両辺に $3SO_4^{2-}$ を加えて，$6H^+$ を $3H_2SO_4$ にする。また両辺に $2K^+$ を加えて，$2MnO_4^-$ を $2KMnO_4$ にする。$3SO_4^{2-}$ は右辺では $2MnSO_4$ と $K_2SO_4$ とに配分される。

*7　効率よく酸性にするためには，強酸の水溶液を加えるのがよい。しかし塩酸を加えると，$Cl^-$ が酸化剤と反応して $Cl_2$ が発生し，硝酸水溶液を加えると，$HNO_3$ が還元剤と反応する。

$$2KMnO_4 + 3H_2SO_4 + 5(COOH)_2 \longrightarrow 2MnSO_4 + 2CO_2 + K_2SO_4 + 8H_2O \tag{11.6}$$

また，$c_1\,\mathrm{mol/L}$ のシュウ酸水溶液 $v_1\,\mathrm{mL}$ に十分な量の硫酸水溶液を加えたとき，この中に含まれるシュウ酸と過不足なく反応する $c_2\,\mathrm{mol/L}$ の過マンガン酸カリウム水溶液の体積 $v_2\,\mathrm{mL}$ との間には，次式の関係が成り立つ*8。

$$c_1 \times v_1 \times 2 = c_2 \times v_2 \times 5 \tag{11.7}$$

*8 左辺の 2 は式 11.4 における電子の係数であり，右辺の 5 は式 11.3 における電子の係数である。

## 11.3 電池

### 11.3.1 ダニエル電池

亜鉛片を硫酸銅(II) $CuSO_4$ 水溶液中に入れると，次式の反応によって銅が析出し，亜鉛は亜鉛イオン $Zn^{2+}$ となって溶ける*9。

$$Zn + Cu^{2+} \longrightarrow Zn^{2+} + Cu \tag{11.8}$$

この反応は発熱反応である。このときの電子の授受は，亜鉛板の表面で進行する。しかし何らかの方法で，Zn から電子が放出される場所と $Cu^{2+}$ が電子を受け取る場所を離し，両者の間を導線で結ぶことができれば，導線を通って電子が連続的に移動して，電流が得られると考えられる。実際，図 11.3 のような装置を組むと，電流が流れて豆電球が点灯する。ここでは，化学反応に伴って発生するエネルギーが電気エネルギーになっている。このように，酸化還元反応に伴って発生するエネルギーを電気エネルギーとして取り出す装置を**電池**という。図 11.3 の電池は**ダニエル電池**と呼ばれる。

ダニエル電池では，亜鉛板上で亜鉛が酸化されて電子が放出される。このように，電池において電子を放出する（酸化反応がおこる）極を**負極**という。電子は導線を通って銅板上に移動し，ここで $Cu^{2+}$ が電子を受け取って還元され，銅が析出する。このように，電子を受容する（還元反応がおこる）極を**正極**という。このとき，硫酸亜鉛水溶液中では $[Zn^{2+}] > [SO_4^{2-}]$ となり，硫酸銅(II) 水溶液中では $[Cu^{2+}] < [SO_4^{2-}]$ となるので，両者を隔てる多孔質の**隔膜**（素焼き板が用いられる）を通って，$SO_4^{2-}$ が硫酸銅(II) 水溶液側から硫酸亜鉛水溶液側に向かって移動して電荷のバランスを保つ*10。電池では，電子は導線内を負極から正極に向かって移動するが，電流は導線内を正極から負極に向かって流れると定義されている。隔膜の代わりに，硫酸ナトリウム $Na_2SO_4$ を含む寒天を，曲がったガラス管に充填した**塩橋**が用いられることもある（図 11.4）。ダニエル電池は次のような式を用いて表される*11。

$$Zn\ |\ Zn^{2+}\ |\ Cu^{2+}\ |\ Cu \tag{11.9}$$

*9 この反応では亜鉛が還元剤であり，銅(II)イオンが酸化剤である。このときの半反応式は次のようになる。
$Zn \longrightarrow Zn^{2+} + 2e^-$
$Cu^{2+} + 2e^- \longrightarrow Cu$

図 11.3 ダニエル電池

*10 硫酸亜鉛水溶液側から硫酸銅(II) 水溶液側に向かって，$Zn^{2+}$ も移動する。隔膜がないと，亜鉛板上に銅が析出し電流が流れなくなる。

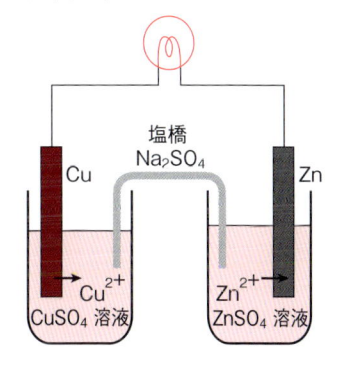

図 11.4 塩橋を用いたダニエル電池

*11 中央の | は，隔膜または塩橋を表す。

### 11.3.2 半電池，起電力，標準電極電位

塩橋を用いて図 11.4 のような形の電池をつくるとき，電池の構成を左半分と右半分に分けて考えることができ，それぞれを**半電池**という。電池に電流が流れるのは，各半電池に特有の電位があり，これらをつなぐことで電極の間に電位差が生じるためである。この電位差を電池の**起電力**という。電位の基準 (0 V) となるのは，水素電極 ($H^+$ | $H_2$, Pt；図 11.5) である[*12]。電池反応に関与するすべての物質の活量 (p.72 参照) が 1 であるときの電極電位を**標準電極電位** (記号 $E°$) という。代表的な標準電極電位を**表 11.2**に示す[*13]。

標準電極電位をもとにして計算すると，ダニエル電池の起電力は

$$+0.337 - (-0.763) = 1.100 \text{ V} \text{ となる。}$$

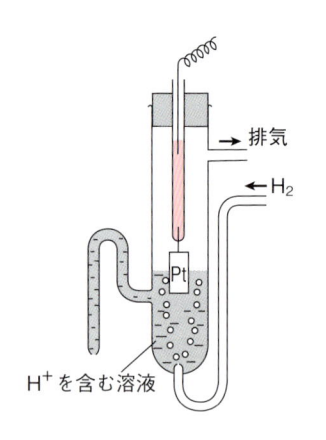

**図 11.5 水素電極**

[*12] この半電池では電極である白金 Pt は反応せず，$H_2 \longrightarrow 2H^+ + 2e^-$ という反応が進行する。$H_2$ の圧力を 1013 hPa，$H^+$ の活量を 1 に設定する。

[*13] この表で下にあるほど，電極反応が右向きに進行しやすい。すなわち，電極反応の左辺の物質が強力な酸化剤である。逆に，この表で上にあるほど，電極反応の右辺の物質が強力な還元剤である。

**表 11.2 標準電極電位 (25 ℃)**

| 半電池 | 電極反応 | $E°$ / V |
|---|---|---|
| $K^+$ \| K | $K^+ + e^- \longrightarrow K$ | $-2.925$ |
| $Ca^{2+}$ \| Ca | $Ca^{2+} + 2e^- \longrightarrow Ca$ | $-2.866$ |
| $Na^+$ \| Na | $Na^+ + e^- \longrightarrow Na$ | $-2.714$ |
| $Zn^{2+}$ \| Zn | $Zn^{2+} + 2e^- \longrightarrow Zn$ | $-0.763$ |
| $Fe^{2+}$ \| Fe | $Fe^{2+} + 2e^- \longrightarrow Fe$ | $-0.440$ |
| $Sn^{2+}$ \| Sn | $Sn^{2+} + 2e^- \longrightarrow Sn$ | $-0.136$ |
| $Pb^{2+}$ \| Pb | $Pb^{2+} + 2e^- \longrightarrow Pb$ | $-0.126$ |
| $H_2O$ \| Pt | $2H_2O + 2e^- \longrightarrow H_2 + 2OH^-$ | $-0.083$ |
| $H^+$ \| $H_2$, Pt | $2H^+ + 2e^- \longrightarrow H_2$ | $0$ |
| $Sn^{4+}$, $Sn^{2+}$ \| Pt | $Sn^{4+} + 2e^- \longrightarrow Sn^{2+}$ | $+0.15$ |
| $Cu^{2+}$ \| Cu | $Cu^{2+} + 2e^- \longrightarrow Cu$ | $+0.337$ |
| $I^-$ \| $I_2(s)$, Pt | $I_2 + 2e^- \longrightarrow 2I^-$ | $+0.536$ |
| $Fe^{3+}$, $Fe^{2+}$ \| Pt | $Fe^{3+} + e^- \longrightarrow Fe^{2+}$ | $+0.771$ |
| $Ag^+$ \| Ag | $Ag^+ + e^- \longrightarrow Ag$ | $+0.799$ |
| $Br^-$ \| $Br_2(l)$, Pt | $Br_2 + 2e^- \longrightarrow 2Br^-$ | $+1.055$ |
| $O_2$, $H^+$ \| Pt | $O_2 + 4H^+ + 4e^- \longrightarrow 2H_2O$ | $+1.229$ |
| $Cl^-$ \| $Cl_2(g)$, Pt | $Cl_2 + 2e^- \longrightarrow 2Cl^-$ | $+1.340$ |
| $MnO_4^-$, $Mn^{2+}$ \| Pt | $MnO_4^- + 8H^+ + 5e^- \longrightarrow Mn^{2+} + 4H_2O$ | $+1.51$ |

### 11.3.3 自由エネルギー変化と起電力

電池の反応が進行したときの自由エネルギー変化 (p.71 参照) を $\Delta G$ とする。また，1 回の反応で移動する電子の数を $z$，電子 1 mol のもつ電気量を $F$[*14]，電離の起電力を $E$ とするとき，次式の関係が知られている。

$$\Delta G = -zFE \tag{11.10}$$

ダニエル電池の反応 (式 11.8) を例に考えると，$z = 2$ である。すでに第 8 章で述べたように，この反応の $\Delta G$ は活量 $a$ を用いて次式のように表される。

[*14] $F$ はファラデー定数と呼ばれ，$9.65 \times 10^4$ C/mol である。

$$\Delta G = \Delta G^\circ + RT \ln \frac{a(\text{Zn}^{2+})\, a(\text{Cu})}{a(\text{Zn})\, a(\text{Cu}^{2+})} \tag{11.11}$$

ここで固体の活量は1に等しい(p.73参照)ので，式11.11は次のようになる。

$$\Delta G = \Delta G^\circ + RT \ln \frac{a(\text{Zn}^{2+})}{a(\text{Cu}^{2+})} \tag{11.12}$$

さらに，標準自由エネルギー変化 $\Delta G^\circ$ と標準電極電位によって求められた電池の起電力 $\Delta E^\circ$ との間には $\Delta G^\circ = -zF\Delta E^\circ$ の関係があるので，ダニエル電池の起電力 $E$ は次式のように表される[*15]。

$$E = \Delta E^\circ - \frac{RT}{2F} \ln \frac{a(\text{Zn}^{2+})}{a(\text{Cu}^{2+})} \tag{11.13}$$

活量はモル濃度に比例するので，温度が一定である場合のダニエル電池の起電力は，硫酸銅(II)水溶液の濃度を大きくし，硫酸亜鉛水溶液の濃度を小さくすると，大きくなる。

[*15] 式11.13のような式を**ネルンストの式**という。

### 11.3.4 イオン化傾向とイオン化列

式11.8の反応が進行することから，水溶液中では亜鉛の方が銅よりも陽イオンになりやすいことがわかる。この陽イオンへのなりやすさを**イオン化傾向**という。先述のように，表11.2の上の段にある反応ほど，水溶液中で逆方向に進行しやすい。そこで表11.2から，金属元素 M について「M$^{n+}$ | M」という形になっている半電池を選ぶと，次式のようなイオン化傾向の順番(**イオン化列**)が求められる[*16]。

$$\text{K} > \text{Ca} > \text{Na} > \text{Zn} > \text{Fe} > \text{Sn} > \text{Pb} > \text{H}_2 > \text{Cu} > \text{Ag} \tag{11.14}$$

これを対応する陽イオンを用いて書き換えると，次式のようになる。

[*16] 式11.14には $H_2$ も加えた。高等学校の化学の教科書には，これを拡張した以下のイオン化列が記載されている。

Li > K > Ca > Na > Mg > Al > Zn > Fe > Ni > Sn > Pb > H$_2$ > Cu > Hg > Ag > Pt > Au

なお，この順番には実験条件によって逆転する部分がある。

---

**Column　ボルタ電池**

近代科学において最初に登場する電池は，ボルタが発明したボルタ電池である。これは亜鉛板と銅板とを希硫酸に浸けた構造をもち，負極である亜鉛板で，$\text{Zn} \longrightarrow \text{Zn}^{2+} + 2\text{e}^-$ という反応が進行して電子が放出され，正極である銅板に導線を通って移動してきた電子が受容され，$2\text{H}^+ + 2\text{e}^- \longrightarrow \text{H}_2$ という反応が進行する。使われる銅板の表面には，通常，わずかに酸化物が付着している。これが酸化剤となるため，ボルタ電池の起電力は当初だけ比較的大きいが，やがて低下する。かつてこの現象は，分極と呼ばれていた。

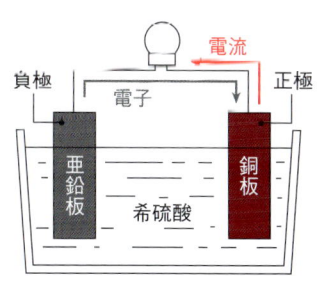

図　ボルタ電池

$$K^+ < Ca^{2+} < Na^+ < Zn^{2+} < Fe^{2+} < Sn^{2+} < Pb^{2+} < H^+ < Cu^{2+} < Ag^+$$
(11.15)

この系列の右側にある陽イオンほど，水溶液中で単体になりやすい。したがって，$H^+$ を含む塩酸や希硫酸に水素 $H_2$ よりイオン化傾向が大きい亜鉛 $Zn$ を加えると，次式のように水素が発生する。

$$Zn + 2H^+ \longrightarrow Zn^{2+} + H_2$$
(11.16)

しかし，塩酸や希硫酸に水素 $H_2$ よりイオン化傾向が小さい銅 $Cu$ を加えても，反応はおこらない。

### 11.3.5 局部電池

鉄は鋼板として多く用いられるが，湿った空気中で酸化されて，錆びやすいという欠点がある[*17]。これを防ぐために，鋼板の表面に色々なめっきがほどこされる。さびを防ぐためには，イオン化傾向が小さい金属をめっきするのがよい。たとえば，鋼板に，鉄よりもイオン化傾向が小さいスズをめっきしたものがブリキである。

一方，屋根やバケツなどによく用いられているトタンは，鋼板にイオン化傾向が鉄よりも大きい亜鉛をめっきしたものである。たとえば，図11.6 のように，トタン屋根に傷がついて鉄がむき出しになった部分に，酸素と二酸化炭素が溶け込んだ雨滴がついたとする。この雨滴中には $O_2$，$H^+$，$HCO_3^-$ などが含まれている。この場合，イオン化傾向が大きい亜鉛が $Zn^{2+}$ となって雨滴中に溶出する。このとき生じた電子は鋼板上に移動し，$O_2$，$H^+$ と反応する[*18]。すなわちトタンでは，イオン化傾向が大きい亜鉛が，鉄が酸化される反応を防止している。この反応は，亜鉛が負極，鉄が正極となった電池（$Zn \mid O_2, H^+ \mid Fe$）の反応と見なすことができる。このように，イオン化傾向が異なる 2 種類の金属が接触し，両者が電解質水溶液に触れると，局部的な電池（**局部電池**）が生じる。

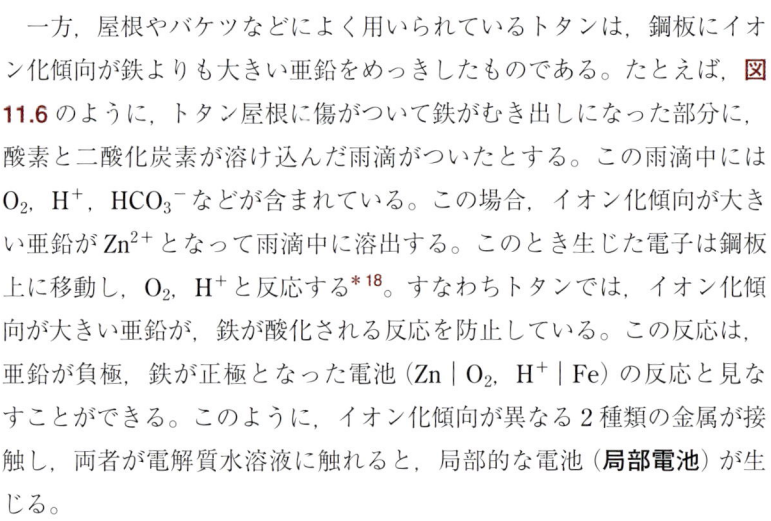

## 11.4 電気分解と二次電池

### 11.4.1 電気分解

電池の正極と負極に導線をとりつけ，その先端に電気伝導性をもつ金属板や炭素棒（電極）を接続し，これを電解質の水溶液に浸すと，それぞれの極で化学反応が進行する。この化学反応を**電気分解（電解）**という。このとき電池の正極に接続した電極を**陽極**，負極に接続した電極を**陰極**という（図 11.7）[*19]。

陰極には，電池の負極から放出された電子が流れこみ，これを消費する反応がおこる。具体的には，水溶液中の陽イオンまたは水分子が電子

---

[*17] 空気中で鉄に発生する赤さびには，鉄(III)イオンが含まれている。

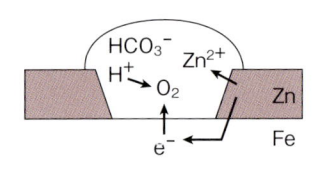

**図 11.6** トタンの作用

[*18] $O_2 + 4H^+ + 4e^- \longrightarrow 2H_2O$ という反応が進行する。

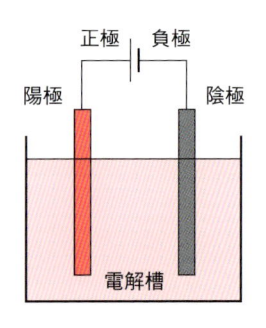

**図 11.7** 電気分解の装置

[*19] また，電気分解を行う反応容器を**電解槽**という。

を受け取って還元される[*20]。水溶液中にイオン化傾向が水素よりも小さい金属の陽イオンがある場合には，これが還元されて金属単体が析出する。また，水溶液中にイオン化傾向がアルミニウムよりも大きい金属イオンしかない場合には，次式に従って水が還元され，水素が発生する[*21]。

$$2\,H_2O + 2\,e^- \longrightarrow H_2 + 2\,OH^- \tag{11.17}$$

これらに対して，水溶液中にイオン化傾向が中程度の金属の陽イオンだけがある場合には，一般に金属単体と水素の両方が生成する[*22]。

陽極は，電池の正極が受け取るべき電子を放出しなければならない。金属電極を用いた場合にまず考えられるのは，電極自身が陽イオンとなって溶ける反応である。たとえば，銅電極を用いる場合には次式のような反応がおこる。

$$Cu \longrightarrow Cu^{2+} + 2\,e^- \tag{11.18}$$

これに対して，炭素電極や白金電極のような陽イオンになりにくい電極を用いた場合には，水溶液中の陰イオンあるいは水が酸化される。たとえば，水溶液中にヨウ化物イオンが含まれる場合には，次式のような反応がおこる。

$$2\,I^- \longrightarrow I_2 + 2\,e^- \tag{11.19}$$

また，水溶液中の陰イオンが $SO_4^{2-}$ や $NO_3^-$ のような強酸の共役塩基である多原子イオンだけの場合には，次式に従って水が酸化され，酸素が発生する[*23]。

$$2\,H_2O \longrightarrow O_2 + 4\,H^+ + 4\,e^- \tag{11.20}$$

### 11.4.2 電気分解における量的関係

電気分解において，電極で反応，生成する物質の量は，流れた電気量に比例する。1 A（アンペア）の電流を1秒間流したときの電気量は1 C（クーロン）である。また電子1 molの電気量は $9.65 \times 10^4$ C である。したがって，電気分解に使われた電子の物質量は，電流計と時計があれば測定できる。

たとえば，白金電極を用いて硫酸銅(Ⅱ)水溶液を電気分解する場合には，陽極では式 11.20 の反応がおこる。もし，$9.65 \times 10^4$ C の電気量が流れた場合には，陽極では 1/4 mol の酸素が生成することになる。このとき陰極では次式の反応がおこるので，これに従って 1/2 mol の銅が生成することになる。

$$Cu^{2+} + 2\,e^- \longrightarrow Cu \tag{11.21}$$

[*20] このとき，表 11.2 の下方にある反応ほど進行しやすい。

[*21] 塩酸や希硫酸のような酸性の水溶液では，次式に従って水素が発生する。
$2\,H^+ + 2\,e^- \longrightarrow H_2$

[*22] 電極の素材や電流値などによって，生成物の量関係は異なる。

[*23] 基本的に陽極では，表 11.2 の上方にある反応の逆反応が進行しやすい。しかし，白金電極上での $O_2$ の発生と $Cl_2$ の発生では後者が優先される。これは，$O_2$ の発生には酸素過電圧という余分な電圧が必要になるためである。

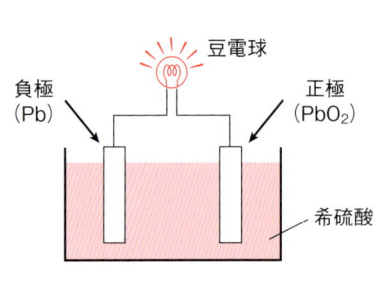

図 11.8　鉛蓄電池

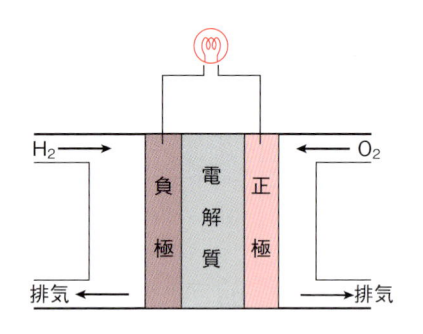

図 11.9　酸素・水素型燃料電池

### 11.4.3　二次電池

鉛板を電極に用いて希硫酸を電気分解すると，陰極では水素が発生し，陽極では鉛が酸化されて極板上に褐色の酸化鉛(Ⅳ) $PbO_2$ が生成する。次に，電気分解に用いた電池をはずして両極を豆電球つきの導線で結ぶと，電流が流れて豆電球が点灯する（図 11.8）。すなわち，新しい電池（**鉛蓄電池**）ができる。このとき正極と負極でおこる反応は，以下のように表される[*24]。

$$\text{正極：} PbO_2 + 4H^+ + SO_4^{2-} + 2e^- \longrightarrow PbSO_4 + 2H_2O \quad (11.22)$$

$$\text{負極：} Pb + SO_4^{2-} \longrightarrow PbSO_4 + 2e^- \quad (11.23)$$

両極に生成する硫酸鉛(Ⅱ) $PbSO_4$ は水に難溶性であり，極板上に付着している。鉛蓄電池の起電力が低下したら，鉛蓄電池の正極を外部電池の正極に，負極を外部電池の負極に接続すると，式 11.22, 11.23 の逆反応が進行し，起電力が回復する[*25]。この操作を**充電**という。鉛蓄電池のように，電気分解によってつくることができ，充電が可能な電池を**二次電池**という。鉛蓄電池は，自動車のバッテリーなどに利用されている。

近年，注目されている電池の1つに**燃料電池**がある。これは燃焼に伴うエネルギーを利用するもので，実用化されているのは酸素・水素型の燃料電池（図 11.9）である[*26]。電解質としてリン酸 $H_3PO_4$ などの酸を用いる場合，この電池の正極と負極では，以下の各反応が進行する。この型の燃料電池は理論的には充電することが可能であるが，実際は水素も酸素も外部から供給される。

$$\text{正極：} O_2 + 4H^+ + 4e^- \longrightarrow 2H_2O \quad (11.24)$$

$$\text{負極：} 2H_2 \longrightarrow 4H^+ + 4e^- \quad (11.25)$$

---

[*24] 電池から電流を取り出す操作を放電という。鉛蓄電池の放電では，全体として次式の反応が進行する。
$PbO_2 + Pb + 2H_2SO_4 \longrightarrow 2PbSO_4 + 2H_2O$
放電が進むと，希硫酸の濃度と密度が低下する。

[*25] 放電によって生成する $PbSO_4$ が極板に付着しているために，逆反応が進行しやすくなっている。

[*26] この電池の放電反応は，$2H_2 + O_2 \longrightarrow 2H_2O$（水素の燃焼）である。

## 演習問題

**11.1** 次の酸化還元反応において，酸化剤になっている物質と還元剤になっている物質は各々何か。化学式で答えよ。

(1) $Fe_2O_3 + 2Al \longrightarrow Al_2O_3 + 2Fe$ 　　(2) $2H_2S + SO_2 \longrightarrow 3S + 2H_2O$

(3) $K_2Cr_2O_7 + 4H_2SO_4 + 3(COOH)_2 \longrightarrow K_2SO_4 + Cr_2(SO_4)_3 + 7H_2O + 6CO_2$

**11.2** 希硫酸で酸性にした水溶液中で，過マンガン酸カリウムと硫酸鉄(II)との酸化還元反応を行う。このとき，過マンガン酸イオンと鉄(II)イオンは，以下の半反応式に従って反応する。

$$MnO_4^- + 8H^+ + 5e^- \longrightarrow Mn^{2+} + 4H_2O \cdots ① \qquad Fe^{2+} \longrightarrow Fe^{3+} + e^- \cdots ②$$

(1) この反応を，イオン反応式と化学反応式で表せ。

(2) 0.10 mol/L の硫酸鉄(II)水溶液 12.0 mL と，過不足なく反応する 0.015 mol/L の過マンガン酸カリウム水溶液の体積は何 mL か。

**11.3** 表 11.2 の標準電極電位を用いて，以下の各問いに答えよ。

(1) 次の反応式で表される酸化還元反応のうち，実際に進行するものをすべて選べ。

　ア) $I_2 + 2Br^- \longrightarrow 2I^- + Br_2$ 　　イ) $Cl_2 + 2Br^- \longrightarrow 2Cl^- + Br_2$
　ウ) $Cu + 2Fe^{2+} \longrightarrow Cu^{2+} + 2Fe$ 　　エ) $Cu + 2Fe^{3+} \longrightarrow Cu^{2+} + 2Fe^{2+}$
　オ) $O_2 + 4HI \longrightarrow 2I_2 + 2H_2O$

(2) 次の電池のうち，起電力が最も大きいものはどれか。反応に関与するイオンの活量はすべて 1 とする。

　ア) $Zn \mid Zn^{2+} \mid Sn^{2+} \mid Sn$ 　　イ) $Fe \mid Fe^{2+} \mid Sn^{2+} \mid Sn$ 　　ウ) $Sn \mid Sn^{2+} \mid Cu^{2+} \mid Cu$
　エ) $Zn \mid Zn^{2+} \mid Cu^{2+} \mid Cu$ 　　オ) $Fe \mid Fe^{2+} \mid Cu^{2+} \mid Cu$

**11.4** 下図のように鉛蓄電池を使って，硝酸銀水溶液の電気分解を行った。電極 A, B は白金電極である。可変抵抗を調節しながら，0.20 A の電流を 38600 秒間通じた。

ただし原子量は，次の値を用いよ。$O = 16.0$, $S = 32.0$, $Ag = 108.0$

(1) 電極 A, B でおこる反応を，半反応式で表せ。

(2) 流れた電気量は何 C か。また移動した電子は何 mol か。

(3) Pb 極，$PbO_2$ 極，電極 B の質量は，それぞれ何 g ずつ増加または減少するか。増加も減少もしない場合は 0 g と答えよ。

(4) 電極 A と B を銀電極に変えて，同じ条件で電気分解を行った。このとき電極 A, B の質量は，それぞれ何 g ずつ増加または減少するか。増加も減少もしない場合は 0 g と答えよ。

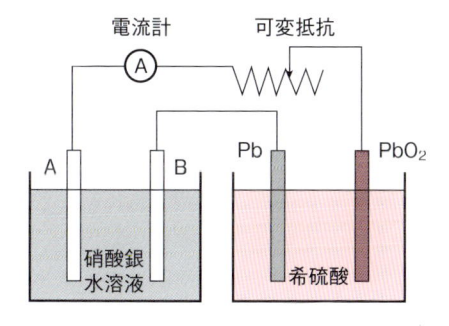

# 第 12 章

# 資源の利用 —無機化合物—

われわれ人類は，鉱物資源を様々な形で利用しながら，文明をつくってきた。近年になると，空気中の窒素や酸素を有効に利用して，種々の有用な物質が合成されるようになった。このように，人類の文明の歴史は，地球から得られる資源の利用の歴史といってよい。実際に資源の争奪が，歴史上，多くの戦争の原因となっている。この章では，鉱物資源の生成過程と利用とを通して，金属単体や無機化合物の性質と工業的な製法を概観する。また，空気中の窒素を利用した工業についても学習する。

表 12.1　海水中に溶存するイオン

| イオン | 質量パーセント濃度/% |
|---|---|
| $Na^+$ | 1.0556 |
| $Mg^{2+}$ | 0.1272 |
| $Ca^{2+}$ | 0.0400 |
| $K^+$ | 0.0380 |
| $Sr^{2+}$ | 0.0008 |
| $Cl^-$ | 1.8980 |
| $SO_4^{2-}$ | 0.2649 |
| $Br^-$ | 0.0065 |
| $HCO_3^-$ | 0.0140 |
| $F^-$ | 0.0001 |

海水の平均塩分濃度は，3.4 %である。

## 12.1　地球上にある元素

### 12.1.1　元素の存在

地球には大気圏，水圏，岩石圏と呼ばれる部分がある。これらのうち，大気圏には窒素，酸素，希ガスおよび二酸化炭素，水蒸気などが含まれている。水圏のほとんどは海水である。その主成分は水であるが，これにナトリウムイオンに代表される1族元素の陽イオン，マグネシウムやカルシウムなどの2族元素の陽イオン，塩化物イオンに代表される17族元素の陰イオン，硫酸イオン，炭酸水素イオンなどの多原子陰イオンが溶存している（表 12.1）。

岩石圏は，地表から地球の内部に向けて約 100 km の深さまでの部分を指し，地殻とマントル上部からなる。岩石圏には，酸素，ケイ素，アルミニウムなどの元素が多く含まれ，さらに鉄，チタン，マンガン，クロム，ニッケル，銅などの多様な金属元素も含まれる。人類の産業活動に必要な金属資源は，主に岩石圏上部の地殻から得られている。

### 12.1.2　鉱石・鉱物と鉱床

金属元素は，地殻中に広く分布している。しかし，産業用の資源として経済的採算が取れるように利用するためには，金属元素がある程度まで濃縮されている必要がある。このように濃縮された金属元素を含む岩石を**鉱石**といい，鉱石が集まった地層を**鉱床**という。また鉱石中に含まれる金属化合物の結晶を**鉱物**という。

鉱床に含まれる金属元素は，マグマ[*1]に含まれていたものである。マグマの温度が下がるときに，様々な鉱物が結晶化・沈殿する。マグマから直接形成される鉱床として，図 12.1 のようなものがある。

*1　地下に存在する，岩石が融解した高温の液体。

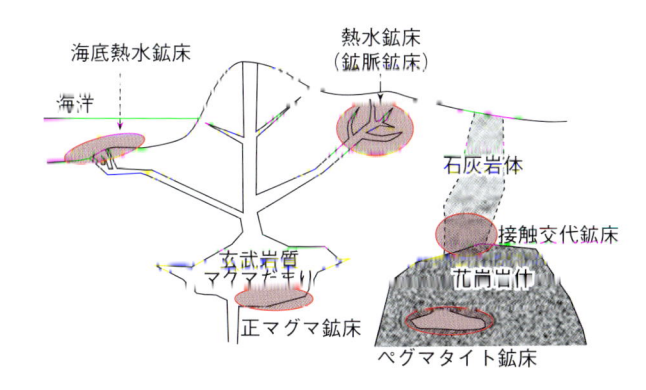

図12.1 マグマからできる鉱床

1) **正マグマ鉱床**：玄武岩質マグマ*2 だまりの中で，鉱物が結晶化・沈殿して形成された鉱床。Ti, Cr, Fe, Ni, Pt などの元素が含まれることが多い。

2) **熱水鉱床**：マグマの成分が熱水*3 中に抽出されてできた溶液が冷却する過程で，鉱物が結晶化・沈殿して形成された鉱床*4。Mn, Fe, Cu, Zn, Au, Ag, Pb などの元素が含まれることが多い。

3) **ペグマタイト鉱床**：主に花崗岩質マグマ*5 が冷えて固まる末期にできる空洞の中で，マグマの残液などの揮発性成分から，鉱物が結晶化して形成された鉱床。Si, Be, Li, Ta, Sn, U, 希土類元素*6 などが含まれることが多い。

4) **接触交代鉱床（スカルン鉱床）**：石灰岩に花崗岩質マグマが貫入したときに，接触部分でおこる化学反応によって形成された鉱床*7。Mg, Ca, Fe, Cu, Zn, Mo, Sn, W, Pb などの元素が含まれることが多い。金属元素が濃縮されていない岩石が，陸水*8 などによる風化・堆積作用によって，別の場所に集積して形成された鉱床もある。

5) **漂砂鉱床**：鉱石が砂粒の状態まで細かく砕かれ，堆積して形成された鉱床。砂金鉱床，砂鉄鉱床などが該当する。

6) **風化残留鉱床**：風化によって岩石が化学的に分解され，水に溶けにくい成分が残留して形成された鉱床。ボーキサイト*9 鉱床などが該当する。

7) **化学堆積鉱床**：陸水や海水に含まれていた成分が，化学反応や水の蒸発によって沈殿して形成された鉱床。岩塩（NaCl）鉱床や赤鉄鉱（主成分 $Fe_2O_3$）鉱床*10 などが該当する。

### 12.1.3 鉱物の化学組成

鉱物中に含まれる金属元素の多くは，陽イオンとなっている*11。このとき金属陽イオンが結合する陰イオンの種類によって，**表12.2** のよ

*2 地殻下にあるマントルが部分的に融けてできるマグマ。

*3 マグマ自身に含まれていた水やマグマの熱で生じた高温の地下水。

*4 地層の割れ目に熱水が浸入して熱水鉱床を形成すると，脈状の鉱床（**鉱脈鉱床**）になる。また熱水が海底に噴き出して冷却され，鉱石が沈殿した**海底熱水鉱床**（または**噴気堆積鉱床**）もある。

*5 二酸化ケイ素の含有量が多いマグマ。

*6 $_{21}Sc$, $_{39}Y$ と $_{51}La \sim _{71}Lu$ のランタノイド 15 元素の総称。

*7 石灰岩の主成分は，炭酸カルシウム $CaCO_3$ である。花崗岩質マグマに含まれるケイ酸成分と炭酸カルシウムが化学反応し，金属元素を含む種々のケイ酸塩鉱物ができる。

*8 河川水や湖沼水のように，地上にある水。

*9 水酸化アルミニウム $Al(OH)_3$ を主成分とする鉱石の総称。

*10 20億年以上前に，光合成を行う生物の出現に伴い，つくられた酸素によって海水中に含まれる鉄が酸化された。このとき多量の $Fe_2O_3$ が沈殿し，縞状鉄鉱層が形成された。

*11 クロム酸イオン $CrO_4^{2-}$ やタングステン酸イオン $WO_4^{2-}$ のような，酸素が結合した多原子陰イオン（オキソ酸イオン）として含まれる場合もある。また，イオン化傾向がきわめて小さい金や白金などは，単体として産出する。

*12 水酸化物を主成分とするものを含む。

*13 ケイ素原子と酸素原子からなる多原子陰イオン（ケイ酸イオン）を含む鉱物。ケイ素原子の一部がアルミニウム原子に置換された，アルミノケイ酸イオンを含むアルミノケイ酸塩も，これに含まれる。

表12.2　金属陽イオンを含む鉱物の分類

| 分類 | 主な例（主成分の化学式） |
|---|---|
| 酸化物鉱物[*12] | 赤鉄鉱（$Fe_2O_3$），磁鉄鉱（$Fe_3O_4$），ボーキサイト（$Al(OH)_3$），スズ石（$SnO_2$），ルチル石（$TiO_2$），軟マンガン鉱（$MnO_2$） |
| ハロゲン塩鉱物 | 岩塩（$NaCl$），ホタル石（$CaF_2$），氷晶石（$Na_3AlF_6$） |
| 炭酸塩鉱物 | 方解石（$CaCO_3$），菱マンガン鉱（$MnCO_3$），ドロマイト（$CaMg(CO_3)_2$），ストロンチアン石（$SrCO_3$） |
| 硫酸塩鉱物 | セッコウ（$CaSO_4 \cdot 2H_2O$），重晶石（$BaSO_4$） |
| リン酸塩鉱物 | リン灰石（$Ca_3(PO_4)_2$），モナズ石（$CePO_4$） |
| ケイ酸塩鉱物[*13] | 緑柱石（$Be_3Al_2Si_6O_{18}$），曹長石（$NaAlSi_3O_8$），リシア雲母（$KLi_2Si_4AlO_{10}(OH)_2$），ジルコン（$ZrSiO_4$） |
| 硫化物鉱物 | 黄鉄鉱（$FeS_2$），針ニッケル鉱（$NiS$），黄銅鉱（$CuFeS_2$），輝コバルト鉱（$CoAsS$），閃亜鉛鉱（$ZnS$），方鉛鉱（$PbS$），辰砂（$HgS$），輝銀鉱（$Ag_2S$） |

\* 上記の他にもクロム酸塩鉱物，タングステン酸塩鉱物などがある。

うな鉱物の分類が可能である。これらの鉱物が形成されるとき，各金属陽イオンと結びつきやすい陰イオンとが結合する傾向が強い。このときできる化合物は，陽イオンと陰イオンとの結合が強いため水に溶けにくく，マグマや熱水から結晶化・沈殿しやすい。

### 12.1.4 ゴールドシュミットの元素分類とHSAB則

ゴールドシュミットは，鉱物における金属元素の挙動に着目して，以下のような元素の分類を提案した[*14]。

*14 ここでは金属元素の分類を紹介する。

1) 親石元素：ケイ酸塩鉱物となる傾向が強い。Li, Na, K, Be, Mg, Ca, Sr, Ba, Al, Ti, Zr など。
2) 親鉄元素：金属単体あるいは酸化物鉱物の形で産出する傾向が強い。Fe, Co, Ni, Sn, Pt, Au, Pd など。
3) 親銅元素：硫化物鉱物で産出する傾向が強い。Ag, Cu, Zn, Cd, Pb, Hg など。

上記のような金属陽イオンと陰イオンとの結びつきやすさを判断する場合，以下に述べる経験則を使って考えると便利である。

前項で紹介した鉱物では，金属陽イオンと陰イオンとが結びついている。このとき，金属陽イオンはルイス酸，陰イオンはルイス塩基（p.85参照）と考えることができる。金属陽イオンのうち，電荷が大きく半径が小さいものを"硬い（hard）酸"，逆に電荷が小さく半径が大きいものを"軟らかい（soft）酸"という[*15]。同様に陰イオンのうち電荷の絶対値が大きく半径が小さいものを"硬い塩基"，電荷の絶対値が小さく半径が大きいものを"軟らかい塩基"として，酸と塩基を"硬い，中間，軟らかい"の三段階に分類する（表12.3）。この分類に基づいて，一般に次の経験則（**HSAB（hard and soft acids and bases）則**）が成り立つ[*16]。

*15 "硬い，軟らかい"は，本来は，$BF_3$ や $NH_3$ のような電荷をもたないルイス酸，ルイス塩基も含めて考えられるが，ここでは電荷をもつイオンのみに着目する。

*16 一般に，hardな酸とhardな塩基との結合はイオン結合性が強く，softな酸とsoftな塩基との結合は共有結合性が強い。

表12.3 酸と塩基の分類

|  | 硬い | 中間 | 軟らかい |
|---|---|---|---|
| 酸 | $Li^+$, $Na^+$, $K^+$, $Be^{2+}$, $Mg^{2+}$, $Ca^{2+}$, $Sr^{2+}$, $Ba^{2+}$, $Mn^{2+}$, $Al^{3+}$, $Fe^{3+}$, $Ti^{4+}$, $Sn^{4+}$, $Zr^{4+}$ | $Fe^{2+}$, $Co^{2+}$, $Ni^{2+}$, $Cu^{2+}$, $Zn^{2+}$, $Sn^{2+}$, $Pb^{2+}$ | $Cu^+$, $Ag^+$, $Cd^{2+}$, $Hg^{2+}$ |
| 塩基 | $F^-$, $OH^-$, $NO_3^-$, $O^{2-}$, $CO_3^{2-}$, $SO_4^{2-}$, $PO_4^{3-}$ | $Br^-$, $NO_2^-$, $SO_3^{2-}$ | $I^-$, $S^{2-}$ |

- 硬い酸は，硬い塩基と強く結合しようとする。
- 軟らかい酸は，軟らかい塩基と強く結合しようとする。

表12.3 に示した酸の分類に基づいて，金属陽イオンが含まれる主要な鉱物を考えると，以下のことがいえる。

1) 硬い酸である $Li^+$, $Na^+$, $K^+$, $Be^{2+}$, $Zr^{4+}$ はゴールドシュミットの分類による親石元素の陽イオンであり，ケイ酸塩鉱物に含まれることが多い。また同じく硬い酸である $Mg^{2+}$, $Ca^{2+}$, $Sr^{2+}$, $Ba^{2+}$, $Mn^{2+}$ も親石元素の陽イオンであるが，これらは硬い塩基である $F^-$, $CO_3^{2-}$, $SO_4^{2-}$, $PO_4^{3-}$ と結びついた鉱物を形成する。

2) 硬い酸のうち3価または4価の陽イオンである $Al^{3+}$, $Ti^{4+}$, $Sn^{4+}$ は，親石元素の陽イオンであり，硬い塩基である $O^{2-}$ や $OH^-$ と結びついた鉱石を形成する。硬い酸である $Fe^{3+}$ は親鉄元素の陽イオンであるが，硬い塩基である $O^{2-}$ と結びついた鉱物を形成する。

3) 中間の酸である $Fe^{2+}$ は親鉄元素の陽イオンであり，$Co^{2+}$, $Ni^{2+}$, $Cu^{2+}$, $Zn^{2+}$, $Sn^{2+}$, $Pb^{2+}$ は親銅元素の陽イオンである。これらは軟らかい塩基である $S^{2-}$ と結びついた鉱物を形成する。

4) 軟らかい酸である $Cu^+$, $Ag^+$, $Cd^{2+}$, $Hg^{2+}$ はゴールドシュミットの分類による親銅元素の陽イオンである。これらは軟らかい塩基である $S^{2-}$ と結びついた鉱物を形成する。

このように，鉱物を構成する陽イオンと陰イオンの組み合わせには，HSAB 則に従っているものが多い。またゴールドシュミットの元素分類は，表12.3 の酸の分類との相関が高い。代表的な鉱物の写真を図12.2 に示す。

図12.2 鉱物の写真
上から，蛍石($CaF_2$)，重晶石($BaSO_4$)，石膏($CaSO_4 \cdot 2H_2O$)，黄鉄鉱($FeS_2$；Wikipedia より)

## 12.2 金属の製錬と精錬

### 12.2.1 金属のイオン化傾向と製錬

表12.4 は，イオン化列（p.99 参照）に従って金属元素を並べ，各金属元素の陽イオン（鉱物に含まれるもの）の "硬い，中間，軟らかい" の分類を，価数ごとに分けて示したものである。同じ価数のイオンどうしで比較すると，イオン化傾向が大きい元素の陽イオンほど硬いことがわかる。

*17  天然に単体として産出するPtとAuはこの表に入れていない。

表12.4 イオン化列とイオンの分類*17

|  | Li | K | Ca | Na | Mg | Al | Zn | Fe | Ni | Sn | Pb | Cu | Hg | Ag |
|---|---|---|---|---|---|---|---|---|---|---|---|---|---|---|
| 1価 | H | H |  | H |  |  |  |  |  |  |  | S |  | S |
| 2価 |  |  | H |  | H |  | M | M | M | M | M | S | S |  |
| 3価 |  |  |  |  |  | H |  | H |  |  |  |  |  |  |

H：硬い，M：中間，S：軟らかい

これらの陽イオンを含む鉱石から金属を単体として取り出す操作を**製錬**という。また，製錬で得られた金属の純度を高くする操作を**精錬**という。製錬では鉱石に含まれる金属陽イオンを原子にするのであるから，化学的に見れば陽イオンの還元を行っている（p.95 参照）。一般に，イオン化傾向が小さい元素の陽イオンはエネルギー的に還元が容易であるが，イオン化傾向が大きい元素の陽イオンの還元には多量のエネルギーが必要になる。大まかには，製錬には**表12.5**のような方法が用いられる。以下に，これらのうちから銅，鉄，アルミニウムの製錬と精錬について述べる。

表12.5 金属の製錬法

| イオン化傾向 | 鉱石中の陽イオン | 製錬法（還元法） |
|---|---|---|
| 小 ↓ 大 | $Ag^+$ | 硫化物を還元*18 |
| | $Cu^{2+}$ | 硫化物を酸素と反応させながら還元 |
| | $Pb^{2+}$ | 硫化物を酸化物に変え，炭素で還元 |
| | $Fe^{3+}$，$Sn^{4+}$ | 酸化物を炭素で還元 |
| | $Zn^{2+}$ | 硫化物を酸化物に変え，炭素で還元 |
| | $Al^{3+}$，$Mg^{2+}$，$Na^+$，$Ca^{2+}$，$K^+$，$Li^+$ | 酸化物や塩化物を溶融し，電気分解（溶融電解：12.2.4項参照）により還元 |

*18 現在は，銅や鉛の電解精錬（図12.3 参照）の副生成物として得ている。かつては銀鉱石から鉛を還元剤として使う"灰吹き法"によって製錬されていた。

### 12.2.2 銅の製錬と電解精錬

銅の主な鉱石は，黄銅鉱（主成分 $CuFeS_2$）である。これを溶鉱炉中，高温で酸素と反応させると，気体の二酸化硫黄 $SO_2$，融解した硫化銅（Ⅰ）$Cu_2S$，固体の酸化鉄（Ⅲ）$Fe_2O_3$ が生成する（式12.1）*19。ここから $Cu_2S$ を取り出して，転炉中で酸素と反応させると，銅を約99％含む粗銅が得られる（式12.2）*20。ここまでが製錬である。

$$4\,CuFeS_2 + 9\,O_2 \longrightarrow 2\,Cu_2S + 2\,Fe_2O_3 + 6\,SO_2 \quad (12.1)$$
$$Cu_2S + O_2 \longrightarrow 2\,Cu + SO_2 \quad (12.2)$$

*19 溶鉱炉には黄銅鉱と共に，ケイ砂 $SiO_2$，石灰岩 $CaCO_3$，コークス C を入れる。鉱石中の不純物の多くはケイ砂や石灰石と反応し，固体のスラグ（p.109 側注21）となって除かれる。

*20 粗銅は金，銀，鉄，ニッケル，亜鉛などを不純物として含む。

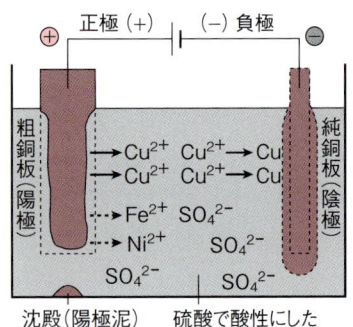

次に，粗銅を陽極，純銅板を陰極として希硫酸を加えた硫酸銅（Ⅱ）水溶液の電気分解を行う。陰極では銅（Ⅱ）イオンが還元されて銅が析出する。陽極の粗銅に含まれる鉄やニッケルは，銅と共に陽イオンとなって溶出するが，陰極にはこれらよりイオン化傾向が小さい銅のみが析出する。粗銅中のイオン化傾向が小さい金や銀は，銅の溶出に伴って陽極の下部に**陽極泥**として沈殿する。この精錬法を**電解精錬**という（**図12.3**）。

図12.3 銅の電解精錬

### 12.2.3 鉄の製錬

鉄の主な鉱石は，赤鉄鉱（主成分 $Fe_2O_3$）である。これをコークス，石灰石と共に，溶鉱炉中で熱風を送りながら高温で反応させる。このとき，炭素と空気中の酸素とから生じた一酸化炭素が還元剤となって，$Fe_2O_3$ が還元される（式 12.3）[*21]。ここで得られた鉄は**銑鉄**と呼ばれ，炭素を約 4 % 含むので，硬くて割れやすい。

$$Fe_2O_3 + 3\,CO \longrightarrow 2\,Fe + 3\,CO_2 \qquad (12.3)$$

転炉中，高温で酸素と銑鉄とを反応させると，銑鉄中の炭素が酸化され，炭素含有率が低く，多用途に使える**鋼**（スチール）が得られる[*22]。

### 12.2.4 アルミニウムの製錬

アルミニウムの主な鉱石はボーキサイト（主成分 $Al(OH)_3$）である。ボーキサイトには不純物として $Fe_2O_3$ が含まれる。まずボーキサイトを濃い水酸化ナトリウム水溶液と反応させると，アルミニウムイオンが錯イオンとなって溶出する（式 12.4）[*23]。

$$Al(OH)_3 + NaOH \longrightarrow [Al(OH)_4]^- + Na^+ \qquad (12.4)$$

このとき $Fe_2O_3$ は，溶けずに沈殿する。この溶液に微量の水酸化アルミニウム $Al(OH)_3$ を加えて静置すると，錯イオンが分解して $Al(OH)_3$ が沈殿する。これをろ別して熱分解すると，酸化アルミニウム（アルミナ）が得られる（式 12.5）。

$$2\,Al(OH)_3 \longrightarrow Al_2O_3 + 3\,H_2O \qquad (12.5)$$

酸化アルミニウムを，融解した氷晶石 $Na_3[AlF_6]$（融点 1050 ℃）に溶かし，炭素を電極に用いて電気分解すると，アルミニウムが陰極に析出する（式 12.6）[*24]。陽極では $O^{2-}$ が炭素電極と反応し，一酸化炭素が生成する[*25]（式 12.7）。このような方法を**溶融電解**という。

$$Al^{3+} + 3\,e^- \longrightarrow Al \qquad (12.6)$$
$$C + O^{2-} \longrightarrow CO + 2\,e^- \qquad (12.7)$$

## 12.3 鉱物資源中の非金属元素の利用

### 12.3.1 炭酸ナトリウムの工業的製法

18 世紀末の産業革命によって繊維工業における生産量が飛躍的に増加すると，これを洗浄するセッケンの需要が増加した。当時のセッケンは油脂と炭酸ナトリウム水溶液とから製造されていたので[*26]，セッケンの需要の増加によって炭酸ナトリウムの需要が増加した。こうして，炭酸ナトリウムを工業的に大量生産する方法が必要になった。

炭酸ナトリウムの工業的製法として，当初はルブラン法という方法が用いられていたが，やがて 1866 年にソルベーによって実用化された**ア**

---

[*21] 鉱石中の不純物は石灰石と反応して，スラグとなって除かれる。このスラグは，セメントの原料などに利用される。

[*22] 炭素含有率は 0.02 ～ 2 % に減少する。このとき鉄の一部は酸化されるが，炭素の方が酸素と結びつきやすく，優先的に酸化される。

[*23] $Al(OH)_3$ は，強酸とも強塩基とも反応する**両性水酸化物**である。錯イオン $[Al(OH)_4]^-$ は，テトラヒドロキシドアルミン酸イオンと呼ばれる。

[*24] この融解液中には，$Al^{3+}$ と $O^{2-}$ が存在する。アルミニウムのイオン化傾向は大きいので，$Al^{3+}$ を含む水溶液を電気分解してもアルミニウムを取り出すことはできない。

[*25] このとき，次式のように二酸化炭素も生成する。
$$C + 2\,O^{2-} \longrightarrow CO_2 + 4\,e^-$$

[*26] 油脂は塩基性水溶液中で加水分解されて，セッケン（脂肪酸のナトリウム塩）とグリセリン $C_3H_5(OH)_3$ になる。

*27 現在は，天然産の炭酸ナトリウムが主に利用されている。また炭酸ナトリウムは，現在ではガラスの原料に多用されている。

ンモニアソーダ法（ソルベー法）が，これに取って代わった*27。アンモニアソーダ法では，アンモニアと，石灰石を強熱して得られる二酸化炭素とを飽和食塩水に通じ，比較的水に溶けにくい炭酸水素ナトリウムを沈殿させる（式12.8）。

$$NaCl + H_2O + NH_3 + CO_2 \longrightarrow NaHCO_3 + NH_4Cl \quad (12.8)$$

この炭酸水素ナトリウムを熱分解すると，炭酸ナトリウムが得られる（式12.9）。

$$2\,NaHCO_3 \longrightarrow Na_2CO_3 + H_2O + CO_2 \quad (12.9)$$

式12.8の反応で生成する塩化アンモニウムは，窒素肥料（12.4節参照）として利用することができる*28。

*28 かつては，塩化アンモニウムと水酸化カルシウムとを次式のように反応させてアンモニアを回収していた。
$2\,NH_4Cl + Ca(OH)_2 \longrightarrow 2\,NH_3 + 2\,H_2O + CaCl_2$

### 12.3.2 二酸化ケイ素の利用

二酸化ケイ素 $SiO_2$ は，天然に水晶（図12.4），石英，ケイ砂として産出する。二酸化ケイ素を主成分とするガラス（石英ガラス）は，通信に用いられる光ファイバーの原料となる。またケイ砂を炭酸ナトリウムと融解させると，ガラス（ソーダガラス）の主要成分となるケイ酸ナトリウム $Na_2SiO_3$ が得られる（式12.10）。

$$SiO_2 + Na_2CO_3 \longrightarrow Na_2SiO_3 + CO_2 \quad (12.10)$$

ケイ砂を電気炉中，高温でコークスCと反応させると，ケイ素の単体が得られる（式12.11）。

$$SiO_2 + 2\,C \longrightarrow Si + 2\,CO \quad (12.11)$$

このケイ素を高純度に精錬すると，コンピューターなどに用いる半導体として使うことができる。

**図12.4 水晶**
Didier Descouens 撮影
（Wikipedia より）

### 12.3.3 硫黄の利用（硫酸の合成）

黄銅鉱や黄鉄鉱のような，硫黄を含む鉱石中から金属を製錬する過程

---

**Column　アルミニウムの再利用**

金属の製錬には多量のエネルギーが必要になるので，一度使用した金属の回収・再利用（リサイクル）が行われている。たとえば，アルミニウムをボーキサイトから取り出す過程で行われる溶融電解には，膨大な電気エネルギーが必要である。しかし，飲料用の缶などに多く使われるアルミニウムは融点が低い（約660℃）金属であるから，回収したアルミニウムを融解して金属塊に戻すことは比較的容易である。このとき必要なエネルギーは，製錬時の約3％に過ぎない。日本のアルミニウムのリサイクル率は，約90％である。ただし，金属の性質は不純物の混入によって大きく変わるので，リサイクルを効率よく行うためには，回収時の分別が重要になる。

では，二酸化硫黄 $SO_2$ が生成する。この気体を空気中に放出すると深刻な環境汚染を引き起こすので，回収して利用する必要がある[*29]。

二酸化硫黄は，硫酸 $H_2SO_4$ の原料として利用される[*30]。まず二酸化硫黄を酸素で酸化して，三酸化硫黄 $SO_3$ とする。このとき，酸化バナジウム(V) $V_2O_5$ を触媒として用いる（式 12.12）。

$$2 SO_2 + O_2 \longrightarrow 2 SO_3 \tag{12.12}$$

二酸化硫黄と水と直接反応させることは危険であるから，まず濃硫酸（純度 96～98% の硫酸）に吸収させ，**発煙硫酸**とする。これに希硫酸を加えると，発煙硫酸中の三酸化硫黄と希硫酸中の水が穏やかに反応して硫酸となり（式 12.13），濃硫酸が得られる。この硫酸の製法は**接触法**と呼ばれる。

$$SO_3 + H_2O \longrightarrow H_2SO_4 \tag{12.13}$$

### 12.3.4 カリウム肥料とリン酸肥料

産業革命以降，世界的な人口の増加によって食糧不足が深刻な問題となり，食糧増産のために肥料の需要が増加した。植物の生育に不可欠な必須16元素[*31]のうち，リン，窒素，カリウムの三つの元素は特に不足しやすい。したがって農業で植物を生育させる際には，この三元素（**肥料の三要素**）を含む肥料を土壌中に与える必要がある。

カリウムを含む肥料には，岩塩鉱床に含まれるカリ鉱石（主成分 $KCl$）が利用される。またリンを含む肥料（リン酸肥料）には，リン灰石（主成分 $Ca_3(PO_4)_2$）が利用される。しかしリン酸カルシウム $Ca_3(PO_4)_2$ は水に溶けにくく，これを与えても植物が根からリンを吸収することが困難である。そこでリン灰石と硫酸とを反応させて，水に溶けやすいリン酸二水素カルシウム $Ca(H_2PO_4)_2$ にして，肥料として与える（式 12.14）[*32]。

$$Ca_3(PO_4)_2 + 2 H_2SO_4 \longrightarrow Ca(H_2PO_4)_2 + 2 CaSO_4 \tag{12.14}$$

## 12.4 空気中に含まれる窒素の利用

### 12.4.1 アンモニアの工業的な合成法

肥料の三要素の一つである窒素は，空気中に単体の窒素 $N_2$ として多量に含まれる。しかし窒素は化学的に安定で，植物がこれを養分として吸収することはできない。しかし，ダイズなどのマメ科の植物の根には根粒細菌が生息しており，この細菌が空気中の窒素を還元し，植物が吸収しやすいアンモニウム塩に変える（図 12.5）。この作用を**空中窒素の固定**という。

現在では，空中窒素の固定が工業的に行われ，窒素 $N_2$ と水素 $H_2$ と

---

[*29] わが国における四大公害訴訟の一つである「四日市ぜんそく」の原因は，大気中に放出された二酸化硫黄であった。

[*30] 石油の生成の過程で得られる硫黄単体を，燃焼させて得られる二酸化硫黄も利用される。

[*31] $C, H, O, N, Mg, Ca, K, S, Fe, P, Mn, B, Cu, Zn, Mo, Cl$ の16元素である。イネ科の植物の生育には，この他に $Si$ が必須となる。

[*32] $Ca(H_2PO_4)_2$ と $CaSO_4$ との混合物の形で肥料とする。これを**過リン酸石灰**という。硫酸の代わりにリン酸を用いると，$CaSO_4$ を含まない**重過リン酸石灰**が得られる。

図 12.5　ダイズの根粒（写真提供：新潟大学　大山卓爾教授）

から直接アンモニアを合成する方法（**ハーバー−ボッシュ法**）が実用化されている（式 12.15）。

$$N_2 + 3H_2 \rightleftarrows 2NH_3 \tag{12.15}$$

この反応は気体どうしの可逆反応であるから，平衡を右向きに移動させてアンモニアを多く得るために，ルシャトリエの原理（p.74 参照）に従って反応容器内の圧力を上げ[*33]，さらに生成したアンモニアを液体にして取り除く[*34]。またこの反応は活性化エネルギーが大きい反応であるが，右向きの反応が発熱反応であるため，容器内の温度を極端に上げることができない。そこで反応を加速させるために，四酸化三鉄 $Fe_3O_4$ を成分として含む触媒を加える。

アンモニアから得られる塩化アンモニウム $NH_4Cl$ や硫酸アンモニウム $(NH_4)_2SO_4$，尿素 $CO(NH_2)_2$ は，窒素肥料として利用される。

### 12.4.2　硝酸の合成

硝酸 $HNO_3$ は，火薬，医薬品，染料などの製造のために必要な物質である。かつては硝石（主成分 $KNO_3$）と硫酸を反応させて製造していたが，現在ではアンモニアを原料とする**オストワルト法**によって製造されている。オストワルト法では，まず白金を触媒に用いてアンモニアを酸素によって酸化し，一酸化窒素とする（式 12.16）。

$$4NH_3 + 5O_2 \longrightarrow 4NO + 6H_2O \tag{12.16}$$

一酸化窒素は，さらに酸素によって酸化され，二酸化窒素になる（式 12.17）。

$$2NO + O_2 \longrightarrow 2NO_2 \tag{12.17}$$

この二酸化窒素を温水と反応させて硝酸を得る（式 12.18）[*35]。

$$3NO_2 + H_2O \longrightarrow 2HNO_3 + NO \tag{12.18}$$

[*33]　加圧すると，分子数が減る（エントロピーが小さくなる）右向きに，平衡がシフトする。

[*34]　アンモニアは分子間に水素結合を生じるので，加圧によって液体になりやすい。反応式の右辺にあるアンモニアを取り除くと，平衡が右向きに移動する。

[*35]　この反応で得られる一酸化窒素は，回収して式 12.17 の反応に再利用される。

# 演習問題

**12.1** 次の各記述に該当する鉱床の名称を，下のア）〜キ）より1つずつ選べ。
(1) 石灰岩に花崗岩質マグマが貫入したときに，接触部分でおこる化学反応によって形成された鉱床。
(2) 主に花崗岩質マグマが冷えて固まる末期にできる空洞内で，マグマの残液などの揮発性成分から，鉱物が結晶化して形成された鉱床。
(3) 玄武岩質のマグマだまりの中で，鉱物が結晶化・沈殿して形成された鉱床。
(4) 陸水や海水に含まれていた成分が，化学反応や水の蒸発によって沈殿して形成された鉱床。
(5) 風化によって岩石が化学的に分解され，水に溶けにくい成分が残留して形成された鉱床。
　　ア）正マグマ鉱床　　イ）熱水鉱床　　ウ）ペグマタイト鉱床　　エ）スカルン鉱床
　　オ）漂砂鉱床　　カ）風化残留鉱床　　キ）化学堆積鉱床

**12.2** 次の各金属イオンは，どのようなタイプの鉱物に含まれやすいか。下のア）〜エ）より1つずつ選べ。
(1) $Fe^{3+}$　　(2) $Pb^{2+}$　　(3) $Sn^{4+}$　　(4) $Ba^{2+}$　　(5) $Al^{3+}$
　　ア）硫化物鉱物　　イ）ケイ酸塩鉱物　　ウ）酸化物鉱物　　エ）硫酸塩鉱物

**12.3** 黄銅鉱 $CuFeS_2$ からの銅の製錬と精錬に関する次の文を読み，下の各問いに答えよ。
①黄銅鉱を溶鉱炉中で酸素と反応させると，硫化銅(Ⅰ)が得られる。②これを転炉に移してさらに酸素と反応させると，粗銅が得られる。粗銅には金，銀，鉄，ニッケルなどの不純物が含まれる。③粗銅を陽極，純銅板を陰極に用いて，硫酸酸性の硫酸銅(Ⅱ)水溶液を電気分解すると，陰極に純銅が析出する。この精錬法は（　　）と呼ばれる。
(1) 下線部①，②でおこる反応を，化学反応式で表せ。
(2) 下線部③の精錬で，粗銅中に含まれる銀と鉄はどのように除かれるか。各々について記せ。
(3) 文中の（　　）に該当する語句を記せ。

**12.4** 次の①式と②式の反応をくり返して，炭酸ナトリウムを製造する。②式の反応で生成した二酸化炭素は，回収して①式の反応に再利用する。下の各問いに答えよ。
　　$NaCl + H_2O + NH_3 + CO_2 \longrightarrow NaHCO_3 + NH_4Cl$ ……①
　　$2 NaHCO_3 \longrightarrow Na_2CO_3 + H_2O + CO_2$ …………………②
　　（原子量は次の値を用いよ。H = 1.0，C = 12.0，O = 16.0，Na = 23.0，Cl = 35.5，Ca = 40.0）
(1) ①と②をまとめて，1つの化学反応式で表せ。
(2) 10.6 t の炭酸ナトリウムを製造するためには，塩化ナトリウム，アンモニア，二酸化炭素が，それぞれ何 t ずつ必要か。(1) の化学反応式に基づいて計算せよ。
(3) (2) で必要な二酸化炭素を，次の③式で表される石灰石の熱分解で得たい。必要な石灰石は何 t か。
　　$CaCO_3 \longrightarrow CaO + CO_2$ ……………………………………③

# 第13章

# 有機化合物の反応

生物の身体をはじめ，食品，プラスチック，繊維など，われわれの身のまわりにある物質のほとんどが**有機化合物**である。この章では，有機化合物の分類，表記法および命名法を学習する。また基本的な有機化合物の反応である，**付加反応**，**置換反応**，**脱離反応**，**転位反応**についても学習する。

## 13.1 有機化合物と命名法

### 13.1.1 有機化合物と分類

有機化合物とは，炭素原子を骨格とする炭素化合物の総称である[*1]。有機化合物の分子には，**炭化水素基**と呼ばれる炭素原子と水素原子とからなる構造と，**官能基**と呼ばれ有機化合物の性質を決める特有の構造とがある[*2]。有機化合物の分類法には，炭化水素基における炭素原子のつながり方による分類法（**図 13.1**）と，官能基による分類法（**表 13.1**）とがある。

[*1] 炭素の酸化物（$CO$, $CO_2$ など），炭酸塩（$CaCO_3$ など），シアン化物（$KCN$ など）は炭素の化合物ではあるが，有機化合物から除外される。

[*2] 分子内の特定の原子団を「基」という。

**表 13.1　官能基による分類**

| 化合物 | 官能基と構造 | |
|---|---|---|
| アルコール | ヒドロキシ基 | $-OH$ |
| エーテル | エーテル結合 | $C-O-C$ |
| アルデヒド | ホルミル基 | $-CHO$ |
| ケトン | カルボニル基 | $-CO-$ |
| カルボン酸 | カルボキシ基 | $-COOH$ |
| エステル | エステル結合 | $-CO-O-$ |
| アミン | アミノ基 | $-NH_2$ * |
| アミド | アミド結合 | $-CO-N\langle$ |
| ニトロ化合物 | ニトロ基 | $-NO_2$ |
| スルホン酸 | スルホ基 | $-SO_3H$ |

* 厳密には，アミノ基をもつものは第一級アミンと呼ばれる。

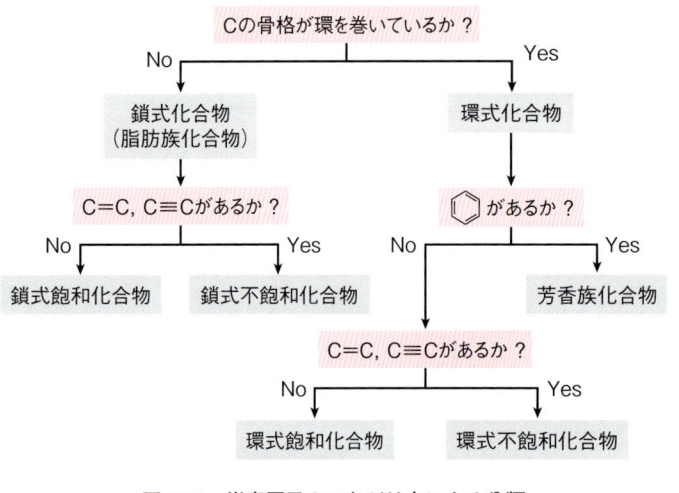

**図 13.1　炭素原子のつながり方による分類**

### 13.1.2 有機化合物の表記法

有機化合物の分子における原子のつながり方は多様である。たとえば分子式が $C_2H_6O$ で表される有機化合物には，エタノールとジメチル

エーテルとがある（図 13.2）。このように，同じ分子式をもちながら構造が異なる物質を互いに**異性体**であるという。したがって，有機化合物の表記には主に構造式が用いられる。構造式では，原子の価標をすべて記すことになっているが，複雑な場合には C–H 結合や C–C 結合を省略した構造式，あるいは C や H の元素記号すら省略した構造式が用いられる場合がある（図 13.3）。

図 13.2 分子式 $C_2H_6O$ で表される有機化合物

図 13.3 いろいろな構造式

sp³ 混成軌道（p.51 参照）をもつ炭素原子は，正四面体型の立体構造を形成する。これを表記する場合には，図 13.4 のような図を用いる。また分子を特定の方向から眺めて原子どうしの重なり方を論じたい場合には，図 13.5 のようなニューマン投影式が用いられる。

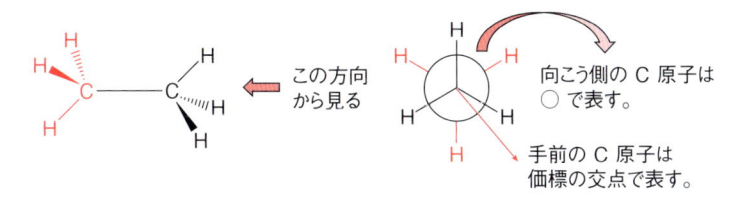

図 13.5 ニューマン投影式（右側）

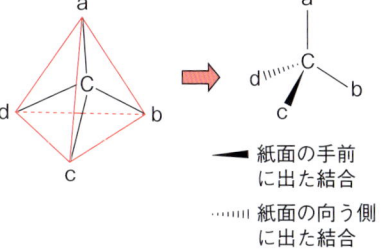

図 13.4 立体構造の表記法
原子 a と原子 b を紙面上に置くと，原子 c は紙面の手前に，原子 d は紙面の向う側に位置する。

### 13.1.3 資源としての有機化合物

自然界において，有機化合物は生物の身体を構成している。太古に地球上に生息した生物の遺骸が地層中に堆積し，地中で熱や圧力の作用を受けて変化したものが石油や石炭であり，これらを**化石燃料**という。主要な石炭は主に巨大なシダ植物の遺骸が，主要な石油は浅い海に生息していたプランクトンの遺骸が変化したものである。

20 世紀のはじめまでは，燃料や種々の有機化合物をつくり出すための原料として石炭が用いられていたが，現在では石油が用いられている。石油の主成分は，鎖式飽和炭化水素や環式飽和炭化水素である。

表 13.2 アルカンとアルキル基の名称と化学式

| 炭素数 | アルカン (alkane) $C_nH_{2n+2}$ | アルキル (alkyl) 基 $C_nH_{2n+1}-$ |
|---|---|---|
| 1 | メタン (methane) $CH_4$ | メチル (methyl) 基 $CH_3-$ |
| 2 | エタン (ethane) $C_2H_6$ | エチル (ethyl) 基 $C_2H_5-$ |
| 3 | プロパン (propane) $C_3H_8$ | プロピル (propyl) 基 $C_3H_7-$ |
| 4 | ブタン (butane) $C_4H_{10}$ | ブチル (butyl) 基 $C_4H_9-$ |
| 5 | ペンタン (pentane) $C_5H_{12}$ | ペンチル (pentyl) 基 $C_5H_{11}-$ |
| 6 | ヘキサン (hexane) $C_6H_{14}$ | ヘキシル (hexyl) 基 $C_6H_{13}-$ |
| 7 | ヘプタン (heptane) $C_7H_{16}$ | ヘプチル (heptyl) 基 $C_7H_{15}-$ |
| 8 | オクタン (octane) $C_8H_{18}$ | オクチル (octyl) 基 $C_8H_{17}-$ |
| 9 | ノナン (nonane) $C_9H_{20}$ | ノニル (nonyl) 基 $C_9H_{19}-$ |
| 10 | デカン (decane) $C_{10}H_{22}$ | デシル (decyl) 基 $C_{10}H_{21}-$ |

### 13.1.4 炭化水素の命名法

有機化合物の名称には，古くから用いられている慣用名と，IUPAC[*3]という国際機関で定められた IUPAC 名とがある。命名法の基本となるのは，**アルカン**（alkane：$C_nH_{2n+2}$）と呼ばれる鎖式飽和炭化水素である。表 13.2 に示すのは，炭素原子のつながりに枝分かれがない[*4] アルカンの分子式と名称（分子内の炭素数 1 〜 10）である。また，アルカン分子の末端の炭素原子に結合した水素原子をはずした炭化水素基を，**アルキル**（alkyl：$C_nH_{2n+1}-$）基という。アルカンに対応するアルキル基の化学式と名称も，あわせて表 13.2 に示す[*5]。炭素原子のつながりに枝分かれがある場合には，図 13.6 の手順に従って名前をつける。

環式飽和炭化水素は，一般に**シクロアルカン**（cycloalkane：$C_nH_{2n}$）と呼ばれる。シクロアルカンには，炭素原子が 3 個以上必要である。シクロアルカンの名称は，同じ炭素数をもつアルカンの名称の前にシクロ

[*3] International Union of Pure and Applied Chemistry（国際純正・応用化学連合）の略称。

[*4] 分子内の結合がすべて単結合であるものを「飽和」という。また炭素原子のつながりに枝分かれがないものを「直鎖」という。

[*5] 各アルカンの名前の語尾は -ane になっている。この部分を -yl に置き換えると，アルキル基の名称になる。

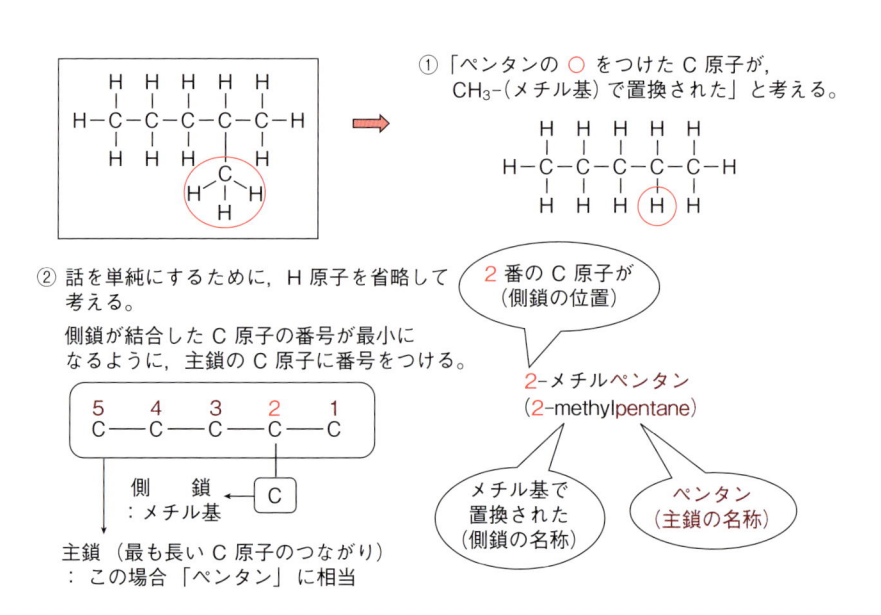

図 13.6 枝分かれがあるアルカンの命名法

(cyclo)をつける。たとえば，図13.7の化合物（分子式 $C_5H_{10}$）の名称はシクロペンタン（cyclopentane）である。

分子内に C=C 結合を 1 個もつ炭化水素を**アルケン**（alkene：$C_nH_{2n}$）と呼ぶ。アルケンの名称は，同じ炭素数のアルカンの名称の語尾 -ane を -ene に置き換えたものである。たとえば炭素数 2 のアルケン $C_2H_4$ はエテン（ethene），炭素数 3 のアルケン $C_3H_6$ はプロペン（propene）と呼ばれる*6。炭素数が 4 のアルケンには，C=C の位置によって異性体がある。これらを区別するために，主鎖の末端の炭素原子から，C=C を含む炭素原子の番号がなるべく小さくなるように番号をつけ，図13.8のように命名する。分子内に C=C 結合を 2 個以上もつ炭化水素の名称は，主鎖の末端の炭素原子から，C=C を含む炭素原子の番号がなるべく小さくなるように番号をつけ，「C=C の位置を示す番号 + アルカンの名称（末尾の e をとる）+ C=C の数を表す接頭辞 + エン（ene）」と命名する（図13.9）。

分子内に C≡C 結合を 1 個もつ炭化水素を**アルキン**（alkyne：$C_nH_{2n-2}$）と呼ぶ。アルキンの名称は，同じ炭素数のアルカンの名称の語尾 -ane を -yne に置き換えたものである。たとえば，炭素数 2 のアルキン $C_2H_2$ はエチン（ethyne）*7，炭素数 3 のアルキン $C_3H_4$ はプロピン（propyne）と呼ばれる。

分子内にベンゼン環（図13.10）をもつ炭化水素は，一般に芳香族炭化水素と呼ばれ，最も簡単なものはベンゼン $C_6H_6$ である。ベンゼン環を 1 つもつものは，ベンゼンの水素原子が他の原子や基によって置換されたと見なし，図13.11のように命名する。なおベンゼンの水素原子を 1 個とりはずした炭化水素基 $C_6H_5-$ はフェニル（phenyl）基と呼ばれる。

図13.7　シクロペンタン

*6　エテンにはエチレン，プロペンにはプロピレンという慣用名が認められている。

1　2　3　4
$CH_2=CH-CH_2-CH_3$
1-ブテン（1-butene）

1　2　3　4
$CH_3-CH=CH-CH_3$
2-ブテン（2-butene）

図13.8　C=C の位置の相違による異性体の名称

1　2　3　4
$CH_2=CH-CH=CH_2$
1,3-ブタジエン
（1,3-butadiene）

7　6　5　4　3　2　1
$CH_3-CH=CH-CH=CH-CH=CH$
1,3,5-ヘプタトリエン
（1,3,5-heptatriene）

図13.9　複数の C=C 結合をもつ炭化水素の名称

di は 2 を，tri は 3 を表す接頭辞。たとえば diene は 2 個の C=C があることを表す。

*7　エチンにはアセチレンという慣用名が認められている。
H-C≡C-H
エチン（ethyne）

図13.10　ベンゼン環

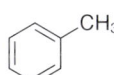

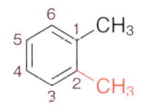

ベンゼン（benzene）　メチルベンゼン（methylbenzene）〈トルエン〉　1,2-ジメチルベンゼン（1,2-dimethylbenzene）〈$o$（オルト）-キシレン〉　1,3-ジメチルベンゼン（1,3-dimethylbenzene）〈$m$（メタ）-キシレン〉　1,4-ジメチルベンゼン（1,4-dimethylbenzene）〈$p$（パラ）-キシレン〉

図13.11　芳香族炭化水素の名称
〈　〉内は慣用名である。構造式ではベンゼン環に直接結合する水素原子は省略される。
$o, m, p$ については p.123 参照。

### 13.1.5 官能基をもつ化合物の命名法

#### a) アルコール

分子内にヒドロキシ基 –OH をもつ有機化合物は，一般に**アルコール**（alcohol）と呼ばれる。その名称は，同じ炭素数の炭化水素の名称の語尾 –e を –ol に置き換えたものである。たとえば，炭素数 1 のアルコール $CH_3OH$ はメタノール（methanol），炭素数 2 の飽和アルコール $CH_3CH_2OH$ はエタノール（ethanol）と呼ばれる。炭素数が 3 以上のアルコールでは，–OH の位置による異性体が存在する。この場合には，主鎖の末端の炭素原子から，–OH が結合した炭素原子の番号がなるべく小さくなるように番号をつけて区別する。また，分子内に複数の –OH をもつアルコールは，「–OH の位置を示す番号 ＋ アルカンの名称（末尾の e をとる）＋ –OH の数を表す接頭辞 ＋ オール（ol）」と命名する（図 13.12）。フェニル基 $C_6H_5-$ に –OH が結合した化合物 $C_6H_5OH$ の名称は，命名法の規則に従うとヒドロキシベンゼンとなるが，慣用名であるフェノール（phenol）が一般的に用いられる。

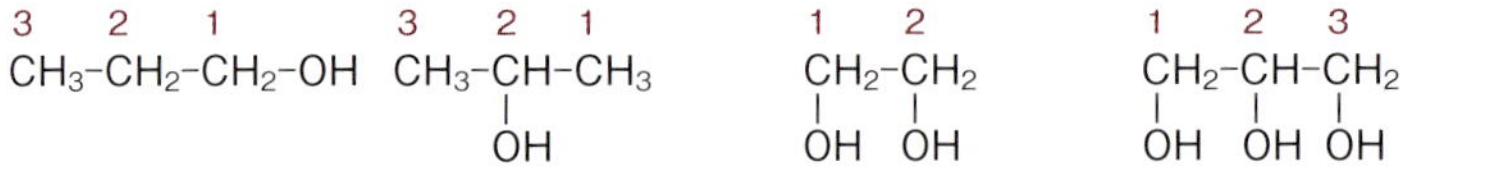

$$\overset{3}{CH_3}-\overset{2}{CH_2}-\overset{1}{CH_2}-OH \qquad \overset{3}{CH_3}-\overset{2}{CH}-\overset{1}{CH_3} \qquad \overset{1}{CH_2}-\overset{2}{CH_2} \qquad \overset{1}{CH_2}-\overset{2}{CH}-\overset{3}{CH_2}$$
$$\qquad\qquad\qquad\qquad\qquad |\qquad\qquad\quad |\quad\ | \qquad\quad\ |\quad\ |\quad\ |$$
$$\qquad\qquad\qquad\qquad\qquad OH \qquad\qquad OH\ OH \qquad OH\ OH\ OH$$

1-プロパノール　　2-プロパノール　　1,2-エタンジオール　　1,2,3-プロパントリオール
（1-propanol）　　（2-propanol）　　（1,2-ethandiol）　　（1,2,3-propantriol）
　　　　　　　　　　　　　　　　＜エチレングリコール＞　　＜グリセリン＞

**図 13.12 アルコールの名称**
＜ ＞内は慣用名である。

#### b) アルデヒドとケトン

分子内にホルミル基（アルデヒド基）–CHO をもつ化合物は，一般に**アルデヒド**（aldehyde）と呼ばれる。これは炭化水素分子の末端のメチル基 $-CH_3$ をホルミル基に置換したものと見なすことができる。その名称は，同じ炭素数の炭化水素の名称の語尾 –e を –al に置き換えたものである。たとえば，炭素数 1 のアルデヒド HCHO はメタナール（methanal），炭素数 2 の飽和アルデヒド $CH_3CHO$ はエタナール（ethanal），炭素数 3 の飽和アルデヒド $CH_3CH_2CHO$ はプロパナール（propanal）と呼ばれる[*8]。

分子内にカルボニル基 >C=O をもち，その両端に炭素原子が結合した構造をもつ化合物は，一般に**ケトン**（ketone）と呼ばれる。たとえば，炭素数が 3 以上のアルカン分子内の $-CH_2-$ の構造をカルボニル基 –CO– に置き換えた構造をもつケトンの名称は，「アルカンの名称 ＋ カルボニル基になっている炭素原子の番号[*9] ＋ オン（one）」と命名する（図 13.13）。

[*8] 慣用名では，メタナールはホルムアルデヒド，エタナールはアセトアルデヒド，プロパナールはプロピオンアルデヒドと呼ばれる。また，メタナールの水溶液はホルマリンと呼ばれる。

[*9] 主鎖の末端の炭素原子から，カルボニル基になっている炭素原子の番号がなるべく小さくなるように番号をつける。

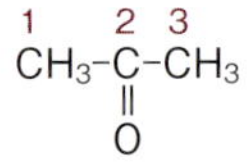

$$\overset{1}{CH_3}-\overset{2}{\underset{\underset{O}{\|}}{C}}-\overset{3}{CH_3}$$

2-プロパノン
（2-propanone）
＜アセトン＞

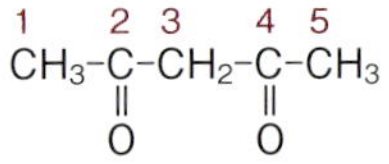

$$\overset{1}{CH_3}-\overset{2}{\underset{\underset{O}{\|}}{C}}-\overset{3}{CH_2}-\overset{4}{\underset{\underset{O}{\|}}{C}}-\overset{5}{CH_3}$$

2,4-ペンタンジオン
（2,4-pentandione）

**図 13.13 ケトンの名称**
＜ ＞内は慣用名である。

### c) カルボン酸

分子内にカルボキシ基 −COOH をもつ化合物は，一般にカルボン酸 (carboxylic acid) と呼ばれる。これは炭化水素分子の末端のメチル基 −CH$_3$ をカルボキシ基に置換したものと見なすことができる。その名称は，同じ炭素数の炭化水素の名称に「酸」を加えたものである。アルファベット表記の場合は，炭化水素名の語尾 −e を −oic acid に置き換える（図 13.14）。

HCOOH
メタン酸 〈ギ酸〉
(methanoic acid)

CH$_3$COOH
エタン酸 〈酢酸〉
(ethanoic acid)

**図 13.14 カルボン酸の名称**
〈 〉内は慣用名である。

## 13.2 有機化合物の基本反応 1 付加反応

### 13.2.1 求電子付加反応

有機化合物の反応には，大きく分類して**置換反応**，**付加反応**，**脱離反応**，**転位反応**がある。以下に，これらの反応の概略を述べる。

炭素原子間の二重結合や三重結合は，1つの σ 結合と1つまたは2つの π 結合からできている (p.52, p.53 参照)。π 結合の電子は，σ 結合の電子の外側に分布しているので，電子が不足している分子やイオン（**求電子試薬**）がこれに引きつけられて反応する。たとえばアルケン分子の二重結合に臭素が付加するときには，図 13.15 のように臭素分子内の電子の振動によって臭素原子の一方が δ+ の電荷をもち，これが π 結合の電子に接近して反応する。生じた三角形型の陽イオン **a** に対して，陰イオン Br⁻ が半径の大きい臭素原子の反対側から反応する。このとき，生成物の化学式が元のアルケンの化学式に反応した分子の化学式である Br$_2$ を加えたものとなり，これを**付加反応**と呼ぶ。また，このように求電子性の分子やイオンがきっかけとなる付加反応を**求電子付加反応**という[*10]。

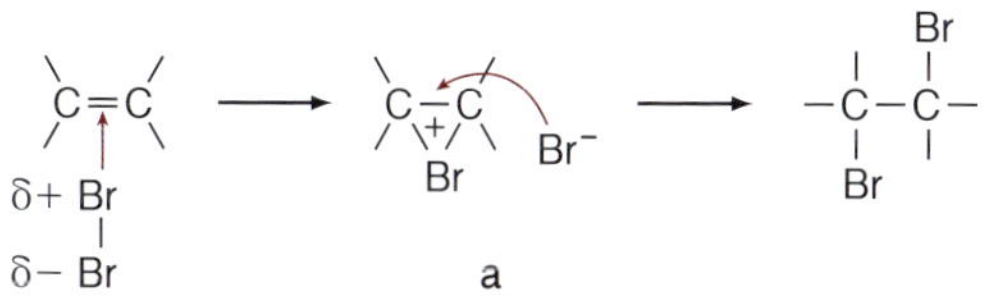

**図 13.15 炭素原子間の二重結合への臭素の求電子付加**

エチン（アセチレン）に代表されるアルキンの分子内に存在する炭素原子間の三重結合にも，二重結合と同様な求電子付加反応がおこる[*11]。これらの付加の中で特に注意すべき反応は，水分子の付加反応である。アセチレンと水が反応する場合，単純に考えると，この反応の生成物はビニルアルコールになるはずであるが，実際にはエテノール（ビニルアルコール）分子内で H⁺ と電子対の移動がおこり，エタナール（アセトアルデヒド）が得られる（図 13.16）。エテノールのように，炭素原子間の二重結合にヒドロキシ基が直接結合した構造は**エノール形**

[*10] 求電子付加反応は，ハロゲン単体や過マンガン酸イオン，オゾンのように，一般に酸化剤となる物質がおこしやすい反応である。通常は還元剤となる水素分子は，ニッケルなどの触媒の存在下で付加反応を行う。このとき，触媒の表面では電子不足の状態（K 殻 = 1s 軌道に電子が1個）である水素原子が生じている。

[*11] たとえば，触媒を使ってエチンに塩化水素 HCl を付加反応させると，クロロエテン（慣用名：塩化ビニル）が生成する。
CH≡CH + H−Cl
 ⟶ CH$_2$=CH−Cl

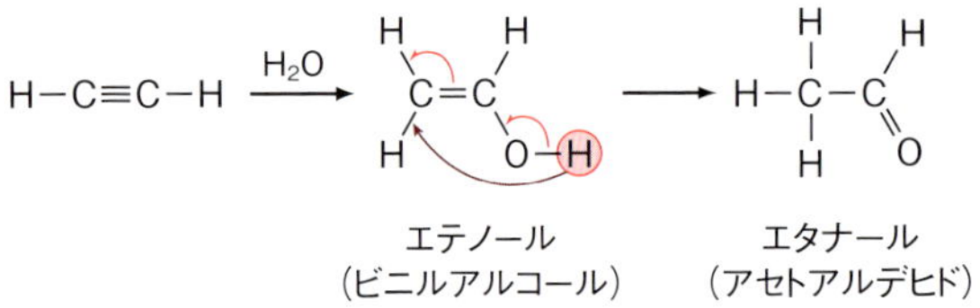

図13.16 アセチレンへの水分子の付加反応

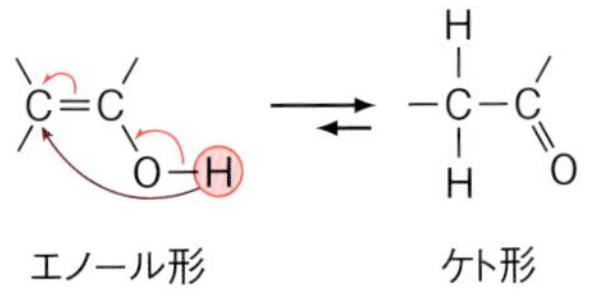

図13.17 エノール形とケト形の平衡

(enol：二重結合を表す ene と，アルコールの名称の語尾 ol からつくられた用語）と呼ばれる。エノール形の構造は一般にエネルギー的に不安定であり，すぐに水素原子と電子対の移動（これを転位という；p.124参照）を伴って**ケト**（keto）**形**に変化する（図13.17）。これは一般に，ケト形に大きく偏った平衡である。エノール形とケト形は互いに構造異性体であるが，このように容易に相互に変換しうる構造異性体を，特に**互変異性体**と呼ぶ。

### 13.2.2　求核付加反応

カルボニル基やカルボキシ基などに含まれる炭素原子と酸素原子間の二重結合は，酸素原子の電気陰性度が炭素原子よりも大きいため，炭素原子が $\delta+$，酸素原子が $\delta-$ に分極している。このような炭素原子には，窒素原子や酸素原子のような非共有電子対をもつ原子を含む分子や，シアン化物イオン $CN^-$ のような炭素原子上に負電荷をもつイオン[*12]が接近して，付加反応を行う（図13.18）。このような付加反応は，**求核付加反応**と呼ばれる。たとえば，アルデヒドやケトンにアルコールが求核付加をすると，ヘミアセタールが生じる（式13.1）[*13]。

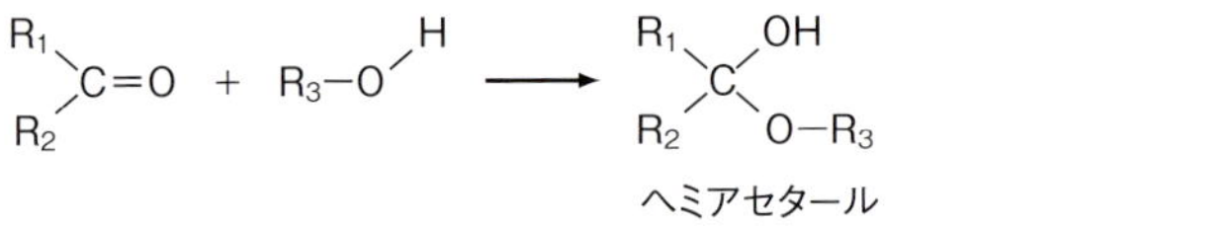

$$\underset{R_2}{\overset{R_1}{>}}C=O \;+\; R_3-O^{\diagdown H} \longrightarrow \underset{R_2}{\overset{R_1}{>}}C\underset{O-R_3}{\overset{OH}{<}} \quad (13.1)$$

ヘミアセタール

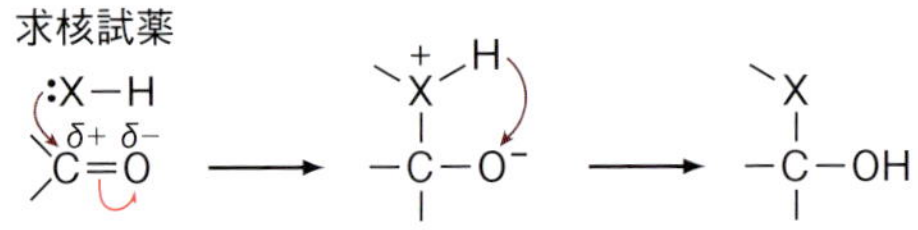

図13.18　C＝O 結合への求核付加反応

## 13.3　有機化合物の基本反応2　置換反応

### 13.3.1　ラジカル置換反応[*14]

有機化合物の分子内の原子や基が，別の原子や基に置き換わる反応を置換反応という。置換反応には**ラジカル置換反応**，**求核置換反応**，**求電子置換反応**がある。

---

*12　このような分子やイオンを**求核試薬**という。この「核」は，分子内の正電荷（$\delta+$）を表す。図中の R は，一般に炭化水素基を表す。

*13　アルデヒドにシアン化水素 HCN が求核付加すると，シアノヒドリンが生じる。

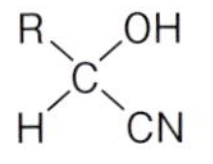

シアノヒドリン

*14　ラジカルとは不対電子をもつ原子や基であり，高い反応性をもっている。

$CH_4 \longrightarrow CH_3Cl \longrightarrow CH_2Cl_2 \longrightarrow CHCl_3 \longrightarrow CCl_4$
メタン　　クロロ　　　ジクロロ　　　トリクロロ　　テトラクロロ
　　　　　メタン　　　メタン　　　　メタン　　　　メタン

図 13.19　メタンと塩素のラジカル置換反応の生成物

ラジカル置換反応として最も一般的なものは，アルカンの水素原子を塩素や臭素などのハロゲン原子で置換する反応（**ハロゲン化**）である。たとえば，メタン $CH_4$ と塩素 $Cl_2$ を混合して紫外線を含む光を照射すると，メタンの水素原子が順次，塩素原子に置換され，図 13.19 に示す一連の化合物が生成する。この反応では，紫外線のエネルギーによって塩素分子が塩素ラジカル $Cl\cdot$ となり，これが図 13.20 のような連鎖反応（p.80 参照）の引き金となる。図 13.19 におけるジクロロメタン以下の生成物が生じる反応も，同様なメカニズムで進行する。

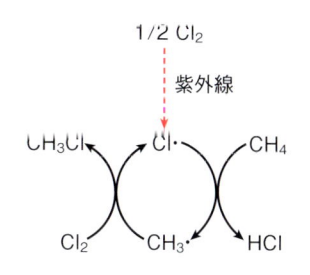

図 13.20　メタンと塩素の置換反応

### 13.3.2　求核置換反応

ブロモメタン $CH_3Br$ を水溶液中で強塩基と反応させると，臭素原子がヒドロキシ基に置換され，メタノール $CH_3OH$ が生じる（式 13.2）。

$$CH_3Br + OH^- \longrightarrow CH_3OH + Br^- \tag{13.2}$$

臭素原子の電気陰性度は炭素原子より大きいので，ブロモメタンの炭素原子は $\delta+$ に帯電している。ここに負電荷をもつ水酸化物イオン $OH^-$ が求核試薬となって接近し，図 13.21 のように臭素原子を臭化物イオン $Br^-$ として追い出す。このような反応を**求核置換反応**という。

図 13.21　求核置換反応の例

### 13.3.3　芳香族求電子置換反応

#### a）ベンゼン環の安定性

ベンゼン $C_6H_6$ は図 13.22 のような構造をもつ化合物であり[*15]，構造式上では，炭素原子間の結合として単結合と二重結合が交互に並んでいる。二重結合の結合距離は単結合より短いので，6 個の炭素原子のつくる六角形は正六角形にはならないはずである。しかし実際は，ベンゼン分子の 6 個の炭素原子は正六角形の頂点にあり，水素原子を含めた全原子が同一平面上にある。これは，二重結合の $\pi$ 結合の電子が図 13.23 の (a) のように特定の炭素原子間に局在せず，(b) のように環全体に分布しているためである。したがって，ベンゼン分子内の炭素原子間の結合距離（0.140 nm）は単結合（0.154 nm）と二重結合（0.134 nm）の中間

図 13.22　ベンゼン

[*15] このようなベンゼンの構造を考案したのはケクレであるので，このベンゼンの構造を**ケクレ構造**という。

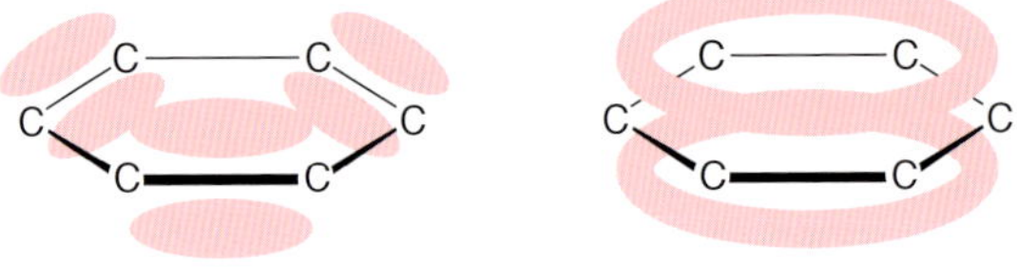

(a) (b)

図 13.23 ベンゼンのπ電子

の長さになる。ベンゼンのように電子が分子内に広く分布した構造は，エネルギー的に安定になる。このような形で安定化を受ける性質は**芳香族性**と呼ばれ，一般に $4n+2$ 個のπ電子をもつ，平面に近い構造の環状化合物に見られる*16。

*16 これを**ヒュッケル則**という。

#### b）芳香族化合物の求電子置換反応

上記のように，ベンゼン環の構造は安定化されているので，ベンゼン環をもつ芳香族化合物では，アルケンのような炭素原子間の二重結合への求電子付加反応は進行しにくく*17，代わりにベンゼン環に結合した水素原子の置換反応が進行する。このとき反応相手の試薬から陽イオンなどの電子不足のイオンや分子（求電子試薬）$E^+$ が生じ，これがベンゼン環上に分布しているπ結合の電子に引き寄せられて反応がおこる。$E^+$ とベンゼンが反応すると，**図13.24** における I のような正電荷をもつ中間体（**σ錯体**）が生成するが，安定なベンゼン環の構造に戻ろうとしてプロトンを放出し，反応が完結する。この置換反応を**芳香族求電子置換反応**という。ベンゼンの主な求電子置換反応を**表13.3**にまとめる。

*17 ベンゼンに紫外線を照射しながら塩素を反応させると，塩素の付加反応が進行し，1,2,3,4,5,6-ヘキサクロロシクロヘキサンが得られる。またベンゼンへの水素の付加反応は，白金触媒を用いて高温・高圧で進行し，シクロヘキサンが生成する。

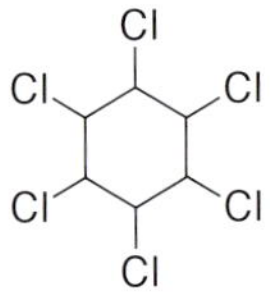

1,2,3,4,5,6-
ヘキサクロロシクロヘキサン

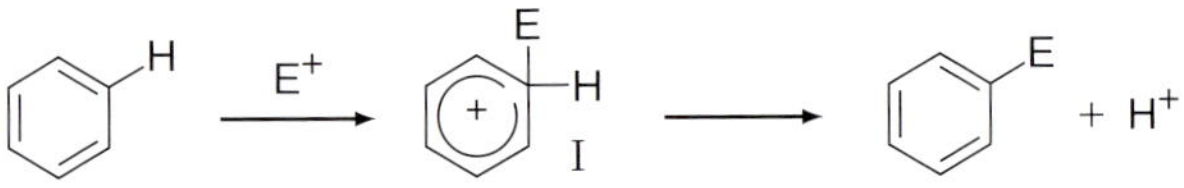

図 13.24 芳香族求電子置換反応

表 13.3 ベンゼンの求電子置換反応

| 反応名 | 試薬 | $E^+$ | 生成物 | |
|---|---|---|---|---|
| 塩素化 | 塩素＋鉄粉* | $Cl^+$ | クロロベンゼン | $C_6H_5Cl$ |
| 臭素化 | 臭素＋鉄粉* | $Br^+$ | ブロモベンゼン | $C_6H_5Br$ |
| ニトロ化 | 濃硝酸＋濃硫酸* | $NO_2^+$ | ニトロベンゼン | $C_6H_5NO_2$ |
| スルホン化 | 発煙硫酸 | $SO_3$ | ベンゼンスルホン酸 | $C_6H_5SO_3H$ |

＊ 触媒または反応促進剤

#### c）配向性

ベンゼンの水素原子が，水素以外の原子または基で置換された構造をもつ芳香族化合物に求電子置換反応を行うときには，特定の位置の水素

原子が特に置換されやすい。これを**配向性**という。たとえば，水溶液中でフェノールと臭素とを反応させるとヒドロキシ基の o（オルト）位と p（パラ）位[*18]に置換反応がおこり，2,4,6-トリブロモフェノールが生成する（式13.3）。この性質を ***o, p* 配向性**という。このタイプの置換は，ヒドロキシ基 −OH やアミノ基 −NH₂ のような非共有電子対をもつ原子でベンゼン環と結合する基をもつ場合におこりやすい。これは，非共有電子対が π 結合の電子の分布に影響を与え，o 位と p 位に電子が多く存在するようになるためである[*19]。

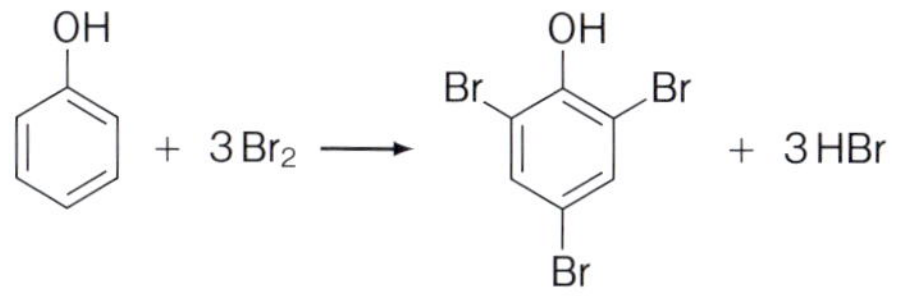

[*18] 置換基 X が結合した C 原子を 1 位として，下図のように 2, 6 位を o（オルト）位，3, 5 位を m（メタ）位，4 位を p（パラ）位という。

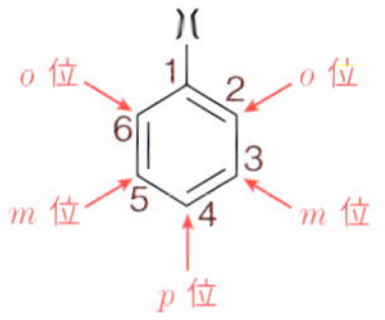

$$\text{C}_6\text{H}_5\text{OH} + 3\text{Br}_2 \longrightarrow \text{C}_6\text{H}_2\text{Br}_3\text{OH} + 3\text{HBr} \quad (13.3)$$

[*19] *o, p* 配向性を示す置換基を**電子供与基**という。

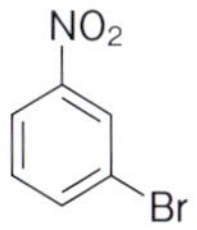

一方，ニトロベンゼンと臭素とを反応させると，m 位に置換反応がおこった 3-ブロモニトロベンゼン（**図13.25**）が主に生成する。これはニトロ基 −NO₂，スルホ基 −SO₃H，カルボキシ基 −COOH のように電気陰性度が大きい酸素原子と結合して，δ+ に分極した原子（N, S, C 原子が相当する）でベンゼン環と結合する基をもつ場合におこりやすく，この性質を ***m* 配向性**という。この場合には δ+ の電荷の影響で，π 結合の電子が相対的に置換基の m 位に多く存在する[*20]。

**図13.25** 3-ブロモニトロベンゼン

[*20] *m* 配向性を示す置換基を**電子求引基**という。

## 13.4　有機化合物の基本反応 3　脱離反応

有機化合物の分子から，水分子やハロゲン化水素のような簡単な分子[*21]がはずれて，C=C や C≡C のような不飽和結合を生じる反応を**脱離反応**という。多くの脱離反応は，分子内に隣接する炭素原子に結合した水素原子とハロゲン原子などが脱離する β 脱離である[*22]。たとえば，クロロエタンに水酸化物イオンのような強塩基を作用させると，エテン

[*21] これらの分子は，一般式 H–X で表される。

[*22] 水素原子と共に脱離する原子や基 (X) を**脱離基**という。同じ炭素に結合した原子や基が脱離する反応を α 脱離という。

---

**Column**　ベンゼンの水素化熱

シクロヘキセン C₆H₁₀ の水素化熱（二重結合に水素を付加させる反応の反応熱）は 119.62 kJ/mol である。もしもベンゼンの二重結合がケクレ構造のように特定の炭素原子間に固定されているならば，その水素化熱はシクロヘキセンの水素化熱の 3 倍である 358.86 kJ/mol にきわめて近くなるはずである。しかし実際のベンゼンの水素化熱は 208.36 kJ/mol であり，150.50 kJ/mol だけ小さい。これは環上への π 電子の分布によって，ベンゼンの構造がエネルギー的に安定になっていることを表している。

シクロヘキセン　　二重結合の位置が固定化されたベンゼン

(エチレン) が生成する (式13.4)。

$$OH^- + H-CH_2-CH_2-Cl \longrightarrow H_2O + CH_2=CH_2 + Cl^- \quad (13.4)$$

この反応では，クロロエタン分子から塩化水素が脱離し，これが水酸化物イオンによって中和されている。

また，エタノールに濃硫酸を加えて170℃に加熱すると，エタノールから水分子が脱離したエテンが生成する (図13.26)。この場合には，硫酸分子からエタノール分子にプロトン $H^+$ が移動し陽イオンⅠが生成する。次に O−C 結合が切断され，陽イオンⅡから瞬時に $H^+$ がはずれ[*23]，エテン分子が生じる。またエタノールに濃硫酸を加えて130〜140℃に加熱すると，ジエチルエーテル $(CH_3CH_2)_2O$ が主に生成する。このときは温度がやや低いので，陽イオンⅠの O−C 結合の切断が円滑に進行せず，別のエタノール分子の −OH 基上にある非共有電子対の接近がきっかけとなって，求核置換反応が進行する (図13.27)。この反応によって得られるジエチルエーテルは，2分子のエタノールの間から水分子がはずれた構造をもつ。このように，分子間から水のような簡単な構造をもつ分子がはずれる形式の反応を**縮合**という[*24]。

[*23] 陽イオンⅡの右側の炭素は sp² 混成軌道を形成し，空の p 軌道をもつ。一般に電子は分布範囲を広げて安定化しようとするので，空の p 軌道に左側の C−H の結合性軌道にある電子が流入する。実際には $H_2O$ の脱離と $H^+$ の脱離は，一連の反応としておこるとされている。

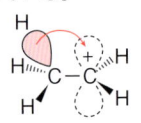

[*24] 水分子がはずれる場合を特に**脱水縮合**という。

**図13.26** エタノール分子内からの水の脱離

**図13.27** エタノール分子間の求核置換反応

## 13.5 有機化合物の基本反応 4 転位反応

分子内で原子や基が，共有電子対を伴って移動する反応を**転位反応**という。1-ブタノールに濃硫酸を加えて170℃に加熱すると，エタノールの場合と同様に脱離反応が進行し，1-ブテンが生成するはずである。しかし実際には，2-ブテンも生成する。このとき，図13.28のように，まず1位の炭素原子から水分子がはずれて，陽イオンⅠが生成する。陽イオンⅠの2位の炭素原子からそのまま $H^+$ がはずれると，1-ブテンが

図 13.28 1-ブタノールからの水の脱離

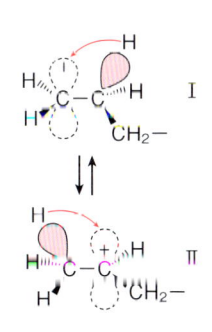

図 13.29 転位反応
これは可逆変化である。

生成する。このとき並行して 2 位の炭素原子に結合した H 原子が 1 位の炭素原子上に転位し，陽イオン II が生成する（図 13.29）。陽イオン II の 3 位の炭素原子から $H^+$ がはずれると，2-ブテンが生成する[*25]。

[*25] 陽イオン II の 1 位の炭素原子から $H^+$ がはずれると，1-ブテンが生成する。

### 演習問題

**13.1** 次の構造式で表される有機化合物を IUPAC の規則に従って命名せよ。

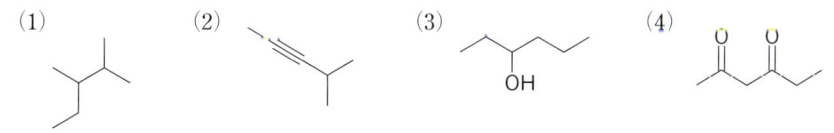

(1)     (2)     (3)     (4)

**13.2** 次の反応で生成する有機化合物を構造式で表せ。

(1) $CH_2=CH-CH_3 + Br_2 \longrightarrow$ （求電子付加反応）

(2) $H-C\equiv C-H + H_2O \longrightarrow$ （$HgSO_4$ を触媒に用いる求電子付加反応）

(3) $CH_3-CH_2-CHO + CH_3OH \longrightarrow$ （求核付加反応）

(4) ⌬ + $Cl_2 \longrightarrow$ （鉄を触媒として用いる求電子置換反応）

(5) ⌬-OH + $HNO_3 \longrightarrow$ （求電子置換反応で多く生成する異性体 2 個）

13.3 次の (1) ～ (8) の反応は，下のどの反応に分類できるか。各々について選べ。

ア）ラジカル置換　　イ）求核置換　　ウ）求電子置換　　エ）求電子付加
オ）求核付加　　カ）脱　離　　キ）転　位

13.4 酸触媒の存在下でベンゼンと2-ペンタノールを反応させると，A～Cの三種類の生成物が得られた。Aの生成物は陽イオンDを経由した求電子置換反応により生成すると考えられる。BとCは，各々，陽イオンDから転位によって生成した別の陽イオンが求電子試薬となった置換反応により生成すると考えられる。

(1) BとCの生成過程において生じる陽イオンの構造式をそれぞれ記せ。
(2) (1) の陽イオンは，それぞれDからどのような転位がおこって生成すると考えられるか。構造式を用いて転位の様子を図示せよ。（腕だめし）

# 第 14 章

# 身のまわりにある有機化合物

この章では、われわれの身のまわりにある有機化合物について学習する。まず有機化合物の**異性体**と**高分子化合物**について学習する。次に自然界に存在する天然有機化合物として、**アミノ酸**と**タンパク質**、**糖類**、**核酸**、**油脂**について学習する。さらに人間が人工的につくり出した**合成高分子化合物**と、その利用例を学習する。

## 14.1 有機化合物の異性体

### 14.1.1 構造異性体

本章で扱う有機化合物を理解するためには、有機化合物の異性体に関する知識を深めておく必要がある。すでに前章で学習したように、同じ分子式をもちながら構造が異なる有機化合物どうしを**異性体**という。異性体のうち、分子内での原子間のつながり方が異なるものを**構造異性体**という[*1]。

### 14.1.2 立体異性体

分子内における原子のつながり方は同じであるが、空間的な原子の配置が異なる異性体を、**立体異性体**という。

#### a) 光学異性体（エナンチオマー）

乳酸には、図 14.1 における (a) と (b) の構造のものがある。(a) と (b) は、互いに鏡に映した像（鏡像）の関係にある。このような異性体は**光学異性体**と呼ばれる（**鏡像異性体**または**エナンチオマー**ともいう）。これは、*印をつけた炭素原子にすべて異なる原子や基が結合し、非対称となっているために生じる異性体である。このような炭素原子を**不斉炭素原子**という。

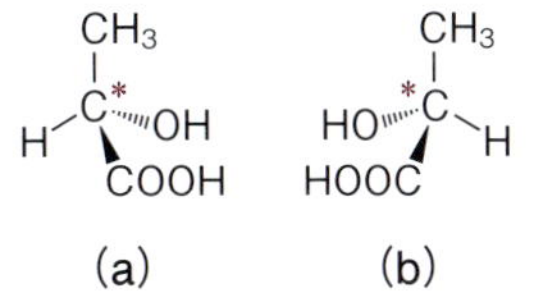

#### b) ジアステレオ異性体（ジアステレオマー）

2-ブテンには図 14.2 における (a) と (b) の構造のものがある。これは、二重結合に含まれる $\pi$ 結合が結合軸のまわりに回転できないために生じる異性体である。2 つのメチル基が二重結合の同じ側にあるものを $cis$（シス）形、反対側にあるものを $trans$（トランス）形といい、このような異性体を**シス-トランス異性体**（**幾何異性体**）という[*2]。

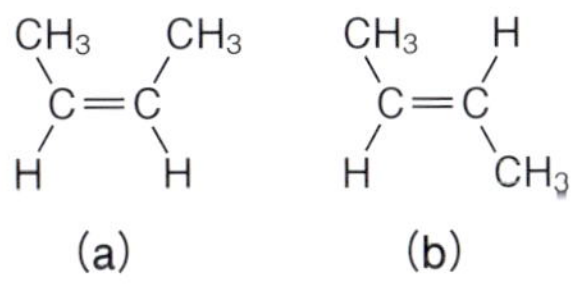

---

[*1] 構造異性体にはエタノール $CH_3CH_2OH$ とジメチルエーテル $CH_3OCH_3$ のように官能基が異なる**官能基異性体**、ブタン $CH_3CH_2CH_2CH_3$ と 2-メチルプロパン $(CH_3)_2CHCH_3$ のように炭素骨格（炭素原子のつながり方）が異なる**連鎖異性体**、1-プロパノール $CH_3CH_2CH_2OH$ と 2-プロパノール $CH_3CH(OH)CH_3$ のように、官能基も炭素骨格も同じであるが官能基の結合位置が異なる**位置異性体**がある。

**図 14.1** 乳酸における光学異性体

**図 14.2** 2-ブテンにおけるジアステレオ異性体

[*2] (a) を $cis$-2-ブテン、(b) を $trans$-2-ブテンという。一般に、エネルギー的には、$cis$ 形より $trans$ 形の方が安定である。

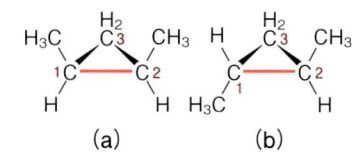

図14.3　1,2-ジメチルシクロプロパンにおけるジアステレオ異性体

*3　図14.3の1,2-ジメチルシクロプロパン分子には2個の不斉炭素原子（*）があるが，(a)には光学異性体が存在しない。これは，(a)の分子が左右対称な構造をもつためである。

*4　側注3と同様な理由で，(c)の酒石酸にも光学異性体が存在しない。一般に，立体異性体のうち光学異性体でないものを**ジアステレオ異性体**という。広い意味で，シス-トランス異性体もこれに含まれることがある。

*5　ここでは便宜的に，分子量の小さい分子を低分子と呼ぶことにする。

*6　縮重合によって生成した高分子を加水分解すると，元の低分子が生成する。

同様な異性体は，環状化合物にも存在する。たとえば1,2-ジメチルシクロプロパンには，図14.3における (a) と (b) の構造のものがある。これは，1位の炭素原子と2位の炭素原子を結ぶ結合（—）と，1位→3位→2位の炭素原子をつなぐ2個の単結合（▬ と ▬）があり，回転できないために生じる異性体である*3。

鎖状構造で分子内に2個の不斉炭素原子をもつ酒石酸には，図14.4における (a) 〜 (c) の構造のものがある。これらのうち (a) と (b) は光学異性体であるが，(a) と (c) および (b) と (c) はジアステレオ異性体である*4。

図14.4　酒石酸における立体異性体

## 14.2　高分子化合物

### 14.2.1　高分子化合物とは

分子量が10000を越える化合物を**高分子化合物**という。高分子化合物には，タンパク質，天然ゴム，多糖，核酸のように自然界に存在する**天然高分子化合物**と，ポリエチレンやナイロンのように人工的につくられる**合成高分子化合物**とがある。

### 14.2.2　高分子化合物のできかた

高分子化合物は，分子量の小さい低分子化合物が互いに結合した構造をもつ。したがって高分子を合成するときには，該当する低分子どうしを互いに結合させればよい。このような反応を**重合**という。

二重結合をもつ低分子*5 どうしが，互いに付加反応しながら高分子になる形式の重合を**付加重合**という。付加重合する低分子を**単量体**（モノマー），生成する高分子を**重合体**（ポリマー）という（図14.5）。

また，低分子が互いに縮合（p.124 参照）しながら高分子になる形式の縮合を**縮重合**という（図14.6）*6。

## 14.3　アミノ酸とタンパク質

### 14.3.1　アミノ酸

分子内に，酸性を示すカルボキシ基と塩基性を示すアミノ基を両方も

14.3 アミノ酸とタンパク質　129

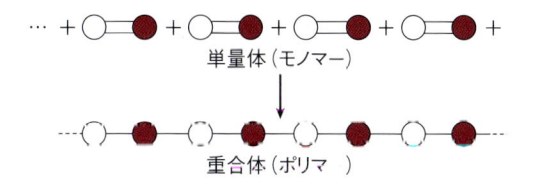

図 14.5　付加重合

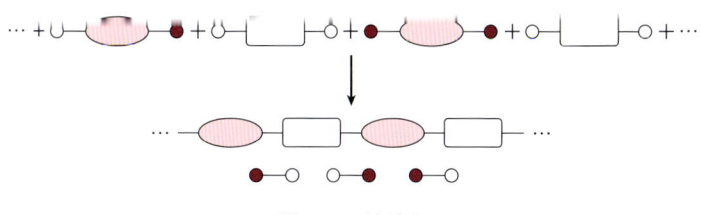

図 14.6　縮重合

つ有機化合物を**アミノ酸**という。アミノ酸のうち、カルボキシ基とアミノ基が同じ炭素原子に結合した構造をもつものを $\alpha$-アミノ酸という（図 14.7）[*7]。$\alpha$-アミノ酸には種々の構造のものがあるが、グリシン（図 14.7 で R＝H）以外のアミノ酸は不斉炭素原子をもち、光学異性体が存在する。一般に結晶状態のアミノ酸では、カルボキシ基が陰イオン型 $-COO^-$、アミノ基が陽イオン型 $-NH_3^+$ となった**双性イオン型**になっている。双性イオン型のアミノ酸を含む水溶液に酸（$H^+$）を加えていくと、アミノ基だけが陽イオンになった構造（陽イオン型）に、双性イオン型のアミノ酸を含む水溶液に塩基（$OH^-$）を加えていくと、カルボキシ基が陰イオンになった構造（陰イオン型）になる（図 14.8）。

$RCH(NH_3^+)COOH$ ⇌ $RCH(NH_3^+)COO^-$ ⇌ $RCH(NH_2)COO^-$
陽イオン型　　　　　双性イオン型　　　　　陰イオン型

図 14.8　アミノ酸の構造の変化

### 14.3.2　タンパク質

タンパク質は、多数の $\alpha$-アミノ酸が**ペプチド結合**[*8]によって結合した構造をもつ高分子化合物である（図 14.9）。タンパク質を構成している主な $\alpha$-アミノ酸を**表 14.1** に示す[*9]。タンパク質分子内におけるアミノ酸配列（結合しているアミノ酸の順序）を、タンパク質の**一次構造**という。タンパク質を構成する個々のアミノ酸による R の部分を側鎖という。タンパク質分子内で、側鎖に含まれるカルボキシ基やアミノ基はイオン結合 $-COO^- \cdots H_3N^+-$ を、システインの側鎖どうしは**ジスルフィド結合** $-S-S-$ を形成することがある。またタンパク質分子内のア

図 14.7　$\alpha$-アミノ酸

[*7] 慣用的に、カルボキシ基に隣接する炭素原子を $\alpha$ 炭素、その隣の炭素原子を $\beta$ 炭素という。たとえば下図のような構造のアミノ酸は、$\beta$-アミノ酸の一種である。

$H_2N-CH_2-CH_2-COOH$
　　　　$\beta$　　$\alpha$

[*8] 結合 $-NH-CO-$ は、一般にアミド結合と呼ばれるが、アミノ酸分子間のアミド結合を、特にペプチド結合という。

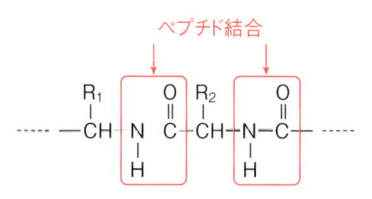

図 14.9　タンパク質の構造

[*9] 表 14.1 の $\alpha$-アミノ酸の他に、タンパク質にはプロリンも含まれる。プロリンは厳密には $\alpha$-アミノ酸ではないが、便宜的に $\alpha$-アミノ酸として扱われる。

プロリン

**表 14.1　タンパク質を構成する主な α-アミノ酸**

| R- | 名称 | 略号 | R- | 名称 | 略号 |
|---|---|---|---|---|---|
| H- | グリシン | Gly | $CH_3S(CH_2)_2-$ | メチオニン* | Met |
| $CH_3-$ | アラニン | Ala | (インドール環)-$CH_2-$ | トリプトファン* | Trp |
| $(CH_3)_2CH-$ | バリン* | Val | | | |
| $(CH_3)_2CHCH_2-$ | ロイシン* | Leu | $HOOC-CH_2-$ | アスパラギン酸 | Asp |
| $CH_3CH_2CH(CH_3)-$ | イソロイシン* | Ile | $HOOC-(CH_2)_2-$ | グルタミン酸 | Glu |
| $C_6H_5CH_2-$ | フェニルアラニン* | Phe | $H_2N-(CH_2)_4-$ | リシン* | Lys |
| $HO-CH_2-$ | セリン | Ser | $H_2N-\underset{\underset{NH}{\parallel}}{C}-NH-(CH_2)_3-$ | アルギニン | Arg |
| $CH_3CH(OH)-$ | トレオニン* | Thr | | | |
| $p\text{-}HO\text{-}C_6H_4\text{-}CH_2-$ | チロシン | Tyr | (イミダゾール環)-$CH_2-$ | ヒスチジン | His |
| $HS-CH_2-$ | システイン | Cys | | | |

＊は人間が食物から摂取しなければならない必須アミノ酸

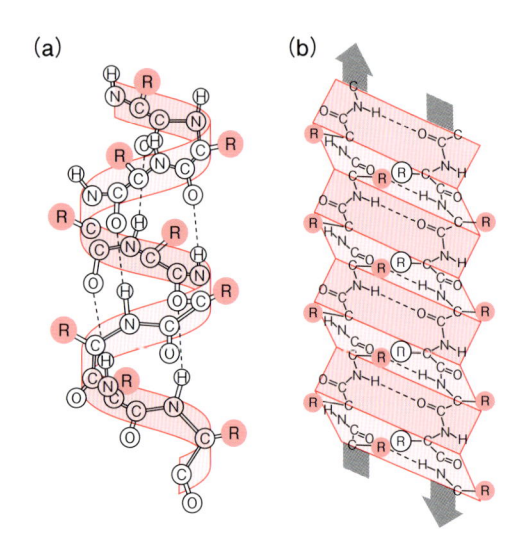

**図 14.10　タンパク質の二次構造の例**
a) α ヘリックス　b) β シート

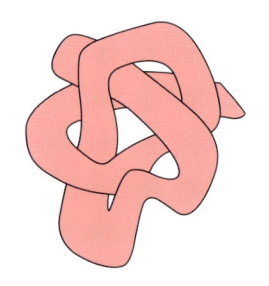

**図 14.11　三次構造**

ミド結合の間には，水素結合 N–H⋯O=C が形成される。これらの結合によってタンパク質分子は，α ヘリックスや β シートなどの立体的な構造をとる（図 14.10）。これを**二次構造**といい，実際のタンパク質分子にはいろいろな二次構造が共存している。

さらに二次構造は，部分的にゆがめられて折りたたまれた**三次構造**をとる（図 14.11）。タンパク質によっては，複数の三次構造どうしがゆるやかに結合した**四次構造**をとるものもある。

二次構造以上の立体構造は**高次構造**と総称される。タンパク質を加熱したり，重金属イオンやエタノールなどのアルコールを作用させたりすると，高次構造が変化してタンパク質の性質が変わる。これをタンパク質の**変性**という*10。

生物の体内において，触媒として作用するタンパク質を**酵素**という。酵素には**活性部位**と呼ばれる立体的な構造があり，これが基質となる分

*10　生卵からゆで卵への変化は，熱による変性である。一般に変性は，不可逆な変化である。

子に対応した形になっている。この部分に基質分子を取り込んで反応させるため，1つの酵素は一般に特定の基質にしか作用しない。これを**基質特異性**という。一般に酵素の立体的な構造は，温度や水溶液のpHによって変化する。したがって，酵素には最も活発に作用する温度やpHが存在する[*11]。加熱や強酸，重金属イオンなどの作用によって酵素が変性して作用しなくなることを，酵素の**失活**という。

## 14.4 糖類

### 14.4.1 単糖と二糖

糖類は**炭水化物**とも呼ばれ，その化学式は $C_n(H_2O)_m = C_nH_{2m}O_m$ と表される[*12]。グルコース $C_6H_{12}O_6$ やフルクトース $C_6H_{12}O_6$ のように，それ以上簡単な糖に加水分解されないものを**単糖**という。またマルトース $C_{12}H_{22}O_{11}$ のように，1分子の加水分解によって2分子の単糖が生成するものを**二糖**という。

自然界の単糖には，分子内に5個の炭素原子をもつ**ペントース**（**五炭糖**）と6個の炭素原子をもつ**ヘキソース**（**六炭糖**）が多く存在する。その中で最も多く存在する単糖はグルコース $C_6H_{12}O_6$ である。グルコースの水溶液中には，環状構造の α 形，β 形と鎖状構造とが平衡状態で存在する（図14.12）[*13]。鎖状構造の1位の炭素原子はホルミル（アルデヒド）基を形成している[*14]。このような糖は**アルドース**と呼ばれる。また糖の構造式として，図14.13のように簡略化したものが用いられることが多い。これを**ハース式**という。

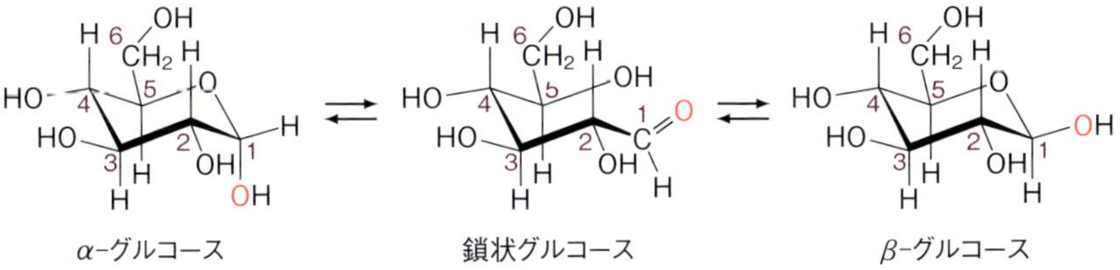

**図14.12 水溶液中でのグルコースの平衡**

フルクトース $C_6H_{12}O_6$ は果実の甘味の成分であり，グルコースの構造異性体である[*15]。フルクトースの水溶液中でも鎖状構造と環状構造の平衡が存在する（図14.14）。フルクトースの鎖状構造には，ケトン形のカルボニル基が存在する。このような糖は**ケトース**と呼ばれる。

鎖状構造のグルコースとフルクトースは，共に塩基性水溶液中でエンジオール構造に変化しやすい（図14.15）。この構造は酸化されやすく，このとき反応相手を還元する[*16]。たとえば，ガラス容器中でジアンミン銀（Ⅰ）イオン $[Ag(NH_3)_2]^+$ を含む水溶液[*17]にグルコースやフルク

[*11] 多くの酵素は約40℃の温度，pH7付近で最も活発に作用する。しかし，胃液中に存在するペプチダーゼのように，強酸性で活発に作用する酵素もある。

[*12] デオキシリボース $C_5H_{10}O_4$ のように分子式が $C_nH_{2m}O_m$ とならないものも，便宜的に炭水化物に含めることがある。

[*13] グルコースはブドウ糖とも呼ばれる。α形とβ形はジアステレオ異性体の関係にある。

[*14] この平衡では，ホルミル基内のC=Oに，5位の炭素原子に結合したO-Hが可逆的に求核付加反応して，ヘミアセタールを形成している（p.120参照）。

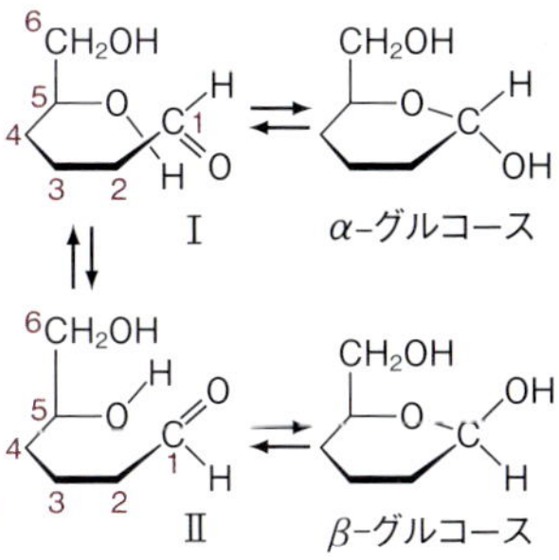

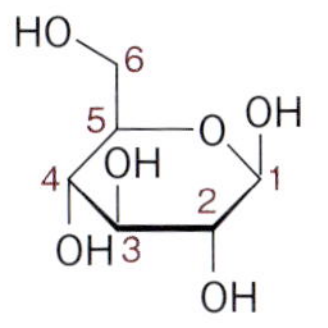

**図14.13 ハース式（β-グルコース）**

[*15] フルクトースは果糖とも呼ばれる。

[*16] 有機化合物のこのような性質を**還元性**という。

[*17] 硝酸銀水溶液に過剰のアンモニア水を加えて調製する。

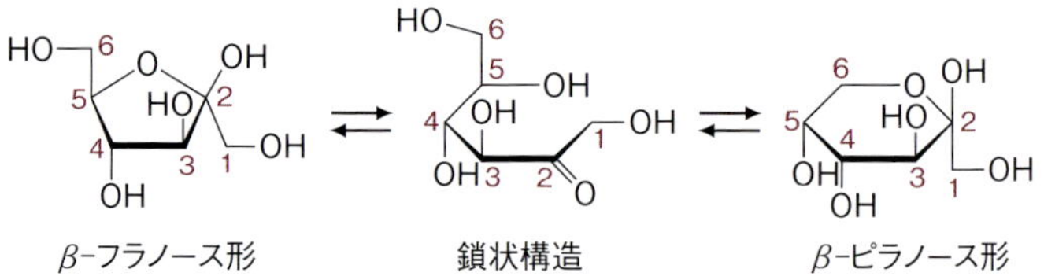

β-フラノース形  鎖状構造  β-ピラノース形

図 14.14　水溶液中でのフルクトースの平衡
フラノース形にもピラノース形にも，それぞれα形とβ形がある。

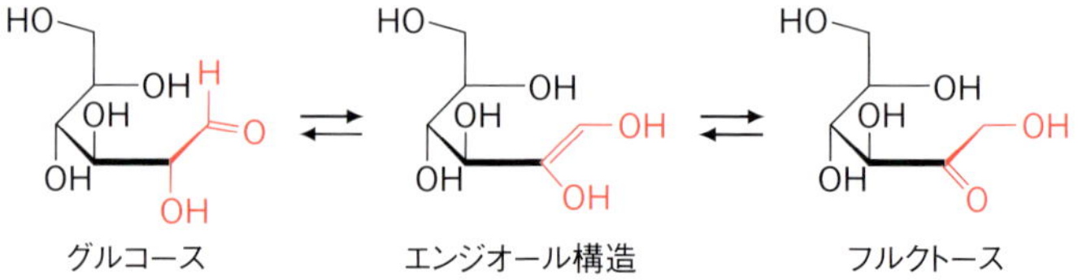

グルコース　エンジオール構造　フルクトース

図 14.15　エンジオール構造との平衡 [18]

トースの水溶液を添加すると，銀(I)イオンが還元されて，容器の内壁に銀が鏡状に析出する(**銀鏡反応**)。また銅(II)イオンと酒石酸との錯イオンを含む水酸化ナトリウム塩基性水溶液[19]と反応させると，酸化銅(I)の赤橙色沈殿が生成する。

**二糖**は，2分子の単糖が縮合した構造をもつ。たとえばマルトース[20] $C_{12}H_{22}O_{11}$ は，2分子のα形グルコースの間で，1位のヒドロキシ基と4位のヒドロキシ基との間で水分子がはずれて，エーテル結合を形成した構造をもつ(**図 14.16**)[21]。図 14.16 のマルトース分子では，右側のグルコースが鎖状構造になりうるため，マルトースは塩基性水溶液中で還元性を示す。マルトースは希硫酸中または酵素マルターゼを含む水溶液中で加水分解される。このとき1分子のマルトースから2分子のグルコースが生成する。

**スクロース**[22] $C_{12}H_{22}O_{11}$ はマルトースの構造異性体で，α形グルコースとα-フラノース形フルクトースとが各々の1位のヒドロキシ基と2位のヒドロキシ基との間でグリコシド結合した構造をもつ(**図 14.17**)。グルコースの1位とフルクトースの2位は，共に還元性の主要因となる部分であるが，スクロースではこの部分の構造が互いに変化している。このためスクロースは還元性を示さない。スクロースは希硫酸中または酵素スクラーゼあるいはインベルターゼを含む水溶液中で加水分解され，グルコースとフルクトースを等モル量含む混合物(**転化糖**)となる。

### 14.4.2　多　糖

**多糖**は，多数の単糖が縮重合した構造をもつ。代表的な多糖には，**デンプン**と**セルロース**とがある。デンプンは，α形グルコースが1位と

---

[18]　エンジオール(endiol)の ene は C=C, di は2個, ol は-OH を表す。塩基性水溶液中では2個の-OHのうちの一方が-ONaの形になっている。

[19]　この溶液を**フェーリング液**といい，この反応を**フェーリング液の還元**または**フェーリング反応**という。

[20]　マルトースは麦芽糖とも呼ばれる。

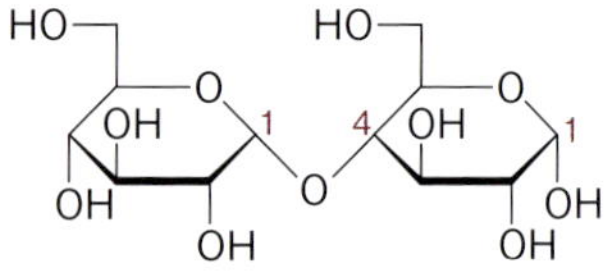

図 14.16　マルトース

[21]　このようなエーテル結合は，特に**グリコシド結合**と呼ばれる。

[22]　スクロースは砂糖の主成分であり，ショ糖とも呼ばれる。

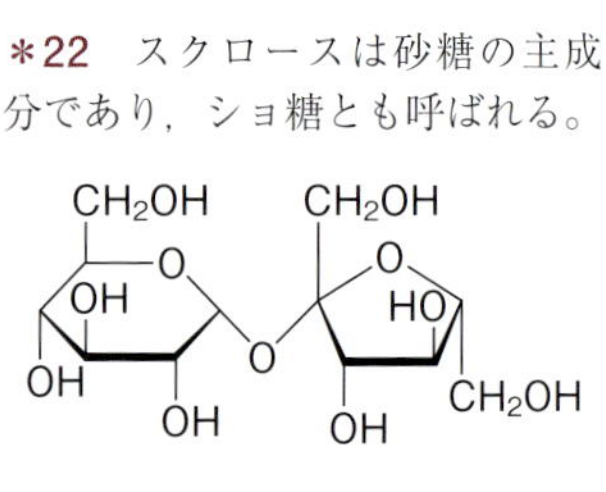

図 14.17　スクロース

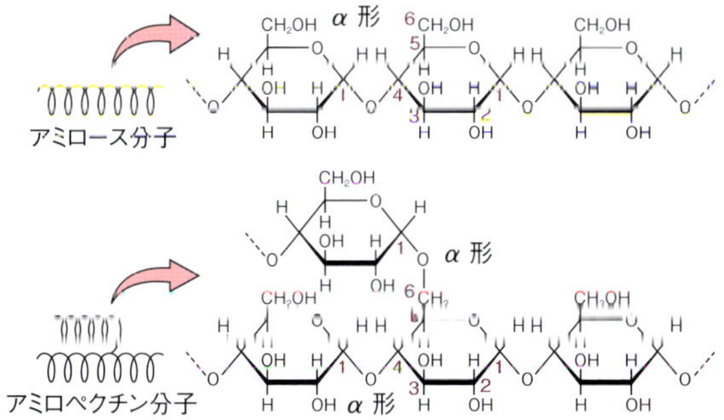

図 14.18 デンプン
（アミロースとアミロペクチン）

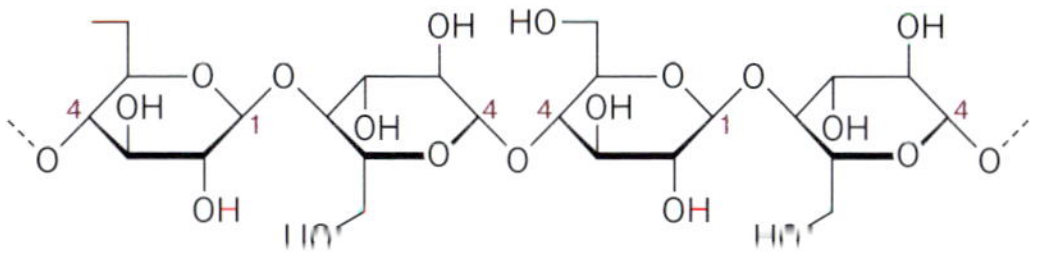

図 14.19 セルロース

4位の部分で縮重合した構造をもち，分子全体としてはらせん型になっている。所々にグルコースの6位のヒドロキシ基の部分で縮合した枝分かれ構造があり，この枝分かれが少ないものを**アミロース**，多いものを**アミロペクチン**という（図 14.18）[*23]。セルロースは β 形グルコースが1位と4位の部分で縮重合した構造をもち，まっすぐな分子構造をとる（図 14.19）。このため分子どうしが水素結合を形成して接近し，丈夫な繊維となる[*24]。

[*23] アミロースは，比較的水に溶けやすい。

[*24] セルロースを主成分とする天然繊維に，麻と木綿とがある。

## 14.5 核 酸

細胞内で遺伝情報を担っている高分子を**核酸**という。核酸のうち，主に細胞の核内に存在するものが **DNA（デオキシリボ核酸）**[*25]，主に核外に存在するものが **RNA（リボ核酸）**である。核酸は，**ヌクレオチド**と呼ばれるくり返し単位からなる。ヌクレオチドには，ペントース（DNAには**デオキシリボース**，RNA は**リボース**），リン酸，塩基（DNA は**アデニン（A）**，**グアニン（G）**，**シトシン（C）**，**チミン（T）**，RNA にはチミンのかわりに**ウラシル（U）**）が含まれる（図 14.20）。DNA では，多

[*25] 核の外部にあるミトコンドリアなどの細胞小器官にもDNA が存在する。

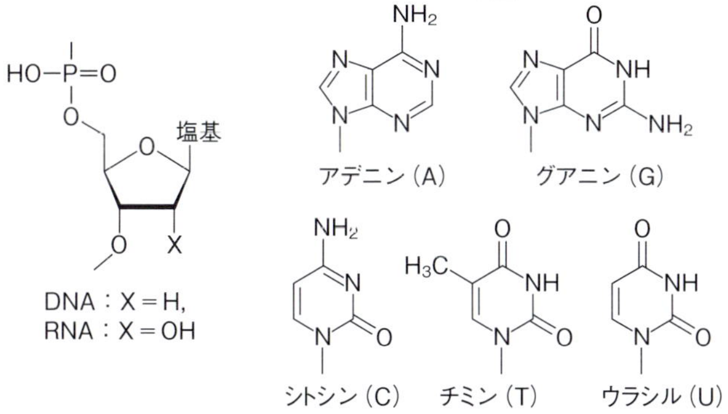

DNA：X = H，
RNA：X = OH

アデニン (A)　グアニン (G)

シトシン (C)　チミン (T)　ウラシル (U)

図 14.20 ヌクレオチド

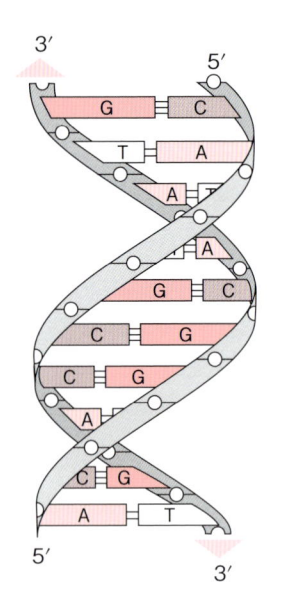

**図 14.21　DNA の二重らせん構造**

\*26　一般に分子内にエステル結合 -CO-O- をもつ有機化合物をエステルという。また分子内にカルボキシ基を1個もつ鎖状構造のカルボン酸を**脂肪酸**という。

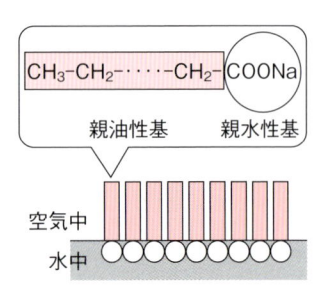

**図 14.22　水面付近でのセッケン**
親油性基を空気中に向けて水面に並ぶ。

\*27　ナイロンは，ポリアミドとも呼ばれ，タンパク質からなる繊維である絹に似た性状をもつ。最初につくられたナイロンは $l = 6$, $m = 6$ のナイロン 66 である。最初の 6 はジアミン分子の，後の 6 はジカルボン酸分子の炭素数を表す。またナイロンの構造式中の $n$ は，分子内におけるくり返し構造（[ ] 内の構造）の数を表し，**重合度**と呼ばれる。

数のヌクレオチドが結合した高分子（ヌクレオチド鎖）2本が，右回りの**二重らせん構造**を形成している（図 14.21）。このとき A と T, G と C の間に特異的な水素結合が形成され，二重らせん構造が維持される。この 4 種類の塩基の配列が遺伝情報となる。細胞が分裂する際には DNA が複製されるが，このときには酵素の作用で二重らせん構造が解かれ，1 本のヌクレオチド鎖が鋳型となって新しいヌクレオチド鎖が合成される。

　DNA の塩基配列は，メッセンジャー RNA（伝令 RNA, mRNA）に写し取られる。このとき DNA の塩基配列をもとに，T の代わりに U を使って mRNA が合成される。mRNA は細胞内のリボソームという器官に移動し，これを鋳型にしてトランスファー RNA（転移 RNA, tRNA）が運んできた α-アミノ酸からタンパク質が合成される。

## 14.6　油脂とセッケン

　油脂には常温で固体の**脂肪**と，常温で液体の**脂肪油**とがある。油脂は高級脂肪酸（炭素数の多い脂肪酸）とグリセリンとのエステルである[\*26]。油脂を水酸化ナトリウム水溶液中で加熱しながら反応させるとエステルの加水分解がおこり，グリセリンと高級脂肪酸のナトリウム塩（**セッケン**）が生じる（式 14.1）。この反応を**けん化**という。

$$\begin{array}{c} H_2C-O-COR_1 \\ HC-O-COR_2 \\ H_2C-O-COR_3 \end{array} + 3NaOH \longrightarrow \begin{array}{c} H_2C-OH \\ HC-OH \\ H_2C-OH \end{array} + \begin{array}{c} R_1COONa \\ R_2COONa \\ R_3COONa \end{array} \quad (14.1)$$

油脂　　　　　　　　　　　　　グリセリン　　セッケン

　セッケンの分子に含まれる炭化水素基は水と親和性が低く（疎水性），逆に有機化合物と親和性が高い（親油性）。一方，カルボキシ基の陰イオンの部分 $-COO^-$ は水と親和性が高い（親水性）。そこでセッケンを水に溶かすと，セッケン分子が図 14.22 のように水の表面に並び，液体の水が凝集して球状になろうとする力（表面張力）を低下させる。このためセッケン水は，細かい繊維の間にしみこみやすい。このような性質をもつ物質を**界面活性剤**という。

## 14.7　合成高分子化合物

### 14.7.1　合成繊維

　合成高分子は，合成繊維，合成樹脂，合成ゴムなどに利用される。代表的な合成繊維である**ナイロン**は，分子内に 2 個のアミノ基をもつジアミンと 2 個のカルボキシ基をもつジカルボン酸との縮重合によって得られ，分子内に多数のアミド結合 -NH-CO- をもつ（式 14.2）[\*27]。

$$n\,H_2N-(CH_2)_l-NH_2 + n\,HOOC-(CH_2)_m-COOH$$
　　ジアミン　　　　　　　ジカルボン酸

$$\longrightarrow H-[-NH-(CH_2)_l-NH-CO-(CH_2)_m-CO-]_n-OH$$
$$+ (2n-1)H_2O \quad (14.2)$$

またジアミンの代わりに分子内に2個のヒドロキシ基をもつジオールを用いると、**ポリエステル**が得られる[*28]。代表的なポリエステルに、ポリエチレンテレフタラート（PET）がある（式14.3）。

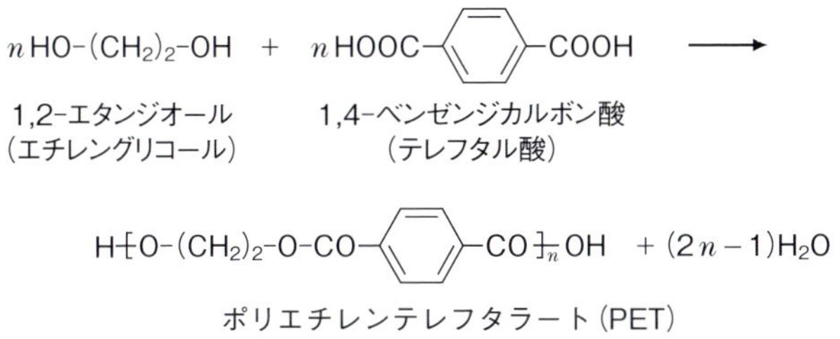

[*28] ポリエステルは、分子内に多数のエステル結合 -O-CO- をもつ。

$$n\,HO-(CH_2)_2-OH + n\,HOOC-\bigcirc-COOH \longrightarrow$$
　1,2-エタンジオール　　　　1,4-ベンゼンジカルボン酸
　（エチレングリコール）　　　（テレフタル酸）
$$\quad (14.3)$$

$$H[-O-(CH_2)_2-O-CO-\bigcirc-CO-]_n\,OH + (2n-1)H_2O$$
　　　　　　　　ポリエチレンテレフタラート（PET）

酢酸ビニル $CH_2=CH-O-COCH_3$ を付加重合して得られるポリ酢酸ビニルをけん化すると、水溶性のポリビニルアルコールが得られる。これにホルムアルデヒド（メタナール）HCHO を反応させると、水溶性を失った**ビニロン**が得られる（図14.23）[*29]。

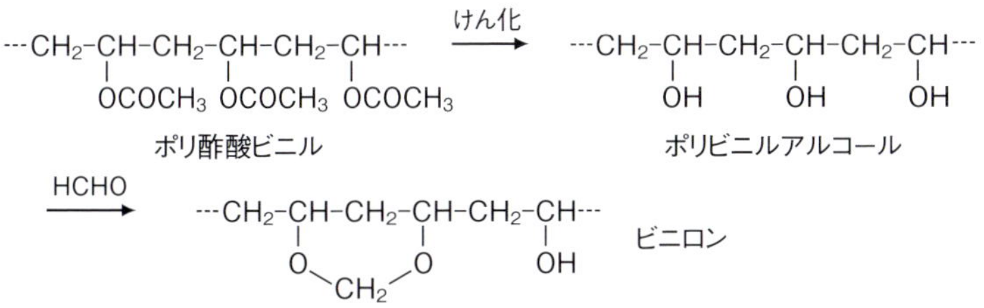

[*29] ポリビニルアルコールは、洗濯糊などに利用される。ポリビニルアルコールとホルムアルデヒドとの反応は、アセタール化と呼ばれる反応の1つである。ビニロンは日本で開発された合成繊維であり、吸湿性があって木綿に似た性状をもつ。

**図14.23** ビニロンの合成

## 14.7.2 合成樹脂と合成ゴム

合成樹脂はプラスチックとも呼ばれる。合成樹脂には、重合して得られた高分子化合物を加熱によって軟化させて成型する**熱可塑性樹脂**と、重合の途中で型に入れ、さらに重合を進めて成型する**熱硬化性樹脂**とがある。

熱可塑性樹脂には、ポリエチレン、ポリプロピレン、ポリ塩化ビニル、ポリスチレンのように、直鎖状の分子構造をもち、付加重合によって得

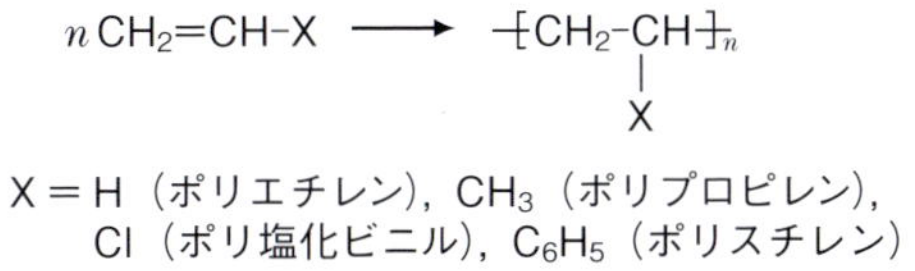

$$n\,CH_2=CH-X \longrightarrow \;[CH_2-CH]_n$$
$$\qquad\qquad\qquad\qquad\qquad |$$
$$\qquad\qquad\qquad\qquad\qquad X$$

X = H（ポリエチレン）, $CH_3$（ポリプロピレン）,
　　Cl（ポリ塩化ビニル）, $C_6H_5$（ポリスチレン）

**図14.24** 付加重合によって得られる合成樹脂

図 14.25　フェノール樹脂

図 14.26　尿素樹脂

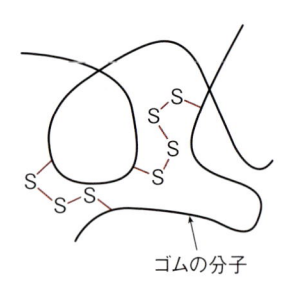

図 14.27　ゴムの架橋構造

られるものが多い（図 14.24）。しかし合成繊維としての用途が広いPETは，飲料容器用の熱可塑性樹脂としても利用される。このように，縮重合によって得られる熱可塑性樹脂もある。

熱硬化性樹脂は，一般に三次元網目構造をもつ。代表的なものとして，フェノール $C_6H_5OH$ とホルムアルデヒドから得られるフェノール樹脂（図 14.25）や，尿素 $CO(NH_2)_2$ とホルムアルデヒドから得られる尿素樹脂（ユリア樹脂）などがある（図 14.26）。

分子内に C＝C－C＝C という炭素原子のつながり（共役二重結合）をもつ物質を付加重合させると，合成ゴムの原料となる高分子が得られる。汎用される弾性のあるゴムにするためには，硫黄を加えて分子間に架橋構造（図 14.27）をつくる必要がある。この操作を**加硫**という。また天然ゴムは，ゴムノキの樹液（ラテックス）から得られる。

### Column　生分解性プラスチック

　自然界の有機化合物は，微生物による代謝によって二酸化炭素と水に分解されていく。しかし合成樹脂（プラスチック）は，自然界に放出されても微生物による代謝を受けにくく，長期にわたってゴミとして残留する。これに対して近年，ポリ乳酸のような微生物による分解を受けやすいプラスチックが合成され，食品用の容器や農業用のシートなどに実用化されている。ポリ乳酸はポリエステルの一種であるが，乳酸が生体内に一般的に存在する物質なので微生物が代謝しやすい。

ポリ乳酸の構造の一部

## 演習問題

**14.1** 酒石酸には次の (a) ～ (c) の 3 種類の構造がある。下の (1) ～ (3) の記述に該当する構造または構造の組み合わせはどれか。(a) ～ (c) の記号を用いて答えよ。複数の回答がある場合にはすべてを答えよ。

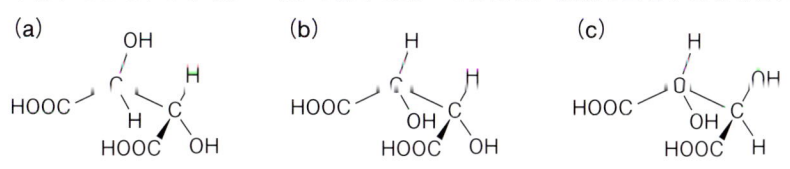

(a), (b), (c) の構造式

(1) 不斉炭素原子をもつが，光学異性体が存在しないもの。
(2) ジアステレオ異性体どうしである組み合わせ。
(3) 光学異性体どうしである組み合わせ。

**14.2** グリシン $CH_2(NH_2)COOH$ の水溶液には，下記のような電離平衡が存在する。

$$CH_2(NH_3^+)COOH \rightleftarrows CH_2(NH_3^+)COO^- + H^+ \cdots\cdots ①$$
$$CH_2(NH_3^+)COO^- \rightleftarrows CH_2(NH_2)COO^- + H^+ \cdots\cdots ②$$

(1) ①，②の濃度平衡定数 $K_1$, $K_2$ を $[CH_2(NH_3^+)COOH]$，$[CH_2(NH_3^+)COO^-]$，$[CH_2(NH_2)COO^-]$ および $[H^+]$ を用いて表せ。
(2) 陽イオン型の濃度と陰イオン型の濃度が等しくなる水溶液の pH を等電点という。グリシンの等電点を $K_1$, $K_2$ を用いて表せ。

**14.3** 次の (1) ～ (5) の用語を簡潔に説明せよ
(1) ペプチド結合　　(2) ジスルフィド結合　　(3) タンパク質の一次構造
(4) タンパク質の変性　　(5) 酵素の基質特異性

**14.4** 次の (1) ～ (5) に該当する化合物の名称または用語を下からすべて選び，記号で答えよ。
(1) 単糖で，アルドースであるもの　　(2) 加水分解によってグルコースのみが生成する二糖
(3) デンプンの一種で，分子内に多数の枝分かれ構造があるもの
(4) 核酸分子のくり返し単位となっている構造
(5) RNA には含まれるが DNA には含まれない塩基

ア) フルクトース　　イ) グルコース　　ウ) リボース　　エ) スクロース　　オ) マルトース
カ) ヌクレオチド　　キ) アデニン　　ク) グアニン　　ケ) シトシン　　コ) チミン
サ) ウラシル　　シ) アミロース　　ス) アミロペクチン

**14.5** 次の合成高分子のうち，原料の 1 つにホルムアルデヒドを用いるものをすべて選び，記号で答えよ。

ア) ナイロン 66　　イ) ビニロン　　ウ) ポリエチレンテレフタラート　　エ) ポリスチレン
オ) ポリビニルアルコール　　カ) フェノール樹脂　　キ) 尿素樹脂 (ユリア樹脂)

# 第 15 章

# 補　足

　この章では，第 14 章までに扱うことができなかった内容を述べる。一つめは，われわれの身近に多く存在する溶液のうち，希薄な溶液の性質である。二つめは，反応熱（エンタルピー変化）に関連した結合エネルギーである。三つめは，われわれにとって最も重要な物質の一つである医薬品についてである。

## 15.1　希薄溶液の性質

### 15.1.1　飽和蒸気圧

　図 15.1 (a) のように，水銀の入った長いガラス管を垂直に倒立すると，大気圧 $P$ に相当する高さ $h_0$ の水銀柱ができる。このとき水銀柱の上部には「トリチェリの真空」と呼ばれる空間が生じる（p.60）。この中に曲げたガラス管を通して揮発性の液体 A を少量入れると，図 15.1 (b) のように A が蒸発して，水銀柱の液面が $h_1$ だけ下がる。これは蒸発した A の気体分子が水銀面に圧力を及ぼすためである。この操作をくり返すと，図 15.1 (c) のように微量の A が蒸発せずに残るようになる。このとき，水銀柱上部の空間に A の蒸気が飽和している[*1]。このときの水銀柱の液面の低下 $h_2$ に相当する圧力を，A の **飽和蒸気圧** または **蒸気圧** という[*2]。

*1　純水に塩化ナトリウムのような水溶性の固体を少量ずつ加えて溶かしていくと，やがて微量の固体が溶け残った飽和水溶液になる。真空への液体の蒸発は，この現象とよく似ている。

*2　飽和蒸気圧とは，蒸発平衡によって液相が共存しているときの蒸気の圧力である。蒸気圧は，液面に並んだ分子と気相中の分子との平衡による圧力なので，液体が蒸発しようとする勢いを表している。

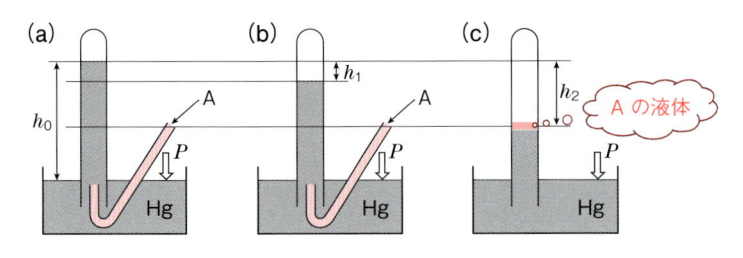

図 15.1　飽和蒸気圧

### 15.1.2　蒸気圧降下，ヘンリーの法則

　液体 A に別の物質 S を溶かした混合物を溶液という。このとき A を **溶媒**[*3]，S を **溶質** という。ある温度における純溶媒 A の蒸気圧を $P_A$，純粋な溶質 S の蒸気圧を $P_S$ とする。$n_A$ mol の A に $n_S$ mol の S を溶か

*3　本項では，溶媒と溶液とを厳密に区別するために，純溶媒という用語を用いる場合がある。

した溶液を考えてみよう。$x_A = n_A/(n_A + n_S)$, $x_S = n_S/(n_A + n_S)$ を，それぞれ A，S の**モル分率**という。このとき $x_A + x_S = 1$ が成り立つ。溶液の表面には，図 15.2 のように，モル分率に従った割合で溶媒分子と溶質分子が存在する。したがって溶液の蒸気圧 $P$ は，次式 (15.1) で表される。この関係を**ラウールの法則**という[*4]。

$$P = P_A x_A + P_S x_S \tag{15.1}$$

モル分率の関係を使って，ラウールの法則を式 15.2 のように表すこともできる。

$$\begin{aligned} P &= P_A x_A + P_S x_S = P_A (1 - x_S) + P_S x_S \\ &= P_A + (P_S - P_A) x_S \end{aligned} \tag{15.2}$$

溶質 S が塩化ナトリウムのような固体の場合，一般に $P_A > P_S$ である。このような溶質を**不揮発性の溶質**という。このとき式 15.2 より，溶液の蒸気圧 $P$ は純溶媒の蒸気圧 $P_S$ よりも小さくなる。この現象を**蒸気圧降下**という。

溶質 S が気体の場合，その蒸気圧（気相中の溶質気体の分圧）は溶質のモル分率に比例する（$P_S = k x_S$）。これを**ヘンリーの法則**という。

### 15.1.3 沸点上昇

図 15.3 は，水と水溶液[*5]の状態図を模式的に表したものである。曲線 AD は**蒸気圧曲線**と呼ばれ，飽和蒸気圧の温度変化を表している。飽和蒸気圧が大気圧（通常は 1013 hPa）に等しくなると，沸騰が始まる。したがって，温度 $T_b$ は水の沸点である。水に不揮発性の溶質を溶かした水溶液では蒸気圧降下がおこるので，この水溶液の蒸気圧曲線は曲線 A'D' のようになる。このとき，水溶液の沸点は $T_b'$ まで上昇する。この現象は**沸点上昇**と呼ばれ，$\Delta T_b = T_b' - T_b$ を**沸点上昇度**という。希薄溶液では蒸気圧降下の幅が小さく，$\Delta T$ の値も小さい。したがって，沸点付近の AD と A'D' は近似的に平行な直線と見なすことができる（図

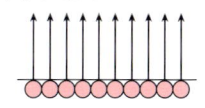

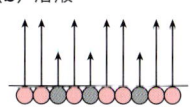

**図 15.2 溶液の蒸気圧**
↑ は，溶媒，溶質の蒸気圧を模式的に表したものである。

[*4] ラウールの法則が厳密に成り立つのは，溶媒分子が電離せず，また溶質分子との間に引力や斥力が作用しない場合である。

[*5] 不揮発性の溶質を溶かした場合の水溶液を表す。

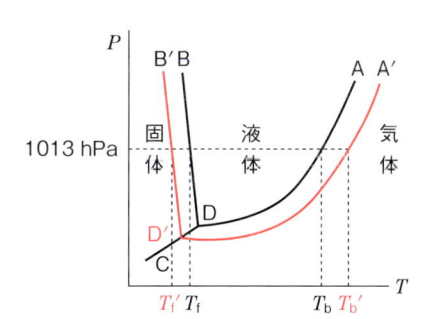

**図 15.3 水と水溶液の状態図**

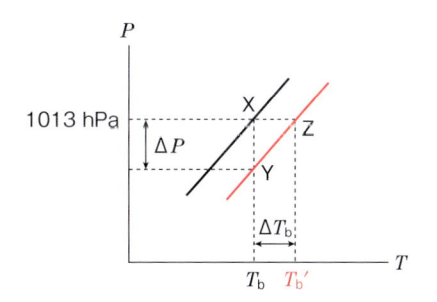

**図 15.4 沸点付近の拡大図**

15.4)。このとき蒸気圧降下の幅 $\Delta P$ と沸点上昇度 $\Delta T_b$ は，それぞれ直角三角形 XYZ の辺の長さに等しくなり比例する。式 15.2 より，$\Delta P = P_A - P = (P_A - P_S)x_S$ であるから，$\Delta T_b$ は溶質のモル分率 $x_S$ に比例する。いま，$1 \mathrm{kg} = 10^3 \mathrm{g}$ の純溶媒（分子量 $M$）に $m$ mol の溶質が溶けている溶液を想定する。希薄溶液の場合，溶質の物質量は純溶媒の物質量に比べて非常に小さい。$10^3 \mathrm{g}$ の純溶媒の物質量は $10^3/M$ mol であるから，近似的に $x_S = m \times (M/10^3)$ の関係が成り立つ。ここで $m$ は溶液の質量モル濃度（p.19 参照）であるから，希薄溶液の沸点上昇度 $\Delta T_b$ に関して，次式 15.3 の関係が成立する[*6]。

$$\Delta T_b = K_b m \tag{15.3}$$

[*6] $K_b$ は**モル沸点上昇**と呼ばれる比例定数。一般に不揮発性溶媒の蒸気圧は 0 と見なすことができるので，$\Delta P$ は溶媒の蒸気圧と溶質のモル分率との積に等しくなる。したがって $K_b$ には，溶媒の性質（蒸気圧と分子量）にかかわる値しか含まれないので，$K_b$ は溶媒に固有の定数となる。

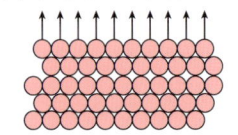

### 15.1.4 凝固点降下

図 15.3 における点 D は三重点と呼ばれ，ここでは固体，液体，気体が平衡状態で共存する（p.59 参照）。また DC は，昇華圧曲線に相当する。溶液が凝固する場合には，図 15.5 のように，溶質分子を排除しながら純溶媒の固体（結晶）になる。したがって，溶液になっても昇華圧曲線は移動しないので，溶液の三重点は DC 上で移動して D′になる。これに伴って，溶媒における固体と液体の境界線 BD は，溶液では B′D′に移動する。このとき純溶媒の凝固点である $T_f$ は，溶液では $T_f'$ まで降下する。この現象を**凝固点降下**と呼び，$\Delta T_f = T_f - T_f'$ を**凝固点降下度**という。希薄溶液の凝固点降下度も，沸点上昇度と同様に，溶液の質量モル濃度 $m$ に比例することが知られている（式 15.4）[*7]。

$$\Delta T_f = K_f m \tag{15.4}$$

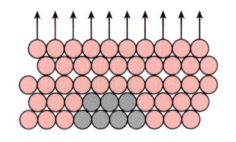

**図 15.5 純溶媒と溶液の凝固**
↑ は昇華圧を模式的に表したものである。

[*7] $K_f$ は**モル凝固点降下**と呼ばれ，溶媒に固有の比例定数である。

### 15.1.5 浸透圧

混合物中の特定の成分だけを通過させる性質をもつ膜を**半透膜**という。ここでは，溶液中の溶媒分子だけを通過させ，溶質分子を通過させない半透膜を考える[*8]。図 15.6 (a) のように，体積一定の容器の中央に半透膜が固定されており，左側 A には純溶媒，右側 B には希薄溶液を同じ体積ずつ入れる。固定をはずすと，この半透膜は滑らかに動くものとする。溶媒分子（●）は半透膜を自由に通過できるので，半透膜に衝突してこれを押すことはないが，溶質分子（●）は半透膜に衝突して押すことができる。ここで半透膜の固定をはずすと，半透膜は左側に移動して溶液の体積が増加する。すなわち，溶液の濃度が低下する（図 15.6 (b)）。しかし，濃度が低下しても溶質分子は B 側にしかないので，半透膜は A 側にある純溶媒の体積が 0 になるまで移動する。これを浸透現象という。図 15.6 (c) では，体積一定の容器内に滑らかに動く壁

[*8] 半透膜には溶媒分子だけを通過させる「孔」があいていると考えればよい。

があり，壁の左側 A′ は真空で右側 B′ には $n$ mol の理想気体がある。このとき壁を押すのは気体分子であり，A′ 側には気体分子がないので，壁は A′ 側の体積が 0 になるまで移動する。溶液と純溶媒の間にある半透膜の移動と，この壁の移動はきわめてよく似ている。ここで，図 15.6 (c) において B′ 側の体積が $V$ である瞬間に $n$ mol の気体分子が壁を押す圧力を $P$ とすると（絶対温度 $T$），$PV = nRT$ の関係が成り立つ。同様に図 15.6 (b) において B 側にある溶質分子が $n$ mol のとき，溶液の体積が $V$ である瞬間に $n$ mol の溶質分子が半透膜を押す圧力を $\Pi$ とすると（絶対温度 $T$），次式 15.5 の関係が成り立つ。

$$\Pi V = nRT \tag{15.5}$$

このとき半透膜の移動を止めるには，逆に半透膜に対して A 側から圧力 $\Pi$ を加えればよい。このように浸透現象を停止させるために加える圧力を**浸透圧**という。式 15.5 において $n/V$ は溶液のモル濃度 $c$ mol/L であるから，式 15.5 は $\Pi = cRT$ と表すことができる[*9]。

図 15.7 のように，底部に半透膜を固定した容器 A に希薄溶液を入れ，純溶媒につける。すると半透膜から純溶媒が A 内に入り，A の管内の液面の高さが純溶媒の液面より $h$ だけ高くなった状態で平衡になる。このときは，高さ $h$ の溶液柱による圧力が浸透圧に相当する。

### 15.1.6 電解質溶液の場合

溶質が電解質である場合，蒸気圧降下，沸点上昇，凝固点降下および浸透圧を考える場合に，以下のような補正を加える必要がある。たとえば，溶質 AB が水溶液中で式 15.6 のような電離平衡の状態にあるときの電離度を $\alpha$ とする。

$$\mathrm{AB} \rightleftarrows \mathrm{A}^+ + \mathrm{B}^- \tag{15.6}$$

最初に $n$ mol の AB を溶かしたとすると，この溶液中に存在する $\mathrm{A}^+$ と $\mathrm{B}^-$ は共に $n\alpha$ mol，未電離の AB は $n(1-\alpha)$ mol であり，溶液中に存在する溶質由来の粒子の物質量は，これらを加えて $n(1+\alpha)$ mol となる。したがって，この場合の沸点上昇度 $\Delta T_\mathrm{b}$，凝固点降下度 $\Delta T_\mathrm{f}$[*10] および浸透圧 $\Pi$ を与える式 (15.3) 〜 (15.5) は，各々以下のようになる。

$$\Delta T_\mathrm{b} = K_\mathrm{b} m (1 + \alpha) \tag{15.7}$$
$$\Delta T_\mathrm{f} = K_\mathrm{f} m (1 + \alpha) \tag{15.8}$$
$$\Pi V = n (1 + \alpha) RT \tag{15.9}$$

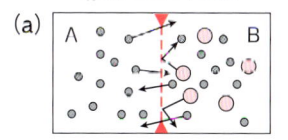

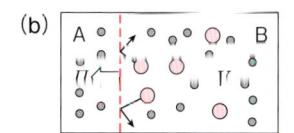

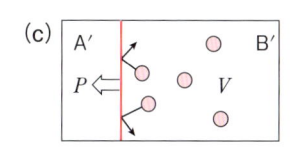

図 15.6 半透膜の移動

[*9] このように，浸透圧 $\Pi$ は溶液の濃度と絶対温度の積に比例する。この関係を**ファントホッフの法則**という。

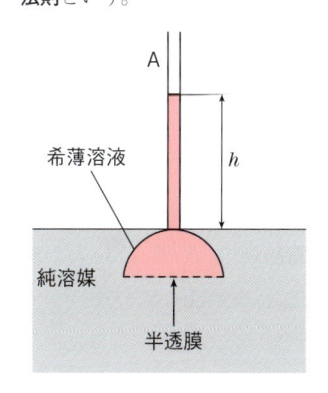

図 15.7 液柱と浸透圧

[*10] 溶液の質量モル濃度 $m$ は，溶液調製時に溶媒 1 kg あたりに溶かした溶質の物質量である。溶液調製時に電離は考えられていないことに注意。

表 15.1 結合エネルギー

| 結合 | 結合エネルギー (kJ/mol) |
|---|---|
| H–H | 432 |
| H–O | 463 |
| H–C | 415 |
| H–Cl | 432 |
| H–I | 295 |
| C–C | 370 |
| Cl–Cl | 243 |
| I–I | 149 |
| C=C | 723 |
| C=O | 803 |
| C≡C | 960 |
| N≡N | 945 |

たとえば H–O の結合エネルギーは，水分子を原子状態（2 H と O）に解離させるために必要なエネルギーの 1/2 の値である。

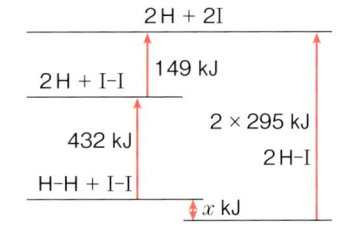

図 15.8 結合エネルギーと反応熱

*11 分子の構造が複雑になると，結合エネルギーから求めた反応熱は実測値と一致しなくなる。

## 15.2 結合エネルギー（解離エネルギー）

### 15.2.1 結合エネルギーとは

原子 X と原子 Y とが共有結合している分子 XY にエネルギーを加えていくと，やがて共有結合が切断される。この切断に必要なエネルギーを**結合エネルギー**（または**解離エネルギー**）と呼ぶ。結合エネルギーは，1 mol 分の共有結合を切断するために必要なエネルギー（単位：kJ/mol）で表される。結合エネルギーが大きい結合ほど強い結合であり，切断しにくい。結合エネルギーの値の例を**表 15.1** に示す。

### 15.2.2 結合エネルギーと反応熱（エンタルピー変化）

結合エネルギーを用いると，簡単な分子どうしの反応における反応熱（エンタルピー変化）を概算することができる。たとえば，水素 1 mol とヨウ素 1 mol とからヨウ化水素 2 mol が生成する反応の反応熱は，式 15.10 のように表される。この反応熱を，結合エネルギーから求めてみよう。

$$H_2 + I_2 = 2\,HI : \Delta H^\circ_{298} = -9\,kJ/mol \qquad (15.10)$$

H–H 結合の結合エネルギーは 432 kJ/mol，I–I 結合の結合エネルギーは 149 kJ/mol，H–I 結合の結合エネルギーは 295 kJ/mol である。したがって，1 mol の $H_2$ 分子と $I_2$ 分子内の結合をすべて切断して，原子状態（2 mol の H 原子と 2 mol の I 原子）にするために必要なエネルギーは，432 + 149 kJ である。一方，2 mol の HI 分子内の結合をすべて切断して，原子状態（2 mol の H 原子と 2 mol の I 原子）にするために必要なエネルギーは，295 × 2 kJ である（**図 15.8**）。求める反応熱を（エンタルピー変化）を $x$ kJ とすると，$x = (432 + 149) - 295 \times 2 = -9$ kJ となり，実測値と一致する[*11]。

## 15.3 医薬品の化学

### 15.3.1 医薬品と薬理作用

病気の治療には医薬品が用いられる。医薬品が体内でおこす様々な作用を**薬理作用**という。薬理作用には，解熱や鎮痛など医薬品が本来示すべき**主作用**と，眠気などの意図しない有害な作用である**副作用**とがある。現在利用されている医薬品の多くは人工的に合成された有機化合物であるが，無機化合物を医薬品として用いる場合もある。

### 15.3.2 医薬品の作用機構

薬理作用には，医薬品となる物質が直接引き起こす化学反応によって

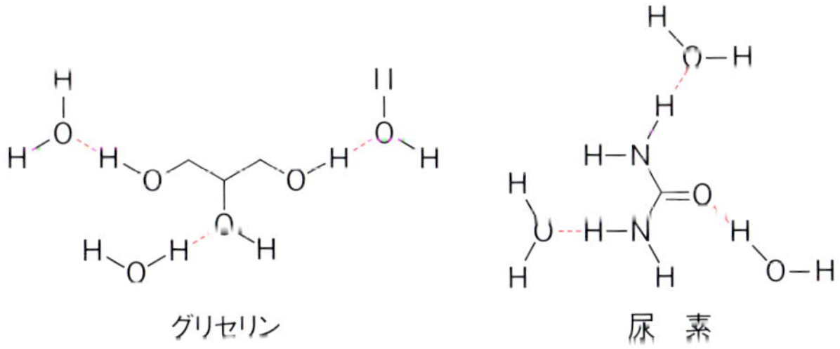

図 15.9 グリセリン，尿素の保湿作用

現れるものがある。たとえば，多くの胃薬に配合されている制酸剤である炭酸水素ナトリウムは，式 15.11 のように胃液中の塩化水素（胃酸）と反応する。

$$NaHCO_3 + HCl \longrightarrow NaCl + H_2O + CO_2 \qquad (15.11)$$

また皮膚に塗布する保湿剤には，グリセリンや尿素が含まれており，これらが図 15.9 のように水分子と水素結合を形成して，皮膚の乾燥を防止する。

グリセリンと硝酸とからつくられるニトログリセリン（図 15.10）は，人間の体内で分解されて一酸化窒素 NO を生じる。一酸化窒素には血管拡張作用があるので，ニトログリセリンは狭心症[*12]の発作を抑制する医薬品として用いられる。このように，体内でおこる化学変化によって生じる物質に薬理作用がある医薬品もある。

古くから用いられてきた医薬品の一つに，解熱・鎮痛作用をもつアセチルサリチル酸がある。頭痛や関節痛などの痛みの多くは，プロスタグランジン（PG）と呼ばれる物質によって，原因となる小さな痛みが増幅されることで感じられる。PG は細胞膜を形成するリン脂質から合成されるが，アセチルサリチル酸は PG を合成する酵素の活性中心にあるセリン残基と呼ばれる構造[*13]と結合し，この酵素を不活性化する（図 15.11）。これによって PG が合成されなくなり，痛みを感じることができなくなる。しかしこのとき，痛みの原因が治療されるわけではない。このような医薬品は，**対症療法薬**と呼ばれる。一方，PG には胃への血流を促進する作用があるので，アセチルサリチル酸を服用すると副作用である胃痛がおこる。これを防止するために胃薬を併用することが多

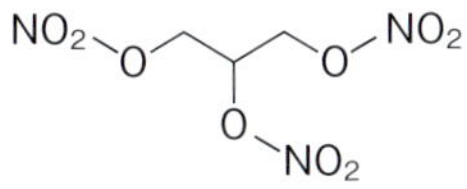

図 15.10 ニトログリセリン
$-ONO_2$ の部分が分解されて NO になる。

[*12] 心臓を囲む冠状動脈が狭くなり，心臓の筋肉への血流が悪くなることによっておこる症状。

[*13] 実際には，図 15.11 のように $-CH_2OH$ という構造と反応する。

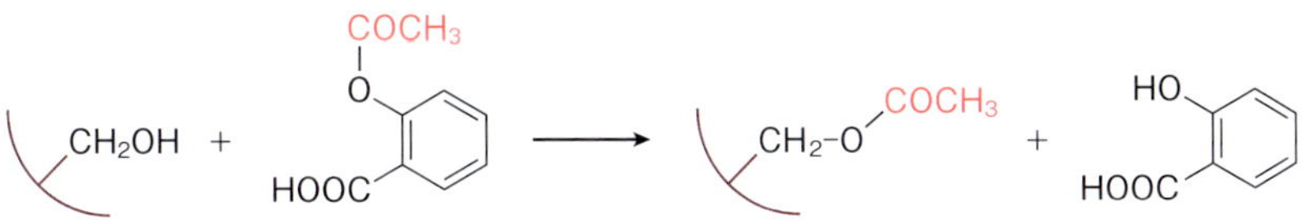

図 15.11 アセチルサリチル酸と PG 合成酵素との反応

(a) サルファ剤

H₂N—⟨benzene⟩—SO₂-NH-R

(b) $p$-アミノ安息香酸

H₂N—⟨benzene⟩—CO-OH

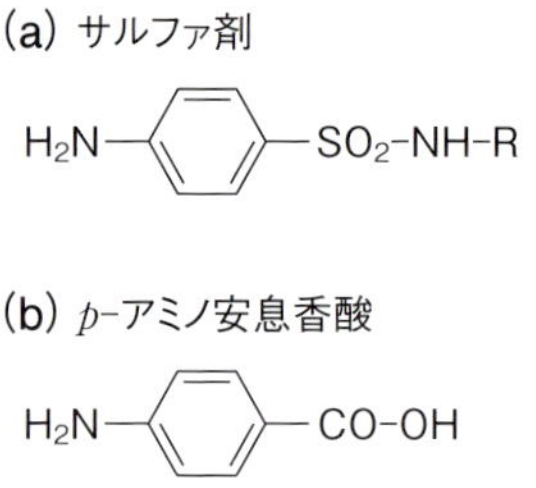

図 15.12　サルファ剤と $p$-アミノ安息香酸

*14　サルファ剤はドイツのドーマクによって発見された。

*15　これを病原菌に対する**選択毒性**という。

*16　抗生物質には人工的に合成されるものもある。

*17　ペニシリンはイギリスのフレミングによって発見された。ペニシリンという名称はアオカビの学名に由来する。

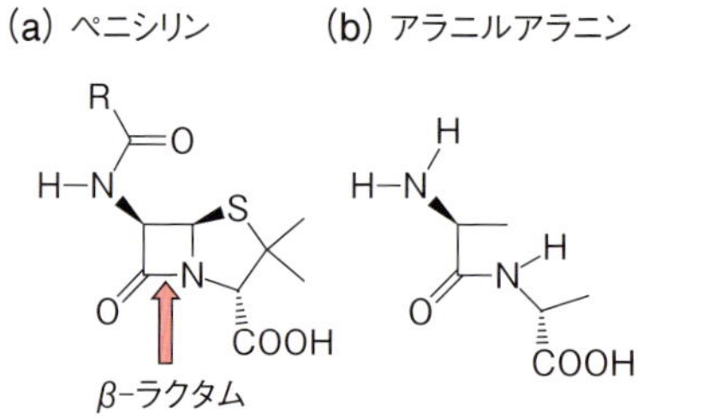

### 15.3.3　化学療法

体内に侵入した病原菌を除去するために用いられる医薬品を，**化学療法薬**という。

最初に開発された化学療法薬は，図 15.12 (a) のような基本構造をもつ**サルファ剤**である[*14]。サルファ剤が作用する病原菌は，その生育に必要な葉酸という物質を，$p$-アミノ安息香酸（図 15.12 (b)）から合成する。サルファ剤と $p$-アミノ安息香酸の分子構造がよく似ているので，病原菌は誤ってサルファ剤を取り込み，葉酸の合成ができなくなる。このような医薬品の作用機構は**代謝拮抗**と呼ばれる。ヒトは葉酸を食品から摂取し，体内では合成しないので，サルファ剤はヒトには無毒である[*15]。

ある微生物が，他の微生物の繁殖を妨げるために合成する物質を，**抗生物質**という[*16]。最初に発見された抗生物質はペニシリンであり，アオカビから取り出された[*17]。ペニシリンの分子は$β$-ラクタムと呼ばれる構造をもつ（図 15.13 (a)）。ペニシリンが作用する病原菌は，ペプチドグリカンと呼ばれる厚い細胞膜をもつ。ペプチドグリカンは，アミノ酸が結合したペプチドと，糖が結合した糖鎖とからできている。病原菌がペプチドグリカンを合成するときに必要なアラニルアラニン（図 15.13 (b)）とペニシリンの分子構造が似ているために，病原菌はペニシリンを誤って取り込み，ペプチドグリカンの合成ができなくなる。ヒトの細胞にはペプチドグリカンがないので，ペニシリンはヒトには無毒である。

化学療法薬を長く大量に使い続けると，これらが効かなくなる病原菌（**耐性菌**）が出現する。たとえば，ペニシリン耐性菌は，$β$-ラクタム構造を壊す酵素（$β$-ラクタマーゼ）を獲得している。このような菌に対しては，別の抗生物質を用いなければならない。初期に用いられていたペニシリンは，図 15.13 (a) の R の部分がベンジル基であるペニシリン G

図 15.13　ペニシリンとアラニルアラニン

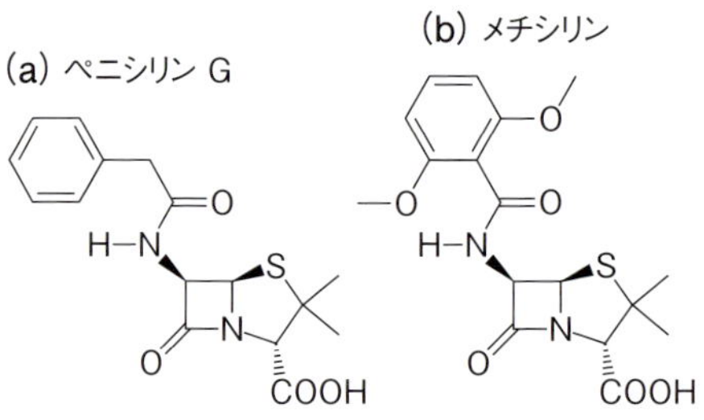

図 15.14　ペニシリン G とメチシリン

（図 15.14 (a)）であった．この耐性菌用に使われている抗生物質の 1 つにメチシリン（図 15.14 (b)）がある．メチシリンは図 15.13 (a) の R に相当する部分が大きいので，β-ラクタマーゼに取り込まれにくい．しかしメチシリンに対する耐性菌もかなり以前から出現している[*18]．このような耐性菌の出現を最小限にするためには，化学療法薬の乱用を避けなければならない．

[*18] その後，ペプチドグリカンの糖鎖の合成を阻害するバンコマイシンという抗生物質が使われるようになったが，近年ではバンコマイシン耐性菌も出現している．

### 15.3.4 医薬品の飲み方

体内に入った医薬品は，血液によって肝臓に運ばれ，化学変化（代謝）を受けて患部に作用する．さらにくり返し体内を循環し，代謝を受けながら次第に排泄されていく．適正な量の飲み薬の場合，薬を飲んだ直後から血液中の濃度が図 15.15 (a) のように時間変化する．グラフの領域 B が適正な血中濃度，領域 A は副作用が強く現れて危険な血中濃度，領域 C は薬効が現れない血中濃度である．しかし決められた量よりも多量に飲むと，図 15.15 (b) のように血中濃度が高くなりすぎて，副作用が強くなる領域 A に到達する．アルコール（エタノール）を含む飲料と共に飲むと，吸収が速くなるために図 15.15 (c) のように血中濃度が高くなりすぎる．また他の薬と一緒に飲むと，代謝のための肝臓の負担が大きくなって，図 15.15 (d) のように A 領域が広くなることで危険な血中濃度になる場合がある．あるいは，一緒に飲んだ薬や食品が代謝を阻害する場合には，図 15.15 (e) のように血中濃度が下がりにくくなって危険な血中濃度になる場合がある．

このように，医薬品にはそれぞれ正しい用法があるので，これを守らなければ，かえって健康を損なうことがある．医薬品に付いている説明書をよく読み，正しい用法を守らなければならない．

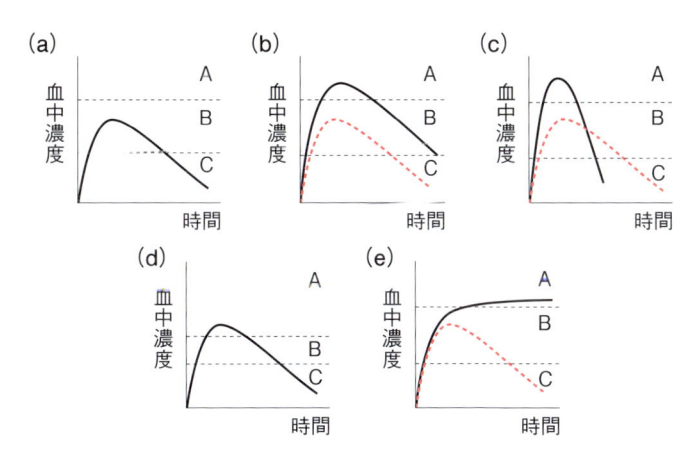

図 15.15 医薬品の血中濃度の時間変化[*19]

[*19] 図 15.15 (b), (c), (e) の破線で表された曲線は，(a) の曲線である．

## Column コロイド溶液

通常の分子やイオンよりも大きい粒子が液体中に分散しているものを**コロイド溶液**という。分散している粒子の直径は $10^{-9} \sim 10^{-7}$ m 程度であり、このような粒子を**コロイド粒子**という。たとえば、デンプンのような高分子の水溶液や、セッケン水（セッケン分子が集合してミセルと呼ばれる微粒子を形成している）はコロイド溶液の例である。

コロイド粒子が水の中に分散している場合、粒子の表面が多数の水分子によって囲まれて（これを水和という）安定化している**親水コロイド**溶液と、このような性質をもたない**疎水コロイド**溶液とがある。疎水コロイド溶液は不安定であるので、少量の電解質を加えると粒子同士が集まって沈殿する。これを**凝析**という。河川によって運ばれてきた粘土の一部は、疎水コロイドとなって分散している。これが河口で海水に触れると、海水中の塩化ナトリウムなどの電解質の作用によって急速に沈殿する。こうした沈殿物によって河口付近に形成される地形が三角州である。

墨汁は無定形炭素が分散したコロイド溶液であるが、凝析を防止するために膠と呼ばれるタンパク質（親水コロイド）を添加する。これを親水コロイドによる**保護作用**という。このように、コロイド溶液の例はわれわれの身近に多く存在する。

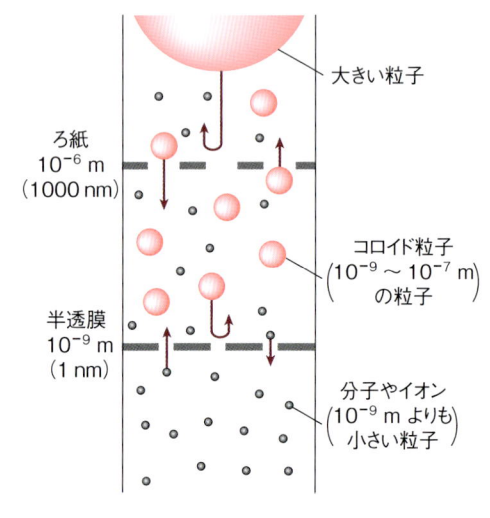

**図** コロイド粒子の大きさ

## 演習問題

**15.1** ある温度における純溶媒 A の蒸気圧を $P_A$、溶質 B の蒸気圧を $P_B$ とする。B をモル分率 $x$ で含む A の溶液について、以下の各問いに答えよ。
 (1) 同じ温度における、この溶液の蒸気圧 $P$ を $P_A$, $P_B$, $x$ を用いて表せ。
 (2) この溶液の蒸気圧が、純溶媒 A の蒸気圧よりも小さくなるための条件を示せ。
 (3) (2) のときの蒸気圧降下の大きさ $\Delta P$ を $P_A$, $P_B$, $x$ を用いて表せ。

**15.2** 2.4 g の尿素 $CO(NH_2)_2$（分子量 60.0）を水 125 g に溶かした溶液がある。尿素は非電解質である。
 (1) この溶液の質量モル濃度を求めよ。
 (2) 水のモル凝固点降下が 1.85 (K・kg)/mol であるとき、この水溶液の凝固点は何 ℃ であるか。
 (3) この尿素水溶液と同じ質量モル濃度の塩化マグネシウム $MgCl_2$ 水溶液を調製した。塩化マグネシウムの電離度が 1 であるとき、この水溶液の凝固点は何 ℃ であるか

**15.3** 2 mol の水素 $H_2$ と 1 mol の酸素 $O_2$ とが反応して 1 mol の水蒸気が生成する反応における反応熱（エンタルピー変化）を求めよ。ただし結合エネルギーには以下の値を用いよ。
 H－H　432 kJ/mol,　H－O　463 kJ/mol,　O＝O　498 kJ/mol

15.4 次の各問いに答えよ。
(1) 胃薬に配合されている制酸剤の1つに水酸化マグネシウム $Mg(OH)_2$ がある。この物質が胃酸を中和する反応を化学反応式で表せ。このとき生じる塩は正塩である。
(2) 狭心症の症状を抑制するニトログリセリン $C_3H_5(ONO_2)_3$ には，血管を拡張して血流を促す作用がある。これはニトログリセリンが体内で分解されてできる化合物の作用である。この化合物の化学式を記せ。
(3) 解熱鎮痛剤であるアセチルサリチル酸は，どのような作用で薬理作用を発現するか。簡単に説明せよ。
(4) アセチルサリチル酸には胃痛を引き起こす副作用がある。この副作用はなぜおこるのか説明せよ。
(5) 下図の構造をもつ有機化合物Aは，胃痛をおこしにくい解熱鎮痛剤になる。この化合物が，服用されても胃痛をおこしにくい理由を説明せよ。（腕だめし💪）

(6) サルファ剤は，ある種の病原菌に対しては有効であるが，ヒトに対しては無害である。この理由を説明せよ。
(7) ペニシリンは，ある種の病原菌に対しては有効であるが，ヒトに対しては無害である。この理由を説明せよ。

# 演習問題解答

### 第1章　物質を構成する粒子

**1.1** ア　混合物　　イ　蒸留　　ウ　純物質　　エ　分解　　オ　単体　　カ　元素　　［参照項目］1.1 節

**1.2** 純物質：（ウ）　　混合物：（ア），（イ），（エ），（オ）
［解説］　純物質には単体と化合物とがあるが，両者ともに構成元素の組成（含有率）が一定であり，特有の融点，沸点をもつ。水溶液や合金は，混合物である。
［参照項目］1.1 節

**1.3** (1) 定比例の法則，プルースト　(2) 質量保存の法則，ラボアジェ　(3) 倍数比例の法則，ドルトン
(4) 気体反応の法則，ゲイリュサック　(5) アボガドロの法則，アボガドロ
［参照項目］1.2，1.3 節

**1.4** (1) $MgSO_4$　　(2) $MgF_2$　　(3) $Ca(NO_3)_2$　　(4) $Al_2(SO_4)_3$
［解説］　化合物中の陽イオンのもつ正電荷の和＋化合物中の陰イオンのもつ負電荷の和＝0 となるように，陽イオンと陰イオンとを組み合わせる。一般に化学式では，陽イオンを左側におく。
［参照項目］1.4 節

**1.5** (1) $CH_4 + 2O_2 \longrightarrow CO_2 + 2H_2O$　　(2) $C_6H_{12}O_6 + 6O_2 \longrightarrow 6CO_2 + 6H_2O$
(3) $SO_2 + 2H_2S \longrightarrow 3S + 2H_2O$　　(4) $Cu + 4HNO_3 \longrightarrow Cu(NO_3)_2 + 2NO_2 + 2H_2O$
(5) $2Ag^+ + Cu \longrightarrow 2Ag + Cu^{2+}$
［解説］　(4) は未定係数法を用いるとよい。(5) では両辺の電荷の和も合わせること。
［参照項目］1.5 節

**1.6** (1) 単体　(2) 元素　(3) 元素　　［参照項目］1.1 節

### 第2章　原子の構造と物質量

**2.1** (1) ウ　(2) イ　(3) エ　(4) ア　(5) オ　　［参照項目］2.1., 2.2., 2.3 節

**2.2** (1) 34.97　(2) 35.46
［解説］　(1) $12 \times (5.808 \times 10^{-23} / 1.993 \times 10^{-23}) = 34.970$
(2) $34.97 \times (75.77/100) + 36.97 \times (24.23/100) = 35.457$
［参照項目］2.4 節

**2.3** (1) 32.0　(2) $5.00 \times 10^{-2}$ mol　(3) $1.20 \times 10^{23}$ 個
［解説］　(1) $12.0 + 1.0 \times 4 + 16.0 = 32.0$
(2) メタノール 1 mol は 32.0 g であるから，次式のように求められる。
$$1.60/32.0 = 5.00 \times 10^{-2} \text{ mol}$$
(3) 1 mol のメタノール分子には，4 mol ＝ $4N_A$ 個の水素原子が含まれるから，次式のように求められる。
$$(5.00 \times 10^{-2}) \times 4 \times (6.02 \times 10^{23}) = 1.20 \times 10^{23} \text{ 個}$$
［参照項目］2.6 節

**2.4** (1) $2Al + 6HCl \longrightarrow 2AlCl_3 + 3H_2$, $Fe + 2HCl \longrightarrow FeCl_2 + H_2$
(2) アルミニウム：0.848 g, 鉄：0.259 g
［解説］　(2) 混合物中のアルミニウムの質量を $x$ g とする。化学反応式より，1 mol（27.0 g）のアルミ

ニウムから発生する水素は $3/2$ mol，1 mol（55.9 g）の鉄から発生する水素は 1 mol であることがわかるので，次式が成り立つ。

$$\frac{x}{27.0} \times \frac{3}{2} + \frac{1.099-x}{55.9} \times 1 = \frac{1.120}{22.4}, \quad x = 0.8482$$

[参照項目] 2.6 節

2.5 (1) メタン：二酸化炭素 $1.1 \times 10$ g，水 $9.0$ g　エタン：二酸化炭素 $2.2 \times 10$ g，水 $1.4 \times 10$ g
　　(2) メタン　$3.00 \times 10^{-2}$ mol，エタン　$1.00 \times 10^{-2}$ mol　(3) 2.13 L

[解説]（1）標準状態で 5.6 L を占めるメタン，エタンの物質量は共に $5.6/22.4 = 0.25$ mol である。1 mol のメタンから生成する二酸化炭素は 1 mol，水は 2 mol である。二酸化炭素の分子量は 44.0，水の分子量は 18.0 であるから，メタンから生成する二酸化炭素は $0.25 \times 1 \times 44.0 = 11.0$ g，水は $0.25 \times 2 \times 18.0 = 9.0$ g。1 mol のエタンから生成する二酸化炭素は $4/2 = 2$ mol，水は $6/2 = 3$ mol である。よってエタンから生成する二酸化炭素は $0.25 \times 2 \times 44.0 = 22.0$ g，水は $0.25 \times 3 \times 18.0 = 13.5$ g。

（2）混合気体中のメタンの物質量を $x$ mol，エタンの物質量を $y$ mol とする。このとき次式の関係が成り立つ。

　　　二酸化炭素の生成体積から　$x + 2y = 1.12/22.4$
　　　水の生成量から　　　　　　$2x + 3y = 1.62/18.0$
　　　これを解くと　$x = 3.00 \times 10^{-2}$ mol，$y = 1.00 \times 10^{-2}$ mol となる。

（3）メタン 1 mol の燃焼には 2 mol，エタン 1 mol の燃焼には $7/2$ mol の酸素が必要であるから，求める酸素の体積は，次式のようになる。

$$(3.00 \times 10^{-2} \times 2 + 1.00 \times 10^{-2} \times 7/2) \times 22.4 = 2.128 \text{ L}$$

[参照項目] 2.6 節

2.6 (1) 19.4 %　(2) 4.00 mol/kg　(3) $8.00 \times 10^{-1}$ mol/L

[解説]（1）$[12.0/(50.0 + 12.0)] \times 100 = 19.35$ %

（2）尿素の分子量は 60.0 である。したがって，質量モル濃度は次のように求められる。

$$\frac{12.0/60.0}{50.0 \times 10^{-3}} = 4.00 \text{ mol/kg}$$

（3）250 mL の水溶液中に，$12.0/60.0$ mol の尿素が溶けている。

$$\frac{12.0/60.0}{250 \times 10^{-3}} = 8.00 \times 10^{-1} \text{ mol/L}$$

[参照項目] 2.6 節

## 第3章　原子の中の電子

3.1 (1) 金属の表面に光を当てると，電子が飛び出す現象。
　　(2) 光は波動であると同時に振動数に比例するエネルギーをもつ粒子である，とする説。
　　(3) X 線などの高エネルギーの電磁波を物質にあてたとき，散乱される電磁波の波長が長くなる現象。
　　(4) 水素の輝線スペクトルのうち，可視光の領域内に現れる 4 本の総称。
[参照項目] 3.1, 3.2 節

3.2 $mc$ は運動量 $p$ に相当するので，$E = mc^2 = pc$ が成り立つ。また $E = hc/\lambda$ であるから，$pc = hc/\lambda$ より $p = h/\lambda$ が成り立つ。　　[参照項目] 3.1 節

3.3 (1) ボーアの量子条件

(2) $m_e v r = p r = (h/2\pi) \times n$ より $2\pi r = (h/p) \times n$ が成り立つ。

(3) (2)で導いた式から $p = (h/2\pi r) \times n$ となる。一方，$(1/4\pi\varepsilon_0) \times e^2/r^2 = m_e v^2/r$ より $m_e v^2 = (1/4\pi\varepsilon_0) \times e^2/r$ が成り立つ。したがって $m_e v^2 = p^2/m_e = (h^2/4\pi^2 m_e r^2) \times n^2 = (1/4\pi\varepsilon_0) \times e^2/r$ が成り立つので，ここから $r = (\varepsilon_0 h^2/\pi e^2 m_e) \times n^2$ が導かれる。

[参照項目] 3.2 節

3.4 (1) $_3$Li K2, L1　　(2) $_8$O K2, L6　　(3) $_{11}$Na K2, L8, M1　　(4) $_{15}$P K2, L8, M5

[参照項目] 3.3 節

3.5 (1) $_3$Li$^+$ K2　　(2) $_9$F$^-$ K2, L8　　(3) $_{12}$Mg$^{2+}$ K2, L8　　(4) $_{16}$S$^{2-}$ K2, L8, M8

[参照項目] 3.3 節

3.6 (1) $_{12}$Mg$^{2+}$ は希ガス原子である $_{10}$Ne と同じ安定な電子配置をもつ。したがってマグネシウムのイオン化エネルギーのうち，安定な $_{12}$Mg$^{2+}$ からさらに電子を1個失わせる第3イオン化エネルギーが最も大きいので，第2イオン化エネルギーと第1イオン化エネルギーの差より，第3イオン化エネルギーと第2イオン化エネルギーの差の方が大きくなる。

(2) 硫黄原子の電子親和力は，$_{16}$S$^-$ から電子を1個失わせるエネルギーに等しい。また塩素原子の電子親和力は，$_{17}$Cl$^-$ から電子を1個失わせるエネルギーに等しい。Cl$^-$ は電子配置が希ガスである $_{18}$Ar と同じで安定であるから，ここから電子を1個失わせるエネルギーは非常に大きくなる。

[参照項目] 3.4 節

## 第4章　元素の周期律と原子軌道

4.1 （ア）ドルトン　（イ）三つ組元素　（ウ）ニューランズ　（エ）メンデレーエフ　（オ）マイヤー

(1) （当時発見されていた）化学的に性質が似た元素を集めると三つの組になる。この元素群の原子量を小さい順に並べると，中央にある元素の原子量が他の二つの元素の原子量の平均値に近くなる。

(2) 元素を原子量の順に並べると，8番目ごとに似た性質の元素が現れる。

(3) 元素の性質を優先して，原子量の順に合わない箇所については順番を入れ替えた。未発見元素を想定した空欄を設けた。

[参照項目] 4.1 節

4.2 (1) $_3$Li $(1s)^2 (2s)^1$　　(2) $_9$F $(1s)^2 (2s)^2 (2p)^5$　　(3) $_{11}$Na $(1s)^2 (2s)^2 (2p)^6 (3s)^1$

(4) $_{17}$Cl $(1s)^2 (2s)^2 (2p)^6 (3s)^2 (3p)^5$　　(5) $_{20}$Ca $(1s)^2 (2s)^2 (2p)^6 (3s)^2 (3p)^6 (4s)^2$

(6) $_{25}$Mn $(1s)^2 (2s)^2 (2p)^6 (3s)^2 (3p)^6 (3d)^5 (4s)^2$

[参照項目] 4.2 節

4.3 (1) 粒子の運動量と位置を同時に，かつ正確に測定することはできない。時間と粒子のもつエネルギーを同時に，かつ正確に測定することはできない。

(2) 空間内のある座標に，粒子が存在する確率を表す関数。

(3) 原子内の電子は主量子数，方位量子数，磁気量子数，スピン量子数で定められる1つの状態に1個しか入ることができない。

(4) 同じエネルギーの縮重した軌道に電子が充填される場合，スピンの方向を同じにしながら異なる軌道に入ろうとする。

[参照項目] 4.2 節

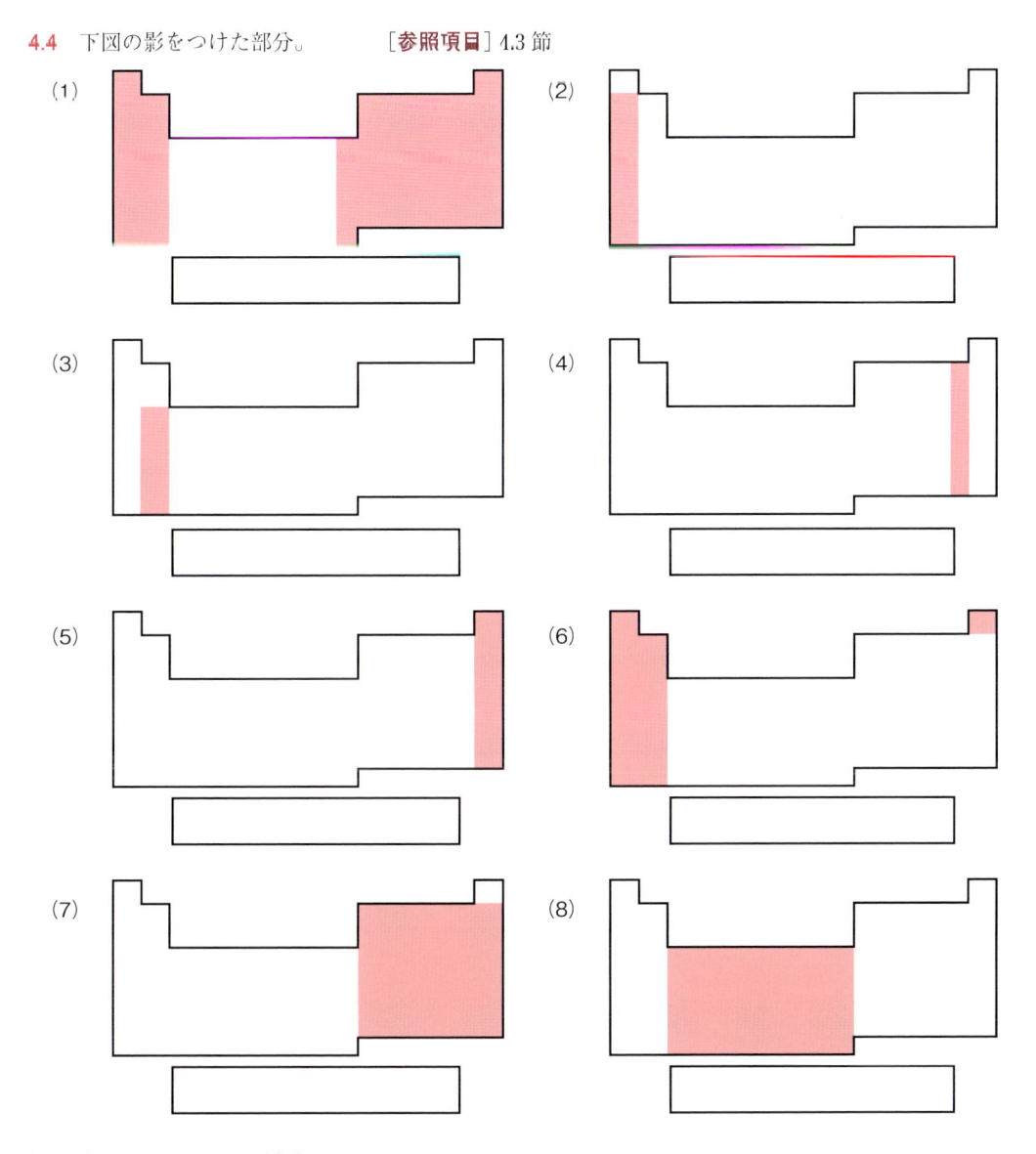

**4.4** 下図の影をつけた部分。　　[**参照項目**] 4.3 節

(1) (2) (3) (4) (5) (6) (7) (8)

## 第5章　原子と原子の結合

**5.1** ウ），オ）

[**解説**] ア）～オ）の各塩を構成するイオンと，その電子配置がどの希ガス原子と同じであるかを（　）内に示す。

ア）$Na^+$（Ne），$Cl^-$（Ar）　　イ）$Mg^{2+}$（Ne），$Cl^-$（Ar）　　ウ）$Ca^{2+}$（Ar），$Cl^-$（Ar）

エ）$K^+$（Ar），$Br^-$（Kr）　　オ）$K^+$（Ar），$S^{2-}$（Ar）

[**参照項目**] 5.1 節

**5.2** (1) 6，12　　(2) 8，6　　(3) 4　　(4) 2　　(4) のような結晶格子をもつ結晶には酸化銅（I）$Cu_2O$ などがある。　　[**参照項目**] 5.1 節

**5.3** (1) $Ne > Na^+ > Mg^{2+}$　理由：電子配置が同じであれば，原子核の電荷が大きくなるほど最外殻の電子を引きつける引力が強くなるから。

(2) MgO　理由：(1)と同様な理由によってイオン半径の大小関係は $Na^+ > Mg^{2+}$，$Cl^- > O^{2-}$である。MgOを構成する $Mg^{2+}$ と $O^{2-}$ の方が，イオン中心間の距離が近く，イオンの電荷の積の絶対値が大きいので，強い静電気力が作用するため。

[**参照項目**] 5.1 節

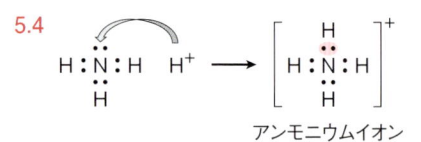

5.4

$$H:\!\ddot{N}\!:\!H \quad H^+ \longrightarrow \left[ H:\!\ddot{N}\!:\!H \atop H \right]^+$$

アンモニウムイオン

[**参照項目**] 5.2 節

5.5

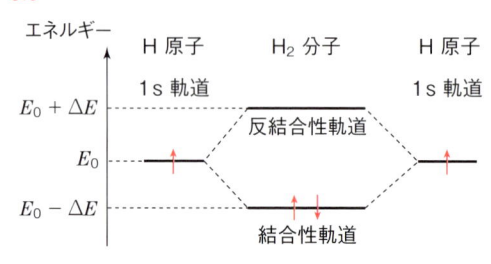

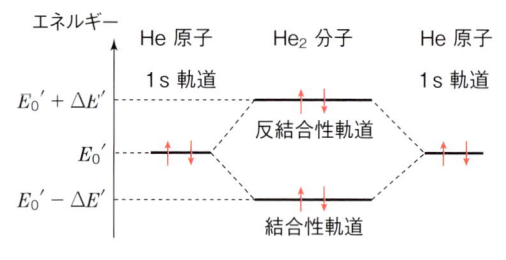

(1) 2個の水素原子から水素分子ができる場合の分子軌道のエネルギーを左図に示す。このとき水素原子のもつ2個の電子は水素分子の結合性軌道に入る。結合前(2個の水素原子)の電子のエネルギーは $2E_0$ であるが，結合後の電子のエネルギーは $2E_0 - 2\Delta E$ となって，$2\Delta E$ だけ安定化する。

(2) 2個のヘリウム原子から $He_2$ 分子ができる場合の分子軌道のエネルギーを左図に示す。結合前(2個のヘリウム原子)の電子のエネルギーは $4E_0'$ であり，結合後の電子のエネルギーは $2(E_0' - \Delta E') + 2(E_0' + \Delta E') = 0$ である。したがって結合によるエネルギー的な安定化はなく，$He_2$ 分子はできない。

＜補足＞　本問では近似的に結合性軌道のエネルギーを $E_0' - \Delta E'$，反結合性軌道のエネルギーを $E_0' + \Delta E'$ としたが，厳密には反結合性軌道のエネルギー的な不安定化は $\Delta E'$ よりわずかに大きい。これは水素の場合も同様である。

(3) $He_2^+$ イオンは1s軌道に電子を2個もつHe原子と，1s軌道に電子を1個もつ $He^+$ とが結合したものである。このときの電子のエネルギーを(2)の図にならって考えると，結合前の電子のエネルギーは $3E_0'$ であり，結合後の電子のエネルギーは $2(E_0' - \Delta E') + (E_0' + \Delta E') = 3E_0' - \Delta E'$ であるから，$He_2^+$ イオンができることで $\Delta E'$ だけエネルギー的に安定化する。

[**参照項目**] 5.4 節

## 第6章　分子の形と分子間の結合

6.1　(1) イ　　(2) エ　　(3) オ　　(4) ア

[**解説**]　(1)〜(4)の各分子の電子式と，反発する電子対の数を以下に示す。

(1) H:S:H　4組　　(2) H:P:H / H　4組　　(3) :F:B:F: / :F:　3組　　(4) :N::C:H　2組

[参照項目] 6.1 節

6.2　(1) ウ　　(2) イ　　(3) ア　　(4) ア　　[参照項目] 6.2 節

6.3　ア) 直線型分子であり，2 組の C＝O 結合の極性が打ち消しあうから。

エ) 正四面体型分子であり，4 組の C－Br 結合の極性が打ち消しあうから。

[解説]　異なる元素の原子間の共有結合には，電気陰性度の差による共有電子対の偏りがある。これを結合の極性という (p.44 参照)。分子全体の極性を考える場合には，結合の極性をベクトルと考えて足し合わせればよい。$\delta+$ から $\delta-$ に向かって極性を表すベクトル (→) を描くと，ア) とエ) の分子における極性の和は，図のように考えられる。これらの和は，各々ゼロベクトルとなる。

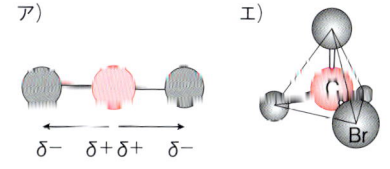

[参照項目] 5.2, 6.2 節

6.4　(1) $I_2$　いずれも無極性の物質であり，その中で $I_2$ の分子量が最も大きいから。

(2) NaCl　Cl と Cl，H と Cl，Na と Cl の電気陰性度の差を比べると，Na と Cl の差が最も大きい。したがって NaCl はイオン結合性が最も大きい化合物であるから。

(3) HF　HF のみが分子間に水素結合を形成するから。

[参照項目] 6.3 節

6.5　(1)　　$CH_3$-O
　　　　　　　　　H
　　　　　　　　　　O-$CH_3$
　　　　　　　　　H

(2) 水分子には 2 個の H 原子と 2 組の非共有電子対とがあり，図 6.28 のように 1 つの分子から 4 方向に水素結合をつくることができる。これに対してメタノール分子には水素結合に関与できる H 原子が 1 個しかないので，分子 1 個あたりの水素結合の数が水の場合より少なくなるから。

[参照項目] 6.3 節

6.6　水分子には 2 個の H 原子と 2 組の非共有電子対とがあり，図 6.28 のように 1 つの分子から 4 方向に水素結合をつくることができる。したがって結晶 (氷) となった場合には，内部に多くの空間ができるから (p.56 参照)。　　[参照項目] 6.3 節

## 第 7 章　状態変化と気体の状態方程式

7.1　(1) 凝縮　　(2) 蒸発　　(3) 凝縮　　(4) 昇華　　[参照項目] 7.1 節

7.2　(1) A 固体，B 液体，C 気体，D 三重点

(2) 低くなる。(理由) 山頂は気圧が 1013 hPa より低いので，飽和蒸気圧が大気圧と等しくなる温度すなわち沸点が 100 ℃ より低くなる。

(3) 密閉された鍋の中では，水の蒸発によって圧力が 1013 hPa よりも高くなる。したがって沸点が 100 ℃ より高くなるので調理時間が短くなる。

[参照項目] 7.1 節

7.3　(1) $2.0 \times 10^2$ hPa　　(2) $2.0 \times 10$ m$^3$　　(3) $2.7 \times 10^2$ hPa

[解説]　(1) 温度一定なのでボイルの法則を使う。求める圧力を $P_1$ hPa とすると，次式が成り立つ。

$$1013 \times 15 = P_1 \times 75 \qquad P_1 = 203 \text{ hPa}$$

(2) 圧力一定なのでシャルルの法則を使う。求める体積を $V_2\,\mathrm{m}^3$ とすると，次式が成り立つ。

$$15/(273+27) = V_2/(273+127) \qquad V_2 = 20\,\mathrm{m}^3$$

(3) ボイル–シャルルの法則を使う。求める圧力を $P_3\,\mathrm{hPa}$ とすると，次式が成り立つ。

$$1013 \times 15/(273+27) = P_3 \times 75/(273+127) \qquad P_3 = 270\,\mathrm{hPa}$$

[参照項目] 7.2 節

7.4 (1) $\mathrm{H_2}$：$8.6 \times 10^4\,\mathrm{Pa}$，$\mathrm{N_2}$：$8.6 \times 10^4\,\mathrm{Pa}$，全圧：$1.7 \times 10^5\,\mathrm{Pa}$

(2) $\mathrm{H_2}$：$2.4 \times 10^2\,\mathrm{mol}$，$\mathrm{N_2}$：$2.4 \times 10^2\,\mathrm{mol}$  (3) $2.1 \times 10^5\,\mathrm{Pa}$

[解説]　(1) 水素の分圧を $P_{\mathrm{H_2}}$ とすると，ボイルの法則より次式が成り立つ。

$$(3.0 \times 10^5) \times 2.0 = P_{\mathrm{H_2}} \times (2.0 + 5.0) \qquad P_{\mathrm{H_2}} = 8.57 \times 10^4\,\mathrm{Pa}$$

窒素の分圧を $P_{\mathrm{N_2}}$ とすると，ボイルの法則より次式が成り立つ。

$$(1.2 \times 10^5) \times 5.0 = P_{\mathrm{N_2}} \times (2.0 + 5.0) \qquad P_{\mathrm{N_2}} = 8.57 \times 10^4\,\mathrm{Pa}$$

$$\text{全圧} = P_{\mathrm{H_2}} + P_{\mathrm{N_2}} = 1.71 \times 10^5\,\mathrm{Pa}$$

(2) 理想気体の状態方程式を，$n = PV/RT$ と変形して用いる。

$$\mathrm{H_2} \text{の物質量} = (3.0 \times 10^5) \times 2.0/8.31 \times (273+27) = 2.41 \times 10^2\,\mathrm{mol}$$

$$\mathrm{N_2} \text{の物質量} = (1.2 \times 10^5) \times 5.0/8.31 \times (273+27) = 2.41 \times 10^2\,\mathrm{mol}$$

(3) 容器内の全気体（水素と窒素）の物質量は $4.82 \times 10^2\,\mathrm{mol}$ である。理想気体の状態方程式を，$P = nRT/V$ と変形して用いる。

$$\text{容器内の全圧} = 4.82 \times 10^2 \times 8.31 \times (273+87)/(2.0+5.0) = 2.06 \times 10^5\,\mathrm{Pa}$$

[参照項目] 7.2 節

7.5 (1) 気体分子の体積

(2) $1\,\mathrm{mol}$ の理想気体では，$Z = PV/RT$ の値が常に $1$ になる。問題文の与式をこの形に変形すると，次式 $1$ のようになる。

$$Z = \frac{PV}{RT} = 1 + \left(b - \frac{a}{RT}\right)\frac{1}{V} + \frac{b^2}{V^2} + \frac{b^3}{V^3} + \cdots \qquad \text{式1}$$

ここで $V \to \infty$ にすると $Z$ は $1$ に収束するので，実在気体の性質が理想気体の性質に近づくことになる。

(3) 式 $1$ において，$a$ は分子間力に対応した定数である。ここで，$T \to \infty$ にすると，$Z$ は下式 $2$ のように収束する。

$$\lim_{T \to \infty} Z = 1 + \frac{b}{V} + \frac{b^2}{V^2} + \frac{b^3}{V^3} + \cdots = \frac{1}{1 - b/V} = \frac{V}{V-b} \qquad \text{式2}$$

したがって，$\dfrac{PV}{RT} = \dfrac{V}{V-b}$ なので，$P(V-b) = RT$ となる。これは分子間力の影響が打ち消されたファンデルワールスの状態方程式である。すなわち温度を上昇させると，実在気体における分子間力の影響が無視できるようになる。

[解説]　$1\,\mathrm{mol}$ の実在気体に関するファンデルワールスの状態方程式 $(P + a/RT)(V - b) = RT$ を変形すると，次式が得られる。

$$P = \frac{RT}{V-b} - \frac{a}{RT} = \frac{RT}{V} \times \frac{1}{1 - b/V} - \frac{a}{RT}$$

$$= \frac{RT}{V}\left(1 + \frac{b}{V} + \frac{b^2}{V^2} + \frac{b^3}{V^3} + \cdots\right) - \frac{a}{RT}$$

この式を変形することで，問題文の式が誘導される。

[**参照項目**] 7.3 節

## 第 8 章　基礎的な熱力学と平衡

**8.1**　(1) $\Delta U = C_V(T_2 - T_1)$　　(2) $\Delta U = C_V(T_4 - T_3)$, $\Delta(PV) = P(V_4 - V_3)$

(3) $\Delta H = (C_V + nR)(T_4 - T_3)$　　(4) $C_P - C_V = nR$　　　[**参照項目**] 8.1 節

**8.2**　$-174$ kJ/mol

[**解説**]　与えられた熱化学方程式 ①〜③ を，(1) + (2) − (3) のように組み合わせる。

$$\Delta H^\circ = (-1299) + (-286) - (-1411) = -174 \text{ kJ/mol}$$

[**参照項目**] 8.2 節

**8.3**　$N_2(g) + 3H_2(g) \rightleftarrows 2NH_3(g)$

この反応の平衡状態から $N_2$ が微小量 $dn(N_2)$ [mol] だけ反応して減少したとすると，それに伴って $H_2$ は $dn(H_2) = 3dn(N_2)$ [mol] だけ減少し，$NH_3$ は $dn(NH_3) = 2dn(N_2)$ [mol] だけ増加する。このとき反応系の自由エネルギーの変動 $dG$ は，次のように表される。

$$dG = -dn(N_2)\mu(N_2) - dn(H_2)\mu(H_2) + dn(NH_3)\mu(NH_3)$$
$$= [-\mu(N_2) - 3\mu(H_2) + 2\mu(NH_3)] \times dn(N_2) \quad \cdots ①$$

平衡状態からの微小変化では $dG = 0$ と考えてよい。さらに①式と $H_2$, $N_2$, $NH_3$ のそれぞれの化学ポテンシャル（式 ②〜④）を考慮すると，式 ⑤ が誘導される。

$$\mu(N_2) = \mu(N_2)_0 + RT \ln a(N_2) \quad \cdots ②$$
$$\mu(H_2) = \mu(H_2)_0 + RT \ln a(H_2) \quad \cdots ③$$
$$\mu(NH_3) = \mu(NH_3)_0 + RT \ln a(NH_3) \quad \cdots ④$$
$$\mu(N_2)_0 + 3\mu(H_2)_0 - 2\mu(NH_3)_0 = RT \ln [a(NH_3)^2 / a(N_2) a(H_2)^3] \quad \cdots ⑤$$

式 ⑤ の左辺は，この反応の標準自由エネルギー変化 $-\Delta G_0$ である。以上の結果から，活量を用いた質量作用の法則が誘導される。

$$K = \exp(-\Delta G_0/RT) = a(NH_3)^2 / [a(N_2) a(H_2)^3]$$

[**参照項目**] 8.4 節

**8.4**　(1) $K_P = (P_{NO_2})^2 / P_{N_2O_4}$　(2) $\alpha = \sqrt{K_P/(K_P + 4P)}$　(3) $K_c = (RT)K_P$

[**解説**]　(2) 解離前の $N_2O_4$ の物質量を $n$ mol とすると，解離後の $N_2O_4$ の物質量は $(1-\alpha)n$ mol，$NO_2$ の物質量は $2\alpha n$ mol であり，容器内の全気体（$N_2O_4$ と $NO_2$）の物質量は $(1+\alpha)n$ mol である。分圧 = モル分率 × 全圧の関係から，次式の関係が成り立つ。

$$P_{N_2O_4} = (1-\alpha/1+\alpha)P, \quad P_{NO_2} = (2\alpha/1+\alpha)P$$

これを (1) の式に代入すると，次式の関係が得られる。

$$K_P = (4\alpha^2/1-\alpha^2)P$$

したがって，$\alpha_2 = K_P/(K_P + 4P)$ であり，$\alpha > 0$ であるから，$\alpha = \sqrt{K_P/(K_P + 4P)}$ となる。

(3) 理想気体の状態方程式 $PV = nRT$ を変形すると，$P = (n/V)RT$ となる。ここで $n/V$ は気体の濃度を表す。したがって，$P_{N_2O_4} = [N_2O_4](RT)$, $P_{NO_2} = [NO_2](RT)$ の関係があるので，$K_c = [NO_2]^2/[N_2O_4] = [(P_{NO_2})^2/P_{N_2O_4}]/RT = K_P/RT$ となる。

[**参照項目**] 8.4 節

**8.5**　(1) 左　(2) 右　(3) 右　(4) 移動しない　(5) 左

[**解説**]　(4), (5) 固体を含む不均一系の平衡では，固体物質は平衡定数に含まれず，平衡の移動にも関与しない。

[参照項目] 8.4 節

### 第 9 章　化学反応の速さ

**9.1**　(1) 基質分子（またはイオン）どうしの，単位時間あたりの衝突回数が増加するため。
(2) 活性化エネルギーに相当するエネルギーを超える分子数の割合が多くなるため。
(3) 触媒によって，活性化エネルギーが低い反応経路が提供されるため。

[参照項目] 9.1，9.2 節

**9.2**　(1) イ　　(2) オ　　(3) ウ　　(4) ア　　[参照項目] 9.1，9.2 節

**9.3**　(1) $[A] = [A_0] \exp(-kt)$　　(2) $0.693/k$　　(3) 3.32 倍

[解説]　(3) 半減期と同様に求めると，濃度が 1/10 になるまでの時間は $\ln 10/k = 2.303/k$ である。したがって求める比は $2.303/0.693 = 3.323$ となる。

[参照項目] 9.1 節

**9.4**　$5.36 \times 10$ kJ/mol

[解説]　反応速度定数 $k$ と活性化エネルギー $\Delta E$ の間には，$k = A \exp(-\Delta E/RT)$ の関係がある。300 K と 310 K における速度定数は，それぞれ次式で表される。

$$k_{300} = A\exp(-\Delta E/300R) \quad \cdots ①$$
$$k_{310} = A\exp(-\Delta E/310R) \quad \cdots ②$$
$$k_{310}/k_{300} = \exp[(1/300 - 1/310) \times \Delta E/R] = 2.00 \text{ であるから，} \Delta E = 9300 \times 8.31 \times \ln 2.00$$
$$= 5.356 \times 10^4 \text{ J/mol} = 5.356 \times 10 \text{ kJ/mol である。}$$

[参照項目] 9.2 節

**9.5**　$v = (k_{1+}k_2/k_{1-})[A][B]$

[解説]　定常状態では，反応①について $k_{1+}[A][B] = k_{1-}[X]$ が成り立つ。この式から $[X] = (k_{1+}/k_{1-})[A][B]$ であることがわかる。また，この反応の速度 $v$ は反応②の速度に等しいので，$v = k_2[X] = (k_{1+}k_2/k_{1-})[A][B]$ となる。

[参照項目] 9.3 節

**9.6**　(1) ミカエリス–メンテンの式 $v = k_2[E_T][S]/(K_M+[S])$ を，$v = k_2[E_T]/(1+K_M/[S])$ と変形する。$K_M$ に対して $[S]$ が十分に大きければ $1+K_M/[S] = 1$ と近似できるので，このときには $v = k_2[E_T]$ となり，$v$ は近似的に一定になる。

(2) ミカエリス–メンテンの式を，$v = (k_2[E_T][S]/K_M)/(1+[S]/K_M)$ と変形する。$[S]$ に対して $K_M$ が十分に大きければ $1+[S]/K_M = 1$ と近似できるので，このときには $v = (k_2[E_T]/K_M)[S]$ となり，$v$ は近似的に $[S]$ に比例する。

[参照項目] 9.3 節

### 第 10 章　酸と塩基

**10.1**　(1) 塩基　　(2) 酸　　(3) 酸　　(4) 酸　　[参照項目] 10.1 節

**10.2**　(1) 2.0　　(2) 2.7　　(3) 12.3

[解説]　(1) $[H^+] = 0.010 \times 1 = 1.0 \times 10^{-2}$ mol/L, pH $= 2 - \log 1.0 = 2.0$
(2) $[H^+] = 0.20 \times 0.010 = 2.0 \times 10^{-3}$ mol/L, pH $= 3 - \log 2.0 = 2.70$
(3) $[OH^-] = 0.020 \times 1 = 2.0 \times 10^{-2}$ mol/L, $[H^+] = K_w/[OH^-] = 1.0 \times 10^{-14}/2.0 \times 10^{-2}$
$= 2.0^{-1} \times 10^{-12}$ mol/L, pH $= 12 + \log 2.0 = 12.30$

[参照項目] 10.3 節

**10.3** (1) $c\alpha^2/(1-\alpha^2)$ (2) $\sqrt{K_b/c}$ (3) 11.2

[解説] (1) 電離平衡状態においては $[NH_3] = c(1-\alpha)$, $[NH_4^+] = [OH^-] = c\alpha$ であるから，これらを $K_b$ の式に代入すると，$K_b = c\alpha^2/(1-\alpha)$ となる。

(2) $1/(1-\alpha) = 1$ と近似すると，$K_b = c\alpha^2$ となる。$\alpha > 0$ であるから，この式から $\alpha = \sqrt{K_b/c}$ が導かれる。

(3) $[OH^-] = c\alpha = \sqrt{cK_b} = 2.3^{1/2} \times 10^{-3}$ mol/L, $[H^+] = K_w/[OH^-] = 1.0 \times 10^{-14}/(2.3^{1/2} \times 10^{-3})$
$= 2.3^{-1/2} \times 10^{-11}$ mol/L, pH $= 11 + (1/2)\log 2.3 = 11.18$

[参照項目] 10.3 節

**10.4** (1) $K_w/K_a$ (2) $\sqrt{K_w K_a/c}$

[解説] (1) $K_h = \dfrac{[CH_3COOH][OH^-]}{[CH_3COO^-]} = \dfrac{[CH_3COOH]}{[H^+][CH_3COO^-]} \times [H^+][OH^-] = \dfrac{K_w}{K_a}$

(2) $[CH_3COO^-] = c(1-\beta)$, $[CH_3COOH] = [OH^-] = c\beta$ であるから，$K_h = c\beta^2/(1-\beta)$ となる。ここで $1/(1-\beta) = 1$ と近似すると $K_h = c\beta^2$ となるので，$\beta = \sqrt{K_h/c}$ が得られる。
$[OH^-] = c\beta = \sqrt{cK_h} = \sqrt{cK_w/K_a}$ より，$[H^+] = K_w/[OH^-] = \sqrt{K_w K_a/c}$ となる。

[参照項目] 10.3，10.4 節

**10.5** (1) $NaHSO_4 + NaOH \longrightarrow Na_2SO_4 + H_2O$

(2) $2\,CH_3COONa + H_2SO_4 \longrightarrow 2\,CH_3COOH + Na_2SO_4$

(3) $(NH_4)_2SO_4 + 2\,NaOH \longrightarrow 2\,NH_3 + 2\,H_2O + Na_2SO_4$

[解説] (1) 酸性塩と塩基との反応。各溶液の濃度と体積とから $NaHSO_4 : NaOH = 1 : 1$ の物質量比で反応させていることがわかる。

(2) 弱酸である酢酸の塩と強酸である硫酸との反応。各溶液の濃度と体積とから $CH_3COONa : H_2SO_4 = 2 : 1$ の物質量比で反応させていることがわかる。

(3) 弱塩基であるアンモニアの塩と強塩基である水酸化ナトリウムとの反応。各溶液の濃度と体積とから $(NH_4)_2SO_4 : NaOH = 1 : 2$ の物質量比で反応させていることがわかる。

[参照項目] 10.4 節

**10.6** (1) 3.15 g (2) A ホールピペット，B ビュレット (3) フェノールフタレイン
理由：中和点で生成しているシュウ酸ナトリウムの水溶液は，加水分解によって弱塩基性を示すので，弱塩基性に変色域を有するフェノールフタレインが指示薬として適切。

(4) $8.00 \times 10^{-2}$ mol/L

[解説] (1) シュウ酸二水和物 $(COOH)_2 \cdot 2\,H_2O$ のモル質量は 126.0 である。したがって求める質量は $0.0500 \times (500 \times 10^{-3}) \times 126.0 = 3.15$ g となる。

(4) 水酸化ナトリウム水溶液の濃度を $x$ mol/L とする。シュウ酸は 2 価の酸，水酸化ナトリウムは 1 価の塩基であるから，次式が成立する。

$0.0500 \times (10.00 \times 10^{-3}) \times 2 = x \times (12.50 \times 10^{-3}) \times 1$, $x = 8.00 \times 10^{-2}$ mol/L

[参照項目] 10.5 節

## 第11章 酸化と還元

**11.1** (1) 酸化剤：$Fe_2O_3$，還元剤：Al (2) 酸化剤：$SO_2$，還元剤：$H_2S$

(3) 酸化剤：$K_2Cr_2O_7$，還元剤：$(COOH)_2$ [参照項目] 11.1 節

11.2 (1) イオン反応式：$MnO_4^- + 8H^+ + 5Fe^{2+} \longrightarrow Mn^{2+} + 4H_2O + 5Fe^{3+}$

化学反応式：$2KMnO_4 + 8H_2SO_4 + 10FeSO_4 \longrightarrow 2MnSO_4 + 8H_2O + 5Fe_2(SO_4)_3 + K_2SO_4$

(2) $1.6 \times 10$ mL

[解説] (1) ① + ② × 5 によって，イオン反応式が得られる。

(2) 求める体積を $x$ mL とする．酸化還元反応では，還元剤が放出する電子の物質量 = 酸化剤が受け取る電子の物質量の関係があるので，次式が成立する．

$$0.10 \times (12.0 \times 10^{-3}) \times 1 = 0.015 \times (x \times 10^{-3}) \times 5, \quad x = 16.0$$

[参照項目] 11.2 節

11.3 (1) イ），エ），オ）　　(2) エ）

[解説] 表 11.2 に示した標準電極電位が正方向に大きいほど，表示された反応が右向きに進行しやすい．これは左辺の物質（またはイオン）の酸化力が強いことを示している．逆に標準電極電位が負方向に大きいほど，右辺の物質（またはイオン）の還元力が強いことを示している．

(1) たとえばア）の反応では，$I_2 \longrightarrow 2I^- + 2e^-$ の標準電極電位が $+0.536$ V，$Br_2 \longrightarrow 2Br^- + 2e^-$ の標準電極電位が $+1.055$ V であるから，$Br_2$ の方が $I_2$ よりも強い酸化剤であり，$I^-$ の方が $Br^-$ よりも強い還元剤である．したがってこの反応は，左向きに進むべき反応であることがわかる．イ）〜オ）についても同様に考える．

(2) 各イオンの活量がすべて 1 であるから，ネルンストの式より電池の起電力は標準起電力 $\Delta E^\circ$ によって決まる．$\Delta E^\circ$ は標準電極電位の差に相当する．たとえばア）の組合せでは，$Zn^{2+} + 2e^- \longrightarrow Zn$ の標準電極電位が $-0.763$ V，$Sn^{2+} + 2e^- \longrightarrow Sn$ の標準電極電位が $-0.136$ V であるから，電池全体では $Zn + Sn^{2+} \longrightarrow Zn^{2+} + Sn$ の反応が進行し，その起電力は $-0.136 - (-0.763) = 0.627$ V になる．同様にイ）〜オ）の起電力を求めると，順に 0.304 V，0.473 V，1.100 V，0.777 V となる．

[参照項目] 11.3 節

11.4 (1) A：$2H_2O \longrightarrow O_2 + 4H^+ + 4e^-$，B：$Ag^+ + e^- \longrightarrow Ag$

(2) $7.7 \times 10^3$ C，$8.0 \times 10^{-2}$ mol

(3) Pb 極：3.8 g 増加，$PbO_2$ 極：2.6 g 増加，B：8.6 g 増加

(4) A：8.6 g 減少，B：8.6 g 増加

[解説] 鉛蓄電池の Pb 極が負極，$PbO_2$ 極が正極である．したがって $PbO_2$ 極に接続された A を陽極，Pb 極に接続された B を陰極とする電気分解が進行する．白金電極であれば，陽極の陽イオン化による溶解はおこらないが，銀電極であれば陽極の陽イオン化による溶解が進行する．

(2) 流れた電気量は $0.20 \times 38600 = 7.72 \times 10^3$ C．これによって $7.72 \times 10^3/9.65 \times 10^4 = 8.00 \times 10^{-2}$ mol の電子が移動したことになる．

(3) 鉛蓄電池の両極における半反応式は，次のようになる．

負極（Pb）：$Pb + SO_4^{2-} \longrightarrow PbSO_4 + 2e^-$ ⋯①

正極（$PbO_2$）：$PbO_2 + 4H^+ + 4e^- \longrightarrow PbSO_4 + 2H_2O$ ⋯②

①より，2 mol の電子が移動したとき，負極の質量が $SO_4 = 96.0$ g 増加することがわかる．したがってこの場合は，$(96.0/2) \times 8.00 \times 10^{-2} = 3.84$ g 増加する．また②より，2 mol の電子が移動したとき，正極の質量が $SO_2 = 64.0$ g 増加することがわかる．したがってこの場合は，$(64.0/2) \times 8.00 \times 10^{-2} = 2.56$ g 増加する．一方，(1) の半反応式より，1 mol の電子が移動したとき，B 極の質量が 108.0 g 増加することがわかる．したがってこの場合は，$(108.0/1) \times 8.00 \times 10^{-2} = 8.64$ g 増加する．

(4) A，B を銀電極にすると A では $Ag \longrightarrow Ag^+ + e^-$ の反応が，B では $Ag^+ + e^- \longrightarrow Ag$ の反

応が進行する。したがって (3) で求めた結果から，この場合には A の質量は 8.64 g 減少し，B の質量は 8.64 g 増加する。

[参照項目] 11.4 節

## 第12章　資源の利用　－無機化合物－

**12.1**　(1) エ　　(2) ウ　　(3) ア　　(4) キ　　(5) カ　　[参照項目] 12.1 節

**12.2**　(1) イ　　(2) ア　　(3) ツ　　(4) エ　　(5) オ　　[参照項目] 12.2 節

**12.3**　(1) ① $4\,CuFeS_2 + 9\,O_2 \longrightarrow 2\,Cu_2S + 2\,Fe_2O_3 + 6\,SO_2$　　② $Cu_2S + O_2 \longrightarrow 2\,Cu + SO_2$

(2) 銀：陽極泥として沈殿する。　鉄：陽イオンとなって溶出し，電解液中に残留する。

(3) 電解精錬

[参照項目] 12.2 節

**12.4**　(1) $2\,NaCl + H_2O + 2\,NH_3 + CO_2 \longrightarrow Na_2CO_3 + 2\,NH_4Cl$

(2) NaCl：11.7 t，$NH_3$：3.40 t，$CO_2$：4.40 t

(3) 10.0 t

[解説]　(1) ① × 2 + ② の操作を行う。

(2) (1) の反応式から，1 mol (106.0 g) の $Na_2CO_3$ を得るためには，2 mol (58.5 × 2 g) の NaCl，2 mol (17.0 × 2 g) の $NH_3$，1 mol (44.0 g) の $CO_2$ が必要である。

NaCl：(58.5 × 2) × 10.6 / 106 = 11.7 t，$NH_3$：(17.0 × 2) × 10.6 / 106 = 3.40 t，

$CO_2$：44.0 × 10.6 / 106 = 4.40 t

(3) ③ 式より 1 mol (44.0 g) の $CO_2$ を得るためには 1 mol (100.0 g) の $CaCO_3$ が必要であるから，求める質量は 100.0 × (4.40 / 44.0) = 10.0 t となる。

[参照項目] 12.3 節

## 第13章　有機化合物の反応

**13.1**　(1) 2,3-ジメチルペンタン　　(2) 4-メチル-2-ペンチン　　(3) 3-ヘキサノール

(4) 2,4-ヘキサンジオン　　[参照項目] 13.1 節

**13.2**　(1) $CH_2Br-CHBr-CH_3$　　(2) $CH_3-CHO$　　(3) $CH_3-CH_2-CH(OH)-OCH_3$

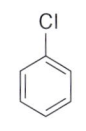

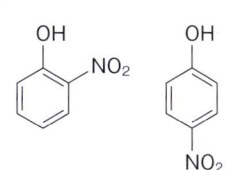

(4)　　(5)

[参照項目] 13.2, 13.3 節

**13.3**　(1) オ　　(2) カ　　(3) オ　　(4) カ　　(5) イ　　(6) エ　　(7) イ　　(8) ア

[参照項目] 13.2, 13.3, 13.4 節

**13.4**　(1) B：$CH_3-CH_2-\overset{+}{C}H-CH_2-CH_3$，C：$(CH_3)_2\overset{+}{C}-CH_2-CH_3$

(2) B

$CH_3-\overset{+}{C}H-CH-CH_2-CH_3 \longrightarrow CH_3-CH_2-\overset{+}{C}H-CH_2-CH_3$

　　　　　　Ⓗ　　D　　　　　　　　　　　　　　B′

$$CH_3-CH_2-\overset{+}{C}H-CH_2-CH_3 \xrightarrow{} H_2\overset{+}{C}-\underset{CH_3}{\underset{|}{C}}-CH_2-CH_3 \xrightarrow{} CH_3-\underset{CH_3}{\underset{|}{\overset{+}{C}}}-CH_2-CH_3$$

C                                      B′                         (H)                        C′

[参照項目] 13.5 節

## 第14章 身のまわりにある有機化合物

14.1 (1) (b)　　(2) (a) と (b), (b) と (c)　　(3) (a) と (c)　　　[参照項目] 14.1 節

14.2 (1) $K_1 = [CH_2(NH_3^+)COO^-][H^+]/[CH_2(NH_3^+)COOH]$
　　　　$K_2 = [CH_2(NH_2)COO^-][H^+]/[CH_2(NH_3^+)COO^-]$

(2) $(-1/2)\log K_1 K_2$

[解説]　(2) $K_1 K_2 = [H^+]^2 \times ([CH_2(NH_2)COO^-]/[CH_2(NH_3^+)COOH])$ である。等電点では $[CH_2(NH_2)COO^-] = [CH_2(NH_3^+)COOH]$ であるから, $K_1 K_2 = [H^+]^2$ が成り立つ。このとき $[H^+] = \sqrt{K_1 K_2}$ であるから, $pH = -\log\sqrt{K_1 K_2} = (-1/2)\log K_1 K_2$ となる。

[参照項目] 14.3 節

14.3 (1) アミノ酸分子間に生じたアミド結合。
　　　(2) タンパク質分子中に見られる二個の硫黄原子間の共有結合。
　　　(3) タンパク質分子内のアミノ酸の結合順序。
　　　(4) 熱, 重金属イオンなどの作用によって, タンパク質の立体構造が変化すること。
　　　(5) 酵素が触媒として作用する物質が, 酵素の種類によって限定される性質。

[参照項目] 14.3 節

14.4 (1) イ), ウ)　　(2) オ)　　(3) ス)　　(4) カ)　　(5) サ)　　　[参照項目] 14.4, 14.5 節

14.5 イ), カ), キ)　　　[参照項目] 14.7 節

## 第15章 補　足

15.1 (1) $P = P_A + (P_B - P_A)x$　　(2) $P_A > P_B$　　(3) $(P_A - P_B)x$

[解説]　(1) $P = (1-x)P_A + xP_B = P_A + (P_B - P_A)x$

(2) $P - P_A = (P_A - P_B)x < 0$ である。$0 < x < 1$ を考慮すると $P_A > P_B$ となる。

(3) $\Delta P = P_A - P = (P_A - P_B)x$

[参照項目] 15.1 節

15.2 (1) $3.2 \times 10^{-1}$ mol/kg　　(2) $-5.9 \times 10^{-1}$ ℃　　(3) $-1.8$ ℃

[解説]　(1) $(2.4/60.0)/(125 \times 10^{-3}) = 3.2 \times 10^{-1}$ mol/kg

(2) この場合の凝固点降下度は $1.85 \times (3.2 \times 10^{-1}) = 5.92 \times 10^{-1}$ K である。純水の凝固点は 0 ℃ であるから, この溶液の凝固点は $0 - 5.92 \times 10^{-1} = -5.92 \times 10^{-1}$ ℃ となる。

(3) 塩化マグネシウムは $MgCl_2 \xrightarrow{} Mg^{2+} + 2Cl^-$ と電離するので, 溶液中の粒子数は尿素の場合の3倍になる。したがって凝固点降下度は $1.85 \times (3.2 \times 10^{-1} \times 3) = 1.78$ K であるから, この溶液の凝固点は $-1.78$ ℃ となる。

[参照項目] 15.1 節

15.3 　−490 kJ/mol

　　［解説］ 右図より，$\Delta H = 432 \times 2 + 498 - 4 \times 463 = -490$ kJ/mol

　　［参照項目］15.2 節

15.4 　(1) $Mg(OH)_2 + 2\,HCl \longrightarrow MgCl_2 + 2\,H_2O$

　　(2) NO

　　(3) プロスタグランジンを合成する酵素と結合し，これを不活性化する。

　　(4) プロスタグランジンには胃への血流を促進する作用があるので，その合成を止めると胃への血流が悪くなるから。

　　(5) ニトログリセリンの場合と同様に，−O−NO$_2$ の部分が代謝されて NO に変化し，これが血管を拡張して血流を促進するから。

　　(6) 病原菌は葉酸を合成するために必要な $p$−アミノ安息香酸とサルファ剤を間違えて取り込み，葉酸の合成ができなくなって死滅する。人間は葉酸を食物から取り入れるので，サルファ剤の影響を受けない。

　　(7) 病原菌は，厚い細胞膜（ペプチドグリカン）を合成するために必要なアラニルアラニンとペニシリンを間違えて取り込み，ペプチドグリカンの合成ができなくなって死滅する。人間の細胞にはペプチドグリカンがないので，ペニシリンの影響を受けない。

　　［参照項目］15.3 節

# 索　引

## ア

RNA　133
アボガドロ定数　17
アボガドロの分子説　4
アボガドロの法則　4
アミノ酸　129
アルカリ性　84
アルカン　116
アルキン　117
アルケン　117
アルコール　118
アルデヒド　118
$\alpha$ 線　12
アレニウスの定義　84
アンモニアソーダ法　109

## イ

イオン　6
イオン化エネルギー　26
イオン化傾向　99
イオン結合　39
イオン式　6
イオン反応式　9
異性体　115
一次構造　129
一次反応　77

## エ

HSAB（hard and soft acids and bases）則　106
s ブロック元素　37
X 線　13
f ブロック元素　37
塩基性　84
塩基性塩　89
エントロピー　70
塩の加水分解　89

## オ

オービタル　34
オクターブの法則　29
オクテット則　42
オストワルト法　112

## カ

解離エネルギー　142
化学式　7
化学反応式　7
化学平衡　72
　——の法則　73
化学ポテンシャル　72
化学療法薬　144
可逆反応　81
化合物　1
加水分解　89
活性化エネルギー　78
活量　72
価電子　36
価標　42
還元剤　96
官能基　114
$\gamma$ 線　12

## キ

幾何異性体　127
希ガス（貴ガス）　25
希ガス型電子配置　25
気体定数　62
気体の標準状態　18
気体反応の法則　4
起電力　98
凝固点降下　140
共鳴　54
共有結合　41
共有電子対　40

## ク

局部電池　100
金属結合　44

## ケ

結合エネルギー　142
ケトン　118
原子価殻電子対反発理論　49
原子核　13
原子軌道　34
原子説　2
原子番号　14
原子量　3, 15
元素　1
　——の周期表　30
元素記号　5

## コ

光学異性体　127
鉱床　104
合成樹脂　135
合成繊維　134
抗生物質　144
酵素　81, 130
構造異性体　127
光電効果　21
光量子論　22
互変異性体　120
コロイド溶液　146
混合物　1
混成軌道　51

## サ

錯イオン　43
酸化還元反応　95
酸化剤　96
酸化数　95
三重結合　42

# 索 引

三重点　59
酸性　84
酸性塩　89

## シ

ジアステレオ異性体　128
式量　16
σ結合　46
指示薬　91
シス-トランス異性体　127
質量作用の法則　73
質量数　14
質量保存の法則　2
質量モル濃度　19
脂肪　134
脂肪油　134
シャルルの法則　61
自由エネルギー　71
周期表　30
重合　128
自由電子　44
縮合　124
縮重合　128
主量子数　24
純物質　1
蒸気圧降下　139
状態変化　58
状態方程式　63, 64
触媒　79
浸透圧　141

## ス

水素イオン指数　88
水素結合　56

## セ

正塩　89
製錬　108
精錬　108
接触法　111

絶対温度　61
遷移金属元素　37
遷移元素　37

## ソ

相対質量　15
総熱量保存の法則　68
組成式　6
ソルベー法　110

## タ

多段階反応　80
脱離反応　123
ダニエル電池　97
単結合　42
炭水化物　131
単体　1

## チ

置換反応　120
中性子　13
中和滴定　91
中和反応　88

## テ, ト

DNA　133
dブロック元素　37
定比例の法則　2
デオキシリボ核酸　133
転位反応　124
電解　100
電解精錬　108
電気陰性度　43
電気分解　100
典型元素　36
電子　11
電子親和力　27
電子対反発則　49
電子配置　24
電池　97

電離平衡　86
同位体　14

## ニ, ヌ

二次電池　102
二重結合　42
ヌクレオチド　133

## ネ

熱化学方程式　68
熱力学の第一法則　66
燃料電池　102

## ハ

ハーバー-ボッシュ法　112
配位結合　43
π結合　46
配向性　123
波動方程式　33
半透膜　140
反応速度式　77
反応速度定数　77
反応熱　67

## ヒ

pH　88
pブロック元素　37
非共有電子対　42
標準電極電位　98
標準溶液　91
肥料の三要素　111

## フ

ファンデルワールスの
　状態方程式　64
VSEPR理論　49
不確定性原理　33
付加重合　128
付加反応　119
不斉炭素原子　127

不対電子　41
物質波　22
沸点上昇　139
ブレンステッド-ローリーの
　定義　85
分子間力　54
分子軌道　45
分子式　5
分子量　16

## ヘ

平衡状態　71
平衡定数　73
β線　12
ヘスの法則　68

ペプチド結合　129
変性　130
ヘンリーの法則　139

## ホ

ボイルの法則　61
ボイル-シャルルの法則　62
芳香族性　122
放射性同位体　14
飽和蒸気圧　64,138

## ミ, モ

水のイオン積　87
モル（mol）　17
モル濃度　19

## ヤ, ヨ

薬理作用　142
溶解度積　73
陽子　12
溶質　138
溶媒　138

## ラ, リ

ラウールの法則　139
理想気体の状態方程式　63
リボ核酸　133

## ル

ルイスの定義　85
ルシャトリエの原理　74

著者略歴

## 井上 正之（いのうえ まさゆき）

| | |
|---|---|
| 1962 年 | 広島県に生まれる |
| 1985 年 | 東京大学理学部化学科卒業 |
| 1987 年 | 東京大学大学院理学系研究科修士課程修了 |
| 1987 年 | 私立広島学院中学・高等学校教諭 |
| 2006 年 | 広島大学大学院教育学研究科博士後期課程修了 |
| 2007 年 | 東京理科大学理学部化学科准教授 |
| 2013 年 | 東京理科大学理学部化学科教授 |

専門分野：化学教育　博士（教育学）
著書：『文部科学省 高等学校検定教科書』（化学基礎，化学，科学と人間生活など）
　　　　（共著，第一学習社）
　　　『これだけは知っておきたい 教員のための化学』（共著，培風館）


理工系のための 化学入門

2013 年 11 月 5 日　第 1 版 1 刷発行
2020 年 3 月 5 日　第 5 版 1 刷発行
2023 年 2 月 10 日　第 5 版 4 刷発行

| | | |
|---|---|---|
| 著作者 | | 井上 正之 |
| 発行者 | | 吉野 和浩 |
| 発行所 | | 東京都千代田区四番町 8-1<br>電話　03-3262-9166(代)<br>郵便番号　102-0081<br>株式会社　裳華房 |
| 印刷所 | | 三報社印刷株式会社 |
| 製本所 | | 牧製本印刷株式会社 |

検印省略
定価はカバーに表示してあります．

一般社団法人
自然科学書協会会員

JCOPY〈出版者著作権管理機構 委託出版物〉
本書の無断複製は著作権法上での例外を除き禁じられています．複製される場合は，そのつど事前に，出版者著作権管理機構（電話 03-5244-5088，FAX 03-5244-5089，e-mail: info@jcopy.or.jp）の許諾を得てください．

ISBN 978-4-7853-3095-8

Ⓒ 井上正之，2013　　Printed in Japan

## 化学ギライにささげる 化学のミニマムエッセンス
車田研一 著　A5判／212頁／定価 2310円（税込）

大学や工業高等専門学校の理系学生が実社会に出てから現場で困らないための，"少なくともこれだけは身に付けておきたい"化学の基礎を，大学入試センター試験の過去問題を題材にして懇切丁寧に解説する．

【主要目次】0. はじめに　1. 化学結合のパターンの"カン"を身に付けよう　2. "モル"の計算がじつはいちばん大事！　3. 大学で学ぶ"化学熱力学"の準備としての"熱化学方程式"　4. 酸・塩基・中和　5. 酸化・還元は"酸素"とは切り分けて考える　6. 電気をつくる酸化・還元反応　7. "とりあえずこれだけは"的有機化学　8. "とりあえずこれだけは"的有機化学反応　9. センター化学にみる，"これくらいは覚えておいてほしい"常識

## 化学サポートシリーズ
## 化学をとらえ直す　－多面的なものの見方と考え方－
杉森　彰 著　A5判／108頁／定価 1870円（税込）

「無機」「有機」「物理」など，それぞれの講義で学ぶ個別の知識を本当の"化学"的知識とするためのアプローチと，その過程で見えてくる自然の姿をめぐるオムニバス．

【主要目次】1. 知識の整理には大きな紙を使って表を作ろう　－役に立つ化学の基礎知識とは－　2. いろいろな角度からものを見よう　－酸化・還元の場合を例に－　3. 数式の奥に潜むもの　－化学現象における線形性－　4. 実験器具は使いよう　－実験器具の利用と新らしい工夫－　5. 実験ノートのつけ方　－記録は詳しく正確に．後からの調べがやさしい記録－

## 物理化学入門シリーズ
## 化学のための数学・物理
河野裕彦 著　A5判／288頁／定価 3300円（税込）

【主要目次】1. 化学数学序論　2. 指数関数，対数関数，三角関数　3. 微分の基礎　4. 積分と反応速度式　5. ベクトル　6. 行列と行列式　7. ニュートン力学の基礎　8. 複素数とその関数　9. 線形常微分方程式の解法　10. フーリエ級数とフーリエ変換　－三角関数を使った信号の解析－　11. 量子力学の基礎　12. 水素原子の量子力学　13. 量子化学入門　－ヒュッケル分子軌道法を中心に－　14. 化学熱力学

## 化学英語の手引き
大澤善次郎 著　A5判／160頁／定価 2420円（税込）

長年にわたり「化学英語」の教育に携わってきた著者が，「卒業研究などで困ることのないように」との願いを込めて執筆した．手頃なボリュームで，講義・演習用テキスト，自習用参考書として最適．

【主要目次】1. 化学英語は必修　2. 英文法の復習　3. 化学英文の訳し方　4. 化学英文の書き方　5. 元素，無機化合物，有機化合物の名称と基礎的な化学用語　付録：色々な数の読み方

## 新・元素と周期律
井口洋夫・井口　眞 共著　A5判／310頁／定価 3740円（税込）

物性化学の視点から，物質を構成する原子－電子と原子核による－の組立てを解き，化学の羅針盤である周期律と元素の分類，および各元素の性質を論じてこの分野の定番となった『基礎化学選書 元素と周期律（改訂版）』を原書とし，現代化学を理解するための新しい"元素と周期律"として生まれ変わった．現代化学を学ぶ方々にとって，物質の性質を理解しその多彩な機能を利用するための新たな指針となるであろう．

【主要目次】1. 元素と周期律　－原子から分子，そして分子集合体へ－　2. 水素　－最も簡単な元素－　3. 元素の誕生　4. 周期律と周期表　5. 元素　－歴史，分布，物性－

裳華房ホームページ　https://www.shokabo.co.jp/

## 化学でよく使われる基本物理定数

| 量 | 記号 | 数値 |
|---|---|---|
| 真空中の光速度 | $c$ | $2.99792458 \times 10^8 \, \text{m s}^{-1}$ (定義) |
| 電気素量 | $e$ | $1.602176565 \times 10^{-19} \, \text{C}$ |
| プランク定数 | $h$ | $6.62606957 \times 10^{-34} \, \text{J s}$ |
|  | $\hbar = h/(2\pi)$ | $1.054571726 \times 10^{-34} \, \text{J s}$ |
| 原子質量定数 | $m_\text{u} = 1 \, \text{u}$ | $1.660538921 \times 10^{-27} \, \text{kg}$ |
| アボガドロ定数 | $N_\text{A}$ | $6.02214129 \times 10^{23} \, \text{mol}^{-1}$ |
| 電子の静止質量 | $m_\text{e}$ | $9.10938291 \times 10^{-31} \, \text{kg}$ |
| 陽子の静止質量 | $m_\text{p}$ | $1.672621777 \times 10^{-27} \, \text{kg}$ |
| 中性子の静止質量 | $m_\text{n}$ | $1.674927351 \times 10^{-27} \, \text{kg}$ |
| ボーア半径 | $a_0 = \varepsilon_0 h^2/(\pi m_\text{e} e^2)$ | $5.2917721092 \times 10^{-11} \, \text{m}$ |
| ファラデー定数 | $F = N_\text{A} e$ | $9.64853365 \times 10^4 \, \text{C mol}^{-1}$ |
| 気体定数 | $R$ | $8.3144621 \, \text{J K}^{-1}\text{mol}^{-1}$ |
|  |  | $= 8.2057361 \times 10^{-2} \, \text{dm}^3 \, \text{atm K}^{-1}\text{mol}^{-1}$ |
|  |  | $= 8.3144621 \times 10^{-2} \, \text{dm}^3 \, \text{bar K}^{-1}\text{mol}^{-1}$ |
| セルシウス温度目盛におけるゼロ点 | $T_0$ | $273.15 \, \text{K}$ (定義) |
| 標準大気圧 | $P_0, \, \text{atm}$ | $1.01325 \times 10^5 \, \text{Pa}$ (定義) |
| 理想気体の標準モル体積 | $V_\text{m} = RT_0/P_0$ | $2.2413968 \times 10^{-2} \, \text{m}^3 \, \text{mol}^{-1}$ |
| ボルツマン定数 | $k_\text{B} = R/N_\text{A}$ | $1.3806488 \times 10^{-23} \, \text{J K}^{-1}$ |

## 圧力の換算

| 単位 | Pa | atm | Torr |
|---|---|---|---|
| 1 Pa ($= 1 \, \text{N m}^{-2}$) | 1 | $9.86923 \times 10^{-6}$ | $7.50062 \times 10^{-3}$ |
| 1 atm | $1.01325 \times 10^5$ | 1 | 760 |
| 1 Torr | $1.33322 \times 10^2$ | $1.31579 \times 10^{-3}$ | 1 |

$1 \, \text{Pa} = 1 \, \text{N m}^{-2} = 10^{-5} \, \text{bar}$   $1 \, \text{atm} = 1.01325 \, \text{bar}$

## エネルギーの換算

| 単位 | J | cal | $\text{dm}^3 \, \text{atm}$ |
|---|---|---|---|
| 1 J | 1 | $2.39006 \times 10^{-1}$ | $9.86923 \times 10^{-3}$ |
| 1 cal | 4.184 | 1 | $4.12929 \times 10^{-2}$ |
| $1 \, \text{dm}^3 \, \text{atm}$ | $1.01325 \times 10^2$ | $2.42173 \times 10^1$ | 1 |

| 単位 | J | eV | $\text{kJ mol}^{-1}$ | $\text{cm}^{-1}$ |
|---|---|---|---|---|
| 1 J | 1 | $6.24151 \times 10^{18}$ | $6.02214 \times 10^{20}$ | $5.03412 \times 10^{22}$ |
| 1 eV | $1.60218 \times 10^{-19}$ | 1 | $9.64853 \times 10^1$ | $8.06554 \times 10^3$ |
| $1 \, \text{kJ mol}^{-1}$ | $1.66054 \times 10^{-21}$ | $1.03643 \times 10^{-2}$ | 1 | $8.35935 \times 10^1$ |
| $1 \, \text{cm}^{-1}$ | $1.98645 \times 10^{-23}$ | $1.23984 \times 10^{-4}$ | $1.19627 \times 10^{-2}$ | 1 |